电工基础

主　编　李立冰

副主编　王　倩　张　平

主　审　朱承科

北京理工大学出版社

BEIJING INSTITUTE OF TECHNOLOGY PRESS

图书在版编目(CIP)数据

电工基础 / 李立冰主编. -- 北京:北京理工大学出版社,2024.1

ISBN 978-7-5763-3497-5

Ⅰ.①电… Ⅱ.①李… Ⅲ.①电工-高等职业教育-教材 Ⅳ.①TM1

中国国家版本馆 CIP 数据核字(2024)第 038279 号

责任编辑:多海鹏　　**文案编辑**:多海鹏
责任校对:周瑞红　　**责任印制**:李志强

出版发行 / 北京理工大学出版社有限责任公司
社　　址 / 北京市丰台区四合庄路 6 号
邮　　编 / 100070
电　　话 / (010) 68914026 (教材售后服务热线)
(010) 68944437 (课件资源服务热线)
网　　址 / http://www.bitpress.com.cn

版 印 次 / 2024 年 1 月第 1 版第 1 次印刷
印　　刷 / 唐山富达印务有限公司
开　　本 / 787 mm×1092 mm　1/16
印　　张 / 16.25
字　　数 / 379 千字
定　　价 / 79.90 元

前　言

“电工基础”是电气、机电类高职专业的专业基础课程之一，其任务是使学生掌握电路和磁路的基本概念，具备综合运用电路分析基本方法分析计算直流电路、正弦交流电路及简单磁路的能力，为后续机电类专业课程的学习奠定坚实的专业理论基础，培养实事求是、严肃认真的职业素养。

本书是在听取了企业专家对高职电气类专业群建设合理化建议的基础上，根据高职教育电气自动化技术、机电一体化技术和智能控制技术等机电类专业人才培养目标的要求，结合当前高职教学改革的经验，对专业涵盖的岗位群进行职业能力分析后编写的。本书的教学内容与生产、生活中的实际应用结合紧密，满足了电气、机电类专业群对本课程的要求，体现了现代高职教育以能力为本位的教学特点。

本书力求突出以下特色：

1. 专业知识技能中蕴含了岗位对职业素养的基本要求。本书内容全面贯彻落实党的二十大精神，在教学内容的设计中探索内容和职业素养之间的联系，梳理每部分内容所蕴含的思政元素，在学习伊始，将安全用电、6S 管理和技术规范法规作为学生接触专业领域的第一课，引导学生从接触专业就树立安全意识和规范意识，重视对学生综合素质和职业能力的培养，为学生可持续发展奠定基础。全书在任务场景设计、任务导入、工作过程和任务评价中，贯穿了安全用电、规范操作、团结协作等职业素养要求，在每个项目的评价考核中对学生在学习过程中的 6S 管理、项目实施、职业素养、学习效果和创新思维等方面有明确的评价标准，评价指标侧重反映学生在学习过程中的评价和职业素养的评价，注重强化学生创新意识与能力的培养。学生在学习中有明确的达标预期，促使教师教学和学生学习过程中将专业知识与思政教育自然融合，实现“立德树人”的培养目标。

2. 本书在内容选取上确保了教材内容与后续专业课程的衔接，循序渐进，既自成体系，又相互照应，避免了不必要的知识重复。考虑到后续专业课对“电工基础”课程内容的要求，以必学够用为原则，突出以应用为主旨，通过任务场景和任务导入明确学习任务，将教学内容进行了必要的整合，以专业课需要应用的知识作为重点，精简了个别后续课程会专门讲授的内容，精选了与专业密切相关的典型案例分析、学习拓展、技能训练等内容。此外，通过完成项目五电机与变压器的检测的相关任务，弥补了部分专业课涉及的电机与变压器相关内容时，用到但没有学过的知识空白点。本书的理论知识和实际应用相结合，难易适度、学以致用，内容简明、实用。

3. 每个项目都引入了“学习目标”，明确学生学习各项目的“知识目标”“能力目标”和“素养目标”；每个任务后面增加了学习拓展，拓展与本任务相关的知识和案例，并通过任务实施中各工作过程的指引，使学生能够利用所学知识完成相关工作任务。通过任务评价指标，规范操作，形成安全文明操作和严谨细致、精益求精的职业素养。

4. 为方便教师教学和学生自学，本书配有微课、课件等数字化学习资源。

本书内容一共包括五个项目，项目一为安全用电活动策划，主要介绍触电及防护、电气设备安全操作规程、电气防火防爆等方面的安全用电知识，通过学习拓展和典型案例引导学生意识到安全文明生产的重要性；项目二为 MF47 型万用表的装配与使用，包括电路和电路模型、电路中的基本物理量、电路中的常见元件、电压源和电流源等知识，为后续复杂电路的分析奠定基础；项目三为直流电路的分析与检测，包括全电路欧姆定律、电阻的等效变换、基尔霍夫定理、支路电流法、叠加定理、戴维南定理及应用等，通过对电路基本定理、定律的学习，掌握复杂直流电路分析的基本方法和技巧；项目四为安装与测试室内照明电路，包括正弦交流电路的分析与计算、三相正弦交流电路的分析与计算、照明电路的设计与安装等，为后续专业课奠定理论基础；项目五为电机与变压器的检测，包括磁路的基本概念和定律、交直流电磁铁、变压器的原理及特性等知识，为后续专业课中涉及的电机与变压器、电磁铁等相关应用奠定理论基础。

本书适合高职院校电气类、机电类相关专业的学生使用，也可作为相关工程技术人员的参考书。因各学校、各专业的教学安排不同，故在使用本书进行教学时，教师可依据实际情况选讲书中内容并调整顺序。

本书由新疆兵团兴新职业技术学院李立冰任主编，新疆兵团兴新职业技术学院王倩和张平任副主编。具体编写分工如下：李立冰编写项目一~ 项目三；王倩编写项目四；张平编写项目五。全书由李立冰负责统稿并定稿。在本书编写过程中，宝钢集团新疆分公司、新疆新特能源股份有限公司、智慧树和江苏汇博机器人技术股份有限公司的多位企业专家对教材内容和形式提出了宝贵的意见建议，新疆兵团兴新职业技术学院朱承科教授审阅了本书，在此一并表示衷心的感谢。

尽管我们在教材特色的建设方面做出了许多努力，但由于编者水平有限，书中仍可能存在一些错误和不足，恳请各教学单位和读者在使用本书时多提宝贵意见，以便下次修订时改进。

编　者

目　录

学习笔记

项目一 安全用电活动策划

电在各行各业中得到了广泛的应用，如交通运输、冶金、机械、石油化工、军事以及纺织等，同时，因为电的性质，在用电过程中也会存在着一些不利因素和危险，只有掌握了安全用电技术，遵守用电操作规程，做到安全用电，才能最大限度地避免用电事故的发生。

安全用电包括供电系统的安全、用电设备的安全及人身安全三个方面，它们之间是紧密联系的。供电系统的故障可能导致用电设备的损坏或人身伤亡事故，而用电事故也可能导致局部或大范围停电，甚至造成严重的社会灾难。本项目主要通过学习电工安全知识，进行实训安全教育，观看安全用电录像和进行触电急救练习，掌握用电安全的基本知识、电气消防知识和触电急救常识，学会触电急救等基本技能。

学习目标

知识目标

（1）了解安全用电和电气消防知识。

（2）掌握几种常用灭火器的特点和使用原则。

（3）理解保护接零、保护接地的方法和意义。

（4）掌握不同电流对人体的伤害程度。

（5）掌握触电的主要原因、触电方式和急救方法。

能力目标

（1）理论联系实际，能在实际用电过程中遵守安全用电的原则。

（2）能在用电过程中采取适当的保护措施。

（3）能对触电状态做出正确的判断和采取适当的急救措施。

素养目标

（1）培养对科学的求知欲，提高安全用电的意识。

（2）初步培养团队合作精神，强化安全意识。

（3）养成救死扶伤、爱护国家财产的良好美德。

项目导航

（1）了解安全用电有关安全技术及法律法规。

（2）参观电工实训室。

根据实训室安全管理制度和6S管理，讨论在今后的学习、实训中，学生需要遵守的用电安全操作规程。

（3）触电急救。

某地大风刮断了低压线，造成4人触电，其中3人当时已停止呼吸，另一人有微弱呼吸，要求根据现场情况进行触电急救模拟演示。

学习笔记

(4) 电气火灾的防护与处理。

了解电气火灾的防护与处理方法，熟悉各种安全用电的常识及操作规范，掌握导线剖削、连接和绝缘恢复的基本技能，确保电路与设备运行的可靠性和安全，避免电气火灾。

任务1.1 参观电工实训室

任务场景

场景一：电工实训室配有380 V、220 V交流电，实训台上还可能有其他多组交流电、直流电输出，需要特别注意用电安全，按照规范操作。进入电工实训室，我们必须先学习实训室安全管理制度（找找在哪，并记录下来）。

场景二：电工作业属于特种作业，容易发生事故，对操作者本人、他人的安全健康及设备、设施的安全造成重大危害。法律规定必须先经过电工安全培训，考试合格后才能持证上岗工作。

任务导入

在特种作业人员中，电工是危险性较大的工种之一，一不小心就会造成严重后果，所以电工应知晓电工作业的安全禁忌，严格按照规范安全操作，绝不能违反安全禁忌。

本次任务主要是参观电工实训室，熟悉电工实训室的电源配置、设备配置、电工安全规定、实训室管理制度，能规范地给实训台送电。

1.1.1 电气系统常用的安全技术措施

一、接地保护

电力系统根据接地的目的不同，将接地分为以下五类。

（一）保护接地

电气设备或电器装置因绝缘老化或损坏可能带电，当人体触及时将遭受触电危险，为了防止这种电压危及人身安全而设置的接地，叫保护接地。具体的做法是将电气设备或电器装置的金属外壳通过接地装置同大地可靠地连接起来，保护接地适用于电源中性点不接地的低压电网中。

通常将电气设备的金属外壳与零线连接称为保护接零，接零是接地的一种特殊方式。保护接零措施适用于低压220/380 V系统中。

（二）过电压保护接地

为了消除因雷击和过电压的危险影响而设置的接地，叫作过电压保护接地。

（三）防静电接地

为了消除在生产过程中产生的静电及其危险影响而设置的接地，叫作防静电接地。

（四）屏蔽接地

为了防止电磁感应对电气设备的金属外壳、屏蔽罩、屏蔽线的金属外皮及建筑物金属屏蔽体等的影响而进行的接地，叫作屏蔽接地。

（五）工作接地

为了保证电气系统的可靠运行而设置的接地称为工作接地。变压器、发电机中性点除接地外，与中性点连接的引出线为工作零线，将工作零线上的一点或多点再次与地可靠的连接，称为重复接地。工作零线为单相设备提供回路。从中性点引出的专供保护零线的 PE 线为保护零线，低压供电系统中的工作零线与保护零线应严格分开。

二、电气安全距离

将带电体与大地、带电体与其他设备以及带电体与带电体之间保持一定的电气安全距离，是防止直接触电与电气事故的重要措施，这种措施称为电气安全距离，简称安全距离。电气安全距离的大小与电压的高低、设备的类型及安装方式有关。

三、安全色及安全标志

（1）为提高安全色的辨认率，常采用一些较鲜明的对比色。

①红色。一般用来标志禁止和停止，如信号灯、紧急按钮均用红色，分别表示“禁止通行”“禁止触动”等禁止信息。

②黄色。一般用来标志注意、警告、危险，如“当心触电”“注意安全”等。

③蓝色。一般用来标志强制执行和命令，如“必须戴安全帽”“必须验电”等。

④绿色。一般用来标志安全无事，如“在此工作”“在此攀登”等。

⑤黑色。一般用来标注文字、符号和警示标志的图形等。

⑥白色。一般用于安全标志红、蓝、绿色的背景色，也可用于安全标志的文字和图形符号。

⑦黄色与黑色间隔条纹。一般用来标志警告、危险，如“防护栏杆”。

⑧红色与白色间隔条纹。一般用来标志禁止通过、禁止穿越等。

（2）常见的安全标志（见图 1－1－1）。

①禁止标志。圆形，背景为白色，红色圆边，中间为一红色斜杠，图像用黑色。一般常用的有“禁止烟火”“禁止启动”等。

图 1－1－1　安全标志

②警告类标志。等边三角形，背景为黄色，边和图案都用黑色。一般常用的有“当心触电”“注意安全”等。

③指令类标志。圆形，背景为蓝色，图案及文字用白色。一般常用的有“必须戴安全帽”“必须戴护目镜”等。

④提示类标志。矩形，背景为绿色，图案及文字用白色。

安全标志应安装在光线充足明显之处，高度应略高于人的视线，使人容易发现。一般不应安装于门窗及可移动的部位，也不宜安装在其他物体容易触及的部位。安全标志不宜在大面积或同一场所使用过多，通常应在白色光源的条件下使用，光线不足的地方应增设照明。

安全标志一般用钢板、塑料等材料制成，同时也不应有反光现象。

四、电气安全防护用具

电气安全用具是指用以保证电气工作安全所必不可少的器具和用具，利用它们可以防止触电、弧光灼伤和高空跌落等伤害事故的发生。按电气安全用具的功能不同，可分为基本电气安全用具和辅助安全用具。

（一）基本电气安全用具

基本电气安全用具是指其绝缘强度足以承受电气设备的工作电压的安全用具。基本电气安全工具有绝缘操作杆、绝缘夹钳等。由于基本电气安全用具常用于带电作业，因此使用时必须注意以下几点：

（1）绝缘操作用具必须具备合格的绝缘性能和机械强度。

（2）只能用于与其绝缘强度相适应的电压等级设备。

（3）按照有关规定，要定期进行试验。

（二）辅助安全用具

辅助安全用具是作为加强基本电气安全用具绝缘性的安全用具，在电气作业中主要起保护作用。辅助安全用具有绝缘手套、绝缘鞋、绝缘垫及绝缘台等。

1.1.2 电气安全工作规程

电能的应用十分广泛，如果使用不当就会发生意外。为了防止事故的发生，应不断提高安全文明生产的重视程度，养成良好的工作习惯。

一、保管好工具

（1）经常揩拭试验电器氖管、电阻、弹簧等零件的接触面，使之处于良好状态。

（2）工作前，应检查工具绝缘是否良好。工作后，擦去所用工具上的脏物，查看绝缘体是否损坏。

（3）正确穿戴劳动防护用品。工作服、绝缘鞋不得油污过重，并应及时剔除嵌入绝缘鞋底的金属物，且劳保防护穿戴要整齐。

二、工前准备

（1）熟悉图纸，制定操作程序和方法。

（2）带好所需工具和材料。

（3）根据工作环境做好各项安全防护的准备。例如，检查登高梯子有无损坏及安全带完好情况等。

（4）培养良好的操作习惯。

三、工作开始

（1）严格遵守《电业安全工作规程》，熟悉操作要领。

（2）亲自关闭电源，不能请他人代关，尤其不能请非电气人员代关。

（3）亲手验电。一切所用电器、线路未经自己验电前，一律视为带电。

（4）切断电源后，必须挂上"禁止合闸，有人工作"标牌，带走电源开关内的熔断器，必要时派人监视，然后才能工作，以防他人误操作而导致触电事故。

四、工作结束

（1）遵守停、送电制度，禁止约时送电。

（2）自查、互查电路是否正常。

（3）取下警告标示牌，装上电源开关的熔断器。

（4）面部偏离电源开关的正面，左手推闸。

（5）带走所有工具、剩余材料和安全防护用品。

五、注意事项

（1）观察电气设备绝缘情况，谨慎操作。

（2）任何绝缘体使用时间过久或被水、油污染后都会使绝缘失效。

（3）用瓷料做成的各种熔断器盒、便携式用电器的橡胶导线、安装在野外的小型配电箱，在受潮、受污染或破损后都会漏电，操作时要观察清楚，谨慎行事。

（4）弄清用电器电源位置，准确关闭电源。

①在初次接触的线路上操作时，应先判别电源的位置，然后关闭电源，不能贸然行事。

②对于封闭式开关，应防止关闭后动触点并未脱离静触点的现象。

③照明和家用电器，应防止火线未接入开关，关闭电源后用电器仍然带电的现象。

（5）尽量避免带电操作。

在必须带电操作时，应遵守带电操作的有关规程。最后接入相线前，应检查用电器的开关是否处在关闭状态，以防止用电器突然工作而发生事故。

（6）不疲劳操作。

电业工作属于特殊岗位，从业人员必须保持自己的体能处于良好状态。

（7）熟悉各项"电气操作"的法令、法规。

例如，《电业安全工作规程》《电气装置安装规程》《电气装置检修规程》《电气设备的运行规程》《手持式电动工具的管理、使用、检查和维修安全技术规程》，以及各个地区的《低压用户电气装置规程》。

（8）彻底摒弃侥幸心理。

任何一个微小的电气操作错误，都可能造成人员和财产的重大损失。因此，必须养成严格遵守电气安全操作规程的工作意识。

（9）数人同时进行电工作业时，必须由领班负责及指挥，接通电源前必须由领班发令指挥。

（10）注意举止文明，作风正派，待人接物注意礼貌，讲究职业道德，严格执行班组的

学习笔记

生产及技术管理的各种规章制度，做到工作有目标、有标准、有程序，行为有准则。

(11) 工作中还要做到“四不一坚守”：工作时间不串岗、不闲聊、不打闹、不影响他人工作；坚守工作岗位，保持正常的工作秩序。

(12) 注意个人卫生，防护用品穿戴整齐；关心集体，经常打扫卫生，保持地面整洁；努力建立一个良好的生产、工作环境及正常的生产和工作秩序，为提高工作质量及技术水平做出努力。

1.1.3 任务实施

工作过程一 参观电工实训室

一、电工实训室

电工实训室主要有电工实训台、实训电源、电工仪表及电工工具，如图 1－1－2 所示。

（一）电工实训室工作环境

1. 常见电工实训台

1）台式实训台

台式电工实训台操作面板上安装有控制开关、电压及电流指示仪表、各种电工单元控制电路等，可进行电路的连接、调试、测量等基本实训工作，如图 1－1－3 所示。

图 1－1－2 仪器设备

图 1－1－3 台式实训台

2）网孔板式安装实训台

实训元器件都是电路的实际元器件，可完成接线、布线、线路调试、故障排查等实训课题，既可训练学生的安装技能，又可训练学生的测量和调试能力，如图 1－1－4 所示。

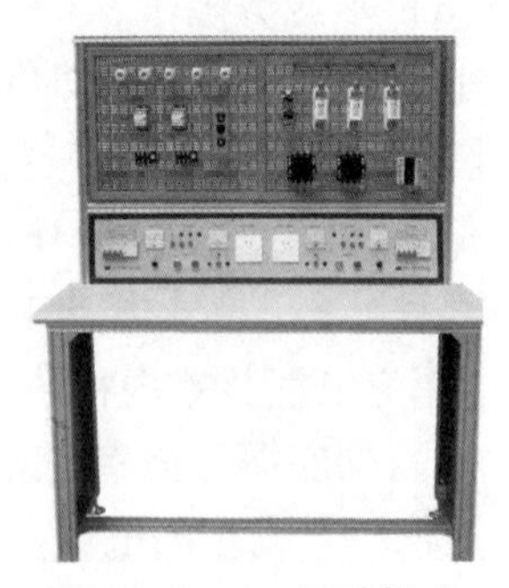
图 1－1－4 网孔板式安装实训台

【看一看】你所用的实训台是哪种类型的电工实训台？

2. 实训台的电源配置

实训台提供了交流电源、直流稳压电源及部分测试仪表等实训单元。

1）三相交流电源

三相交流电源，即提供三相 380 V、50 Hz 的交流电源。

2）单相交流电源

单相交流电源，即提供单相 220 V、50 Hz 交流电源。

3）低压交流电源

低压交流电源，即调节转换开关，可输出 3 V、6 V、9 V、12 V、15 V、18 V、24 V 共 7 个挡位，频率为 50 Hz 的交流电源。

4）直流稳压电源

直流稳压电源，即调节转换开关，可输出电压为 0 ~ 24 V、电流为 0 ~ 2 A 的两组直流电源。

5）TTL 电源

TTL 电源，即可输出电压 5 V、最大电流 0.5 A、TTL 集成电路专用的直流电源。

6）其他电源

交直流电压 0 ~ 250 V 连续可调，电流 2 A，供外接仪器使用。

二、任务要求

在参观之前，请根据班级的实际情况进行分组，确定任务实施团队。小组成员分工合作，在老师组织指导下，学习实训室管理制度，再参观电工实训室，观察电工实训室布置，查看实训室管理制度，了解电工实训室电源配置、实训室基本功能和设备概况，并记录于表 1－1－1、表 1－1－2 中。

表 1－1－1　电工实训室电源配置和控制情况记录

项目	电源配置和控制情况

表 1－1－2　电工实训室设备配置情况记录

设备配置	具体情况

电工实训室一般采用三相四线（或五线）制的电源，以便为单相电动机、三相电动机等电器提供电源。

有的电工实训室单独提供一组 220 V 交流电，作为实训室照明电扇或空调多媒体等设备

学习笔记

学习笔记

的电源。

每个实训台一般配有电源总开关即低压断路器，带漏电和过载保护。不同品牌、型号的电工实训台，虽然在功能上有差异，但一般均有安装调试电工基础电路、照明电路、单相和三相电动机控制电路等。

观察电工实训室电源配置情况，并记录下来。一般电工实训室电源配置及控制情况分别见表 1－1－3 和表 1－1－4。

表 1－1－3　电工实训室电源配置和控制情况

项目	电源配置	控制情况
交流电源	整个实训室的交流电源一般采用三相四线制电源，从楼道通过导线送入实训室内	
总电源开关	电工实训室设有总开关，即低压断路器	
实训设备总开关	为了方便控制每个实训台，一般会安装控制台总空开，可以精准控制每个实训台的电源通断	
电路布置（走向）	电工实训室设备控制屏到每个实训台的供电电线一般走地板、墙壁上部或天花板内部	

表 1－1－4　电工实训室设备配置

设备	配置	具体情况
实训台数量	电工实训室一般配置有若干台实训台，提供足够的实训工位	
实训台组成	一般由实训桌、网孔板、实训元器件、线材等组成	
配套仪器仪表	每台实训台或每个工位，一般配置有万用表、兆欧表、钳形表等仪表，有的还配置示波器等仪器	
配套工具	每台实训台或每个工位，一般配置有试电笔、电工刀、钢丝钳、尖嘴钳、斜口钳、剥线钳、电烙铁等工具	
其他	电工实训室还安装有照明灯具、网络装置、多媒体、监控设备、播音设备等	

工作过程二　收集安全用电相关知识及法律法规

请小组成员分工合作，阅读教材，借阅图书，上网搜索国家对电工作业安全的一般规定、企业对电工作业的安全规定、学校电工实训室的有关安全制度，并整理分享，在上岗或实训前要认真学习，在工作或学习中必须遵守。

收集电工作业安全和电工实训室有关安全制度的途径有以下几种：

（1）在学校图书室或者公共图书馆，借阅《中华人民共和国国家标准电力（业）安全工作规程》《电工作业　全国特种作业人员安全图书查阅技术培训实际操作》《新标准电工安全技术 365 问》《电工安全一点通》《电工安全禁忌口诀》等。

（2）通过百度等搜索工具，收集国家、企业对电工作业安全的一般规定和电工实训室有关的安全制度。

（3）到企业电工作业场所、电工实训室观察相关电工安全规定和制度，并拍照。

学习笔记

想一想，还可以用哪些方法来了解相关用电安全知识呢？请收集你查到的相关制度及知识，填写表 1－1－5。

表 1－1－5　安全用电相关知识的收集途径及内容

序号	途径	内容
1		
2		
3		
4		
5		
6		
7		

任务评价

<table>
<tr><td>工作任务</td><td colspan="5"></td></tr>
<tr><td>班级</td><td>学号</td><td></td><td>姓名</td><td>日期</td><td></td></tr>
<tr><td>任务</td><td>要求</td><td>分值</td><td>评分标准</td><td>自评</td><td>小组评</td></tr>
<tr><td rowspan="3">职业素质（30）</td><td>不迟到早退</td><td>10 分</td><td>每迟到或早退一次，扣 5 分</td><td rowspan="3"></td><td rowspan="3"></td></tr>
<tr><td>遵守课堂纪律、实训场地纪律、操作规程</td><td>10 分</td><td>每违反实训场地纪律一次，扣 2～5 分</td></tr>
<tr><td>团结合作，与他人沟通，认真练习，积极总结</td><td>10 分</td><td>每有一个项不合格，扣 5～8 分</td></tr>
<tr><td rowspan="3">任务实施过程考核（60）</td><td>1. 基本了解任务目的，制定任务实施方案；
2. 安全生产法的认识</td><td>20 分</td><td>能够准确描述出部分安全生产法律法规和基本法律条文，10 分；
牢固树立安全生产法律意识，10 分</td><td></td><td></td></tr>
<tr><td>1. 学习电工作业规程；
2. 学习电气设备安全；
3. 收集安全用电相关资料</td><td>20 分</td><td>初步学习电工安全作业规程及电气设备安全运行及维护，5 分；
了解安全用电的基本常识，5 分；
收集资料，10 分</td><td></td><td></td></tr>
<tr><td>1. 收集、分析事故案例；
2. 观看教学片</td><td>20 分</td><td>能够收集部分安全事故案例，能够分析事故原因和提出防范措施，否则每有一处错误扣 10 分</td><td></td><td></td></tr>
<tr><td>任务总结（10）</td><td>1. 整理任务相关记录；
2. 编写任务总结</td><td>10 分</td><td>总结全面认真、深刻，有启发性不扣分</td><td></td><td></td></tr>
<tr><td>指导教师评定意见</td><td colspan="5"></td></tr>
</table>

学习拓展　企业的6S管理

6S管理是指企业基础管理中的6个方面，即整理（SEIRI）、整顿（SEITON）、清扫（SEISO）、清洁（SETKETSU）、素养（SHITSUKE）、安全（SAFETY）。推行6S管理的目的就是培养员工从小事做起、从自身做起、养成凡事认真的习惯，最终达成全员品质的提升，为全厂员工创造一个干净、整洁、舒适、合理、安全的工作场所和空间环境，将资源浪费降到最低点，能最大限度地提高工作效率和员工积极性、产品质量及企业的核心竞争力和形象。

早期日本制造的工业品曾因品质低劣，在欧美只能摆在地摊上卖。但随后他们发明了“6S管理法”，养成“认真对待每一件小事，有规定按规定做”的工作作风，为生产世界一流品质的产品奠定了坚实的基础。6S使一切都处于管理之中，营造出“对错一目了然”的现场环境和氛围，同时提高产品品质和人员素质。

一、6S管理的概念

6S管理源于日本的5S管理。5S即整理、整顿、清扫、清洁和素养，是源于车间生产现场的一种基本管理技术。中国企业根据实际需要，增加了第六个S——安全。为了应对日益激烈的竞争环境，企业对现场管理的要求在不断提高。

☆整理（SEIRI）：及时将无用的物品清除现场。

☆整顿（SEITION）：将有用的物品分类定置摆放。

☆清扫（SEISO）：自觉地把生产、工作的责任区域、设备等清扫干净。

☆清洁（SEIKETSU）：认真维护生产和工作现场，确保清洁生产。

☆素养（SHITSUKE）：养成自我管理、自我控制的习惯。

☆安全（SAFETY）：贯彻“安全第一、预防为主”的方针，在生产、工作中，必须确保人身、设备、设施安全，严守国家机密。

6S管理的实施步骤如下：

第一步是“整理”，将工作场所中的任何物品区分为必要的与不必要的，将必要的留下来，不必要的物品彻底清除。

第二步是“整顿”，统一制作料盘、料架和标识牌，使板材件、小件、角钢类件、上部件、底架件、走行件、各种生产物料、工具、设备都做到分类摆放、一目了然，做到物有所位、物在其位。这样才能做到想要什么，即刻便能拿到，有效地消除寻找物品的时间浪费和手忙脚乱。

第三步是“清扫”，划分出卫生责任区，并制定出相关的规章制度，督促每个组员做到“工作间隙勤清扫、下班之前小清扫、每周结束大清扫”，清除工作场所内的脏污。

第四步是“清洁”，“不要放置不用的东西、不要弄乱物品、不要弄脏环境”的“三不要”要求，使现场始终保持完美和最佳状态，并将上面的3S实施制度化、规范化，并贯彻执行及维持提升。

第五步是“素养”，制定一系列管理制度，并专门举办培训班对员工进行“6S”知识和班组管理制度的学习，促使员工养成良好的习惯，依规定行事，培养积极进取的精神。

第六是“安全”，建立、健全各项安全管理体系，对操作人员的操作技能进行培训，调动全员抓安全隐患。

学习笔记

6S管理中有许多科学的管理理念、方式、方法，比如通过红牌作战、定点摄影，能产生一种无形的压力，即使不罚款也能激励大家把工作做好。还有形迹管理等方法，能够在2～3 s内一目了然地判断工具柜等处物品是多是少。6S管理中的“三要素”（场所、方法、标识）、“三定原则”（定点、定容、定量）、目视管理等更是现场规范管理、降低成本、提高效率、减少工作差错的基础。管理者与一线员工通过简单易懂的6S管理就能在几个月内掌握许多能在质量、效率、士气、安全、成本方面取得良好效果的方法，提升自己的现场管理能力，从而为企业今后导入精益生产（JIT）、全面设备管理（TPM）等打下坚实的基础。

二、企业中的6S管理

在企业中树立良好的品质文化对生产型企业来说十分重要。品质文化就是在企业中形成按规定作业、追求优质、追求卓越、追求完美的做事风格。为了形成这种风格，必须培养按规定作业的作风及营造企业全面改善的氛围，追求比现状更好、成本更低、效率更高、质量更好、交货期更短，也就是我们常说的对自己所负责的工作精益求精。

因为流水线生产过程的连续性和节奏性非常强，若一个生产环节出现故障，或与其他环节失去平衡，就会影响整个生产流程，带来严重后果。所以加强对生产过程运行状况的现场管理和监控，对大量流水生产作业尤为重要。

生产现场监控的对象应以生产作业计划的实施为主体，既要严格检查、控制生产进度和各工段、工序计划排配的完成情况，同时还包括对生产作业设备、材料供应、厂内物流、产品质量、人员出勤状况、设备运行、维修状况和安全生产、文明生产状况等进行监督与控制，以便发现问题及时采取有效的措施，防患于未然。大量流水生产对生产的实施条件有严格的要求，搞好生产现场管理是实现流水生产的重要基础，现提出以下几点观点：

（1）制定和贯彻执行现场作业标准。大量生产的工艺规程、操作规程和作业方法都是经科学试验进行优化后制定的，所以要实现流水生产工艺纪律，严格执行各项作业标准，才能有稳定的生产品质和生产效率，保证实现同步化生产。

（2）组织好生产现场管理服务。在流水线上生产工人需按节拍进行作业，不能随意离开岗位。为了保证流水线的正常工作，要为在生产第一线工作的工人创造良好的工作条件，做好各项生产服务工作；要改进生产第一线工人离开岗位去找机修工、检验员、工具员的情况，把所需原材料按时送到工作地，工具员定时巡回服务到位，机修工人分片负责服务到机台，以保证生产设备运转正常。

（3）建立目视管理。其目的是使人能一目了然地了解生产现场的布局和工作要求。为此需要设置一系列图表，如生产现场平面布景图，图上标明每个工作地的位置、设备的型号、工人的岗位等。标准作业图要贴在各个工作地上，用图表标明工位器具和工件存放的场地区域，注明规定的制品储备地；安装反映流水线生产动态的指示灯和显示屏，安全防火装置图，等等，通过各种图表和工具，随时反映生产作业动态、产品质量、设备状况、制品库存、物流情况，让人一目了然，便于监控。

（4）建立安全、文明生产保证体系。安全文明生产是实施现场管理的基本要求。治理生产现场的松、散、乱、脏、差，推行整顿、整理、清扫、清洁、保养、安全（即6S工作）是现场管理的重要内容。建立安全文明生产保证体系要做到：劳动纪律、工艺纪律严明，生产井然有序，环境清洁，设备工装保养精良，场地、工位器具布置整齐、合理，厂房通风、照明良好。安全文明生产保证体系要明确规定车间或工段工序直至每个生产岗位的任

学习笔记

务职责权限和工作标准。

(5) 清除无效劳动，不断改进生产。现场管理的任务除了要为第一线生产创造良好的工作环境之外，重要的还在于要消除无效劳动，不断改进生产，提高生产率，保证按节拍实现同步化生产，所以需不断发现与揭露生产中的无效劳动和浪费，并采取措施不断改进和不断完善，这是现场管理体制的主要内容。如常见的无效劳动是无效搬运，往往因为没有适用的工位器具、不执行定置管理，以及工作和工具器材随地乱放，造成不必要的搬运，白白浪费人力和时间。此外，还有不遵守操作规程、不按标准作业操作、用不合理的工作方法，往往费时费力，还容易出质量事故。在同步化生产中，个别工件（批套）在其工序中提前和超额生产，不仅是无益的，还是一种浪费。因为过剩的工件占用了资金和场地，在流水生产中各环节是相互协调一致的，个别环节发生故障往往会影响某工序甚至工段，给整个企业造成严重损失。分析各种事故的根源，采取措施从根本上予以解决，这是对生产管理的最大改进。

总之，现场管理和控制，即理顺生产过程的运行，要果断采取合理的、科学的方法及措施来优化整体生产结构。

学习笔记

任务1.2 触电急救

任务场景

场景一：某地大风刮断了低压线，造成4人触电，其中3人当时已停止呼吸，另一人有微弱呼吸，作为公民，你有义务施救，要求根据现场情况进行触电急救模拟演示。

场景二：利用液晶彩显高级电脑复苏模拟人CPR－580型橡皮人，按照触电急救技术要求进行触电急救训练。

场景三：通过观看安全教育视频，了解触电事故案例，了解安全用电操作规程的具体意义，更好地理解安全用电的重要性。通过专业网站，了解更多的安全用电知识和典型案例，拓宽与加深对安全用电知识的理解和应用。

任务导入

（1）了解触电的形式；

（2）学会触电急救的方法；

（3）利用液晶彩显高级电脑复苏模拟人CPR－580型橡皮人，按照触电急救技术要求进行触电急救训练。

知识探究

1.2.1 触电对人体的伤害

电流流过人体所引起的局部受伤或死亡的现象，称为触电。

人体是导电体，一旦有电流通过时，将会受到不同程度的伤害。由于触电的种类、方式及条件的不同，受伤害的后果也不一样。

一、触电的种类

人体触电有电击和电伤两类，在触电事故中，电击和电伤常会同时发生。

（1）电击是指电流通过人体时所造成的内伤。它可以使肌肉抽搐，内部组织损伤，造成发热发麻、神经麻痹等，严重时将引起昏迷、窒息，甚至心脏停止跳动而死亡。通常说的触电就是电击。触电死亡大部分由电击造成。

（2）电伤是指电流的热效应、化学效应、机械效应以及电流本身作用下造成的人体外伤，如电弧造成的灼伤、电的烙印、由电流的化学效应而造成的皮肤金属化。此外，在高空作业时还可能引起二次伤害。

二、影响电流对人体危害程度的主要因素

电流对人体伤害的严重程度与通过人体电流的大小、频率、通电持续的时间、电流流过人体的路径及触电者本人的情况等多种因素有关。人体触电等效电路如图1－2－1所示。

（一）电流大小

通过人体的电流越大，人体的生理反应就越明显，感应越强烈，引起心室颤动所需的时间越短，致命的危险越大。

对于工频交流电，按照通过人体电流的大小和人体所呈现的不同状态，电流大致分为下列三种。

1. 感知电流

感知电流是指引起人体感觉的最小电流。实验表明，成年男性的平均感知电流约为 1.1 mA，成年女性为0.7 mA，这一数值称为感知电流。此时人体由于神经受刺激而感觉轻微刺痛，感知电流不会对人体造成伤害，但电流增大时人体反应变得强烈，可能造成坠落等间接的二次事故。

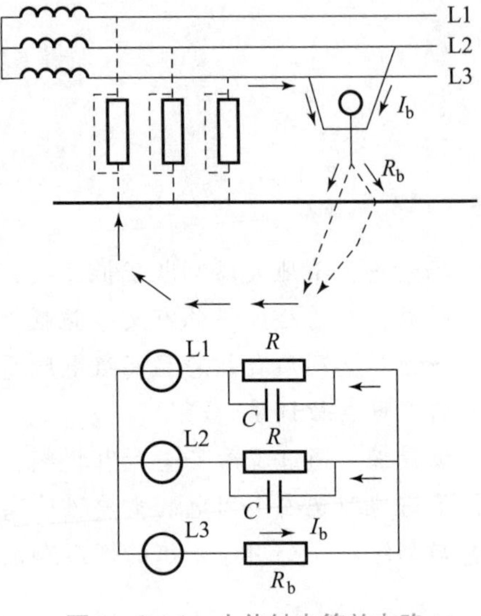

图 1－2－1　人体触电等效电路

2. 摆脱电流

摆脱电流是指人体触电后能自主摆脱电源的最大电流。实验表明，不同的人触电后能自主摆脱电源的最大电流也不一样，成年男性的平均摆脱电流约为 16 mA，成年女性的约为 10 mA。

一般情况下，8～10 mA 以下的工频电流、50 mA 以下的直流电流可以当作人体允许的安全电流，但这些电流长时间通过人体也是有危险的（人体通电时间越长，电阻会越小）。在装有防止触电的保护装置的场合，人体允许的工频电流约 30 mA，在空中，或者因触电可能会造成严重二次事故的场合，人体允许的工频电流应按不引起强烈痉挛的 5 mA 考虑。

3. 致命电流

致命电流是指在较短的时间内危及生命的最小电流。实验表明，当通过人体的电流超过 50 mA（工频）时，就会呼吸困难、肌肉痉挛、中枢神经遭受损害，从而使心脏停止跳动甚至是死亡。人体对电流反应一览表见表 1－2－1。

表 1－2－1　人体对电流反应一览表

触电电流大小	触电时长	人体触电的生理反应
0～0.5 μA	连续无危险	人体无触电感觉
0.5～5 μA	连续无危险	有感觉，手指、手腕等处有痛感，没有痉挛，可摆脱带电体
100～200 μA	连续无危险	触电处有针刺感，对人体无明显伤害，高频电流能治病
1 mA 左右	短时间无危险	触电处有麻的感觉
不超过 10 mA 时	数分钟以内	呼吸困难，血压升高，属可忍受范围，人尚可自主摆脱电源，可脱离危险，可能会造成二次事故
超过 30 mA 时	数分至数秒	感到剧痛，神经麻痹，呼吸困难，有生命危险
达到 100 mA 时	极短时间	只要很短时间就可使人心跳停止

（二）电流频率

工频交流电的危害性大于直流电，因为交流电主要是麻痹破坏神经系统，触电者往往难以自主摆脱电源。

触电事故表明，频率为 40 ~ 60 Hz 的电流最危险，随着频率的增高，危险性将降低。当电源频率大于 2 000 Hz 时，所产生的损害明显减小，现代医学中，高频电流不仅不会伤害人体，还能治病，但高压高频电流对人体仍然是十分危险的。

（三）通电时间

通电时间越长，电流使人体发热和人体组织的电解液成分增加，导致人体电阻降低，反过来又使通过人体的电流增加，触电的危险亦随之增加。通过人体电流的时间越长，就越容易造成心室颤动，生命的危险性就越大。

据统计，触电事故后 1 ~ 5 min 内施行急救措施，90% 有良好的效果，10 min 内有 60% 救生率，超过 15 min 生还的希望极小，因此触电急救黄金时间是触电后的 5 ~ 10 min 以内。

（四）电流路径

电流流过大脑或心脏时，最容易造成死亡事故。

电流通过头部可使人昏迷；通过脊髓可能导致瘫痪；通过心脏会造成心跳停止，血液循环中断；通过呼吸系统会造成窒息。因此，从左手到胸部是最危险的电流路径，从手到手、从手到脚也是很危险的电流路径，从脚到脚是危险性较小的电流路径。

（五）人体电阻

影响人体电阻的因素很多，并因人而异。

人体电阻的大小是影响触电后人体受到伤害程度的重要物理因素。人体电阻由体内电阻和皮肤组成，体内电阻基本稳定，约为 500 Ω。接触电压为 220 V 时，人体电阻的平均值为 1 900 Ω；接触电压为 380 V 时，人体电阻降为 1 200 Ω。经过对大量实验数据的分析研究确定，人体电阻的平均值一般为 2 000 Ω 左右，而在计算和分析时，通常取下限值 1 700 Ω。

一般在干燥环境中，人体电阻为 2 kΩ ~ 20 Ω；皮肤出汗时，约为 1 kΩ；皮肤有伤口时，约为 800 Ω。人体触电时，皮肤与带电体的接触面积越大，人体电阻越小。当人体接触带电体时，人体就被当作一电路元件接入回路。人体阻抗通常包括外部阻抗（与触电当时所穿衣服、鞋袜以及身体的潮湿情况有关，一般为几千欧至几十兆欧）和内部阻抗（与触电者的皮肤阻抗和体内阻抗有关）。

一般认为，一只手臂或一条腿的电阻大约为 500 Ω。因此，由一只手臂到另一只手臂或由一条腿到另一条腿的通路相当于一只 1 000 Ω 的电阻。假定一个人用双手紧握带电体，双脚站在水坑里而形成导电回路，此时人体电阻基本上就是体内电阻，约为 500 Ω。一般情况下，人体电阻可按 1 000 ~ 2 000 Ω 考虑。人体体质不同，对电流的敏感程度也不一样，一般来说，儿童较成年人敏感，女性较男性敏感。患有心脏病者，触电后的死亡可能性就更大。

（六）安全电压

安全电压是以人体允许电流与人体电阻的乘积为依据而确定的。

安全电压是指人体不戴任何防护设备时，触及带电体不受电击或电伤。人体触电的本质是电流流过人体产生了有害效应，触电的形式通常都是人体的两部分同时触及了带电体，而且这两个带电体之间存在着电位差，因此在电击防护措施中，要将流过人体的电流限制在无危险范围内，也即将人体能触及的电压限制在安全的范围内。国家标准制定了安全电压系

学习笔记

列，称为安全电压等级或额定值，这些额定值指的是交流有效值。

根据用电场所的特点，我国安全电压标准规定的工频交流电安全电压等级如下：

（1）42 V（空载上限小于等于50 V），可供有触电危险的场所使用的手持式电动工具等场合下使用。

（2）36 V（空载上限小于等于43 V），可在矿井、多导电粉尘等场所使用的行灯等场合下使用。

（3）24 V、12 V、6 V（空载上限分别小于或等于29 V、15 V、8 V）三挡，可供某些人体可能偶然触及的带电体的设备选用，或者是工作环境特别恶劣情况下选用。

在大型锅炉内、金属容器内、隧道内或者矿井内工作时，为了确保人身安全，一定要使用12 V或6 V低压行灯。当电气设备采用24 V以上安全电压时，必须采取防止直接接触带电体的措施，其电路必须与大地绝缘。

三、人体触电的原因

（1）缺乏电气安全常识。由于用电人员缺乏用电知识或工作中不注意，直接触碰上带电体或金属构件碰触到带电体而造成的触电。

（2）违反操作规程。在线路、设备安装过程中不遵守安装操作规程；或在维修时不遵守电工操作规程；或现场用电管理不善等造成的触电；未按设备说明书或规程要求进行必要的检修维护；没有设置警戒警示标志等。

（3）没有采取必要的安全防护与技术措施，如漏电保护、接地保护、安全电压、等电位连接等，或安全防护与技术措施失效。

（4）电气线路或电气设备在设计、安装上存在缺陷，或在运行中缺乏必要的检修维护，使设备或线路存在漏电、过热、短路、接头松脱、短线碰壳、绝缘老化、绝缘击穿、绝缘损坏等隐患。

（5）电火花和电弧：电气设备正常工作或操作过程中以及故障时产生的电火花、雷电产生的电弧、静电火花等。

（6）电气设备绝缘受损。由于电气设备损坏或绝缘老化、破损而漏电，人员没有及时发现或疏忽大意，触碰到漏电的设备或线路而造成的触电。

（7）其他因素，如人体受雷击等。

1.2.2 分析触电的方式

人体触电的方式多种多样，常分为低压触电和高压触电。

一、低压触电

低压触电常见的类型有单相触电和两相触电，如图1－2－2所示。

（一）单相触电

这是常见的触电方式。人体的某一部分接触带电体的同时，另一部分又与大地或中性线相接，电流从带电体流经人体到大地（或中性线）形成回路，如图1－2－3所示。据统计，单相触电事故占触电事故的70%以上。

（二）两相触电

人体两处同时触及同一电源的两相带电体，以及在高压系统中，人体距离高压带电体小

图 1-2-2　低压触电

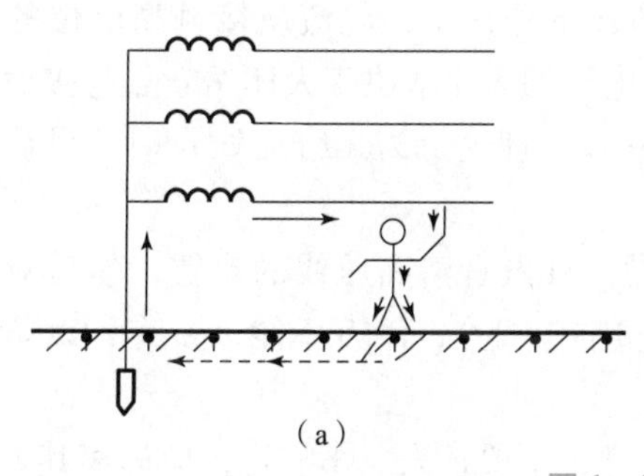
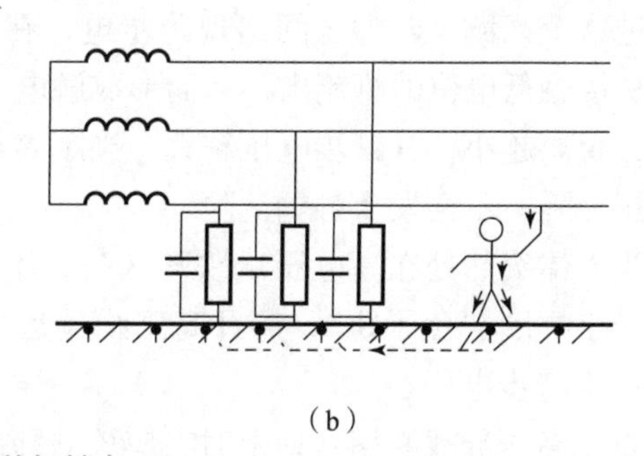

图 1-2-3　单相触电

（a）中性点直接接地；（b）中性点不直接接地

于规定的安全距离，造成电弧放电时，电流从一相导体流入另一相导体的触电方式，如图 1-2-4 所示。两相触电加在人体上的电压为线电压，一般触电电压为 380 V。因此不论电网的中性点接地与否，其触电的危险性都最大。

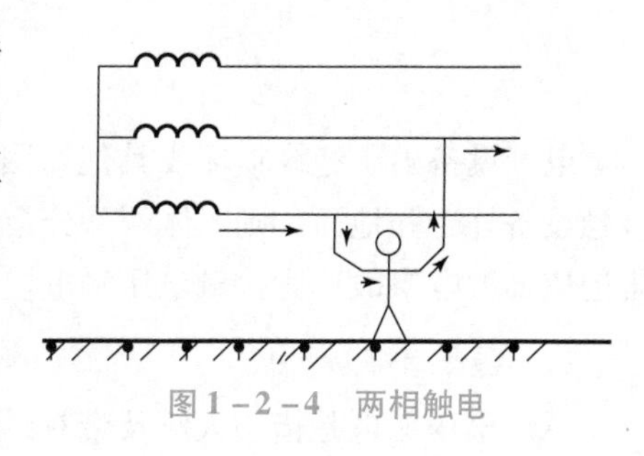

图 1-2-4　两相触电

二、高压触电

高压触电常见的类型有高压电弧触电和跨步电压触电。

（一）高压电弧触电

高压电弧触电指人体靠近高压带电体，因空气弧光放电造成的触电现象。

（二）跨步电压触电

如图 1-2-5 所示，当带电体接地时有电流向大地流散，在以接地点为圆心，半径为 20 m 的圆面积内形成分布电位。人站在接地点周围，两脚之间（以 0.8 m 计算）的电位差称为跨步电压，由此引起的触电事故称为跨步电压触电。

高压故障接地处，或有大电流流过的接地装置附近都可能出现较高的跨步电压。雷电流入地或电力线（特别是高压线）断后散到地时，会在导线接地点及周围形成强电场，当人

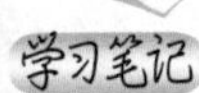

图 1-2-5　跨步电压触电

畜跨进这个区域，两脚之间出现跨步电，在这种电压的作用下，电流从接触高电位的脚流进，从接触低电位的脚流出，从而形成触电。跨步电压的大小取决于人体站立点与接地点的距离，距离越小，其跨步电压越大。当距离超过 20 m（理论上为无穷远处）时，可认为跨步电压为零，不会发生触电危险。

当人体突然处在高电压线跌落区时，不必惊慌，首先看清高压线的位置，然后双脚并拢，作小幅度“兔子跳”，离开高压线越远越好（8 m 以上），千万不能迈步走，以防在两脚间产生跨步电压。

发现高压导线断落在地上时，应该立即派人看守，不要让人、车靠近，应远离其 8 m 以外，并赶快通知电工或供电部门来处理。

三、其他触电类型

（一）接触电压触电

电气设备由于绝缘损坏或其他原因造成接地故障时，如人体两个部分（手和脚）同时接触设备外壳和地面，则人体两部分会处于不同的电位，其电位差即为接触电压。由接触电压造成的触电事故称为接触电压触电。

（二）感应电压触电

感应电压触电是指当人触及带有感应电压的设备和线路时所造成的触电事故。一些不带电的线路由于大气变化（如雷电活动），会产生感应电荷，停电后一些可能感应电压的设备和线路如果未及时接地，则这些设备和线路对地均存在感应电压。

（三）剩余电荷触电

剩余电荷触电是指当人触及带有剩余电荷的设备时，带有电荷的设备对人体放电造成的触电事故。通常是由于检修人员在检修中摇表测量停电后的并联电容器、电力电缆、电力变压器及大容量电动机等设备时，检修前、后未充分放电所造成的。

带有剩余电荷的设备通常含有储能元件，如并联电容器、电力电缆、电力变压器及大容量电动机等，在退出运行和对其进行类似摇表测量等检修后，会带上剩余电荷，因此要及时对其进行放电。

学习笔记

1.2.3 预防触电的安全措施

一、制度措施

（1）在电气设备的设计、制造、安装、运行、使用和维护以及专用保护装置的配置等环节中，要严格遵守国家规定的标准和法规。

（2）建立健全安全规章制度。如安全操作规程、电气安装规程、运行管理规程、维护检修制度等，并在工作中严格执行。

（3）加强安全用电教育，普及安全用电知识。加强用电安全教育和培训是提高电气工作人员的业务素质、加强安全意识的重要途径，也是对一般职工和实习学生进行安全用电教育的途径之一。

（4）建立完善的安全检查制度。安全检查是发现设备缺陷、及时消除事故隐患的重要措施。安全检查一般应每季度进行一次，特别要加强雨季前和雨季中的安全检查。各种电器，尤其是移动式电器应建立定期检查制度，若发现安全隐患应及时处理。

二、安全操作技术措施

电工在工作时应该根据安全操作规程采取必要的安全操作技术措施。

在线路上作业或检修设备时，必须在停电后进行，并采取下列安全技术措施：

（1）切断电源。检修电气线路时，应先关闭低压开关，后关闭高压开关。对多回路的线路要防止从低压侧向被检修设备反送电。

（2）验电。用电压等级相符的验电器，对检修设备的进、出线两侧各相分别验电，确认无电后方可工作。

（3）悬挂标志牌，装接地线。对已关闭电源输出端各相，以及被检修线路各相都要装设携带型临时地线。装拆接地线时，应戴绝缘手套，握住临时接地线的绝缘杆操作，人体不得碰触接地线，并有人监护。

三、保护接地和保护接零

（一）保护接地

保护接地是指为保证人身安全，防止人体接触设备金属外露部分而触电的一种接地形式。在中性点不接地系统中，设备外露部分（金属外壳或金属构架）必须与大地进行可靠的电气连接，即保护接地。

接地装置由接地体和接地线组成，埋入地下直接与大地接触的金属导体称为接地体，连接接地体和电气设备接地螺栓的金属导体称为接地线。接地体的对地电阻和接地线电阻的总和，称为接地装置的接地电阻。

（二）保护接零

保护接零是指在电源中性点接地系统中，将设备需要接地的外露部分的金属部分与电源中性线直接连接，相当于设备外露部分与大地进行了电气连接，使保护设备能迅速动作断开故障设备，减少人体触电危险。

采用保护接零时应注意以下几点：

（1）同一台变压器供电系统的电气设备不宜将保护接地和保护接零混用，而且中性点工作接地必须可靠。

学习笔记

(2) 保护零线上不准装设熔断器。

区别：将金属外壳用保护接地线（PE）与接地极直接连接的叫接地保护；如果将金属外壳用保护线（PE）与保护中性线（PEN）相连接，则称为接零保护。

以上分析的电击防护措施是从降低接触电压方面进行考虑的，但实际上这些措施往往还不够完善，需要采用其他保护措施作为补充，例如，采用漏电保护器、过电流保护器等措施。

四、采用自动保护装备

在线路上采用断路器、漏电保护器以及熔断器等自动保护装置。漏电保护装置的作用主要是防止由漏电引起的触电事故和单相触电事故；其次是防止由漏电引起火灾事故以及监视或切除一相接地故障。有的漏电保护装置还能切除三相电动机的断相运行故障。

1.2.4 了解触电急救常识

人在触电后可能由于失去知觉而无法自主脱离电源，此时抢救人员千万不要惊慌失措，要在保护自己不触电的情况下使触电者迅速脱离电源。

一、使触电者脱离电源

人触电以后，可能由于痉挛或失去知觉等原因而紧抓带电体，不能自行摆脱电源。此时，使触电者尽快脱离电源是救活触电者的首要因素。

（一）低压触电事故

对于低压触电事故，可采用下列方法使触电者脱离电源。

(1) 触电地点附近有电源开关或插头，可立即断开开关或拔掉电源插头，切断电源。

(2) 电源开关远离触电地点，可用有绝缘柄的电工钳或干燥木柄的斧头分相切断电线，断开电源；或将干木板等绝缘物插入触电者身下，以隔断电流。

(3) 电线搭落在触电者身上或被压在身下时，可用干燥的衣服、手套、绳索、木板、木棒等绝缘物作为工具，拉开触电者或挑开电线，使触电者脱离电源。

（二）高压触电事故

对于高压触电事故，可以采用下列方法使触电者脱电源，如图 1-2-6 所示。

图 1-2-6 使触电者脱离电源

（1）立即通知有关部门停电。

（2）戴上绝缘手套，穿上绝缘靴，用相应电压等级的绝缘工具断开开关。

（3）抛掷裸金属线使线路短路接地，迫使保护装置动作，断开电源。注意在抛掷金属线前，应将金属线的一端可靠地接地，然后抛掷另一端。

（三）脱离电源的注意事项

（1）救护人可站在绝缘垫或干燥的木板上，帮助触电者脱离带电体，此时必须采用适当的绝缘工具且单手操作。切记在未采取绝缘措施前，救护人不得直接接触触电者的皮肤、潮湿的衣服及鞋，不可以直接用手或其他金属及潮湿的物件作为救护工具，以防止自身触电，这样做对救护人比较安全。

（2）当触电人在高处时，应采取预防措施预防触电人在脱离电源时从高处坠落摔伤或摔死。

（3）如果触电事故发生在夜间，在切断电源的同时也会失去照明电路，应考虑切断电源后的临时照明，如使用应急灯等迅速解决临时照明问题，以利于抢救，并避免扩大事故。

二、触电急救方法

当触电者脱离电源后，应立即将其移到通风处，使其仰卧；在打电话叫急救车的同时，迅速鉴定触电者是否有心跳、呼吸，根据触电者的具体情况，迅速地对症进行救护。

现场应用的主要触电救护方法是人工呼吸法和胸外心脏挤压法。

（一）对症进行救护

触电者需要救治时，大体按照以下三种情况分别处理，如图 1－2－7 所示。

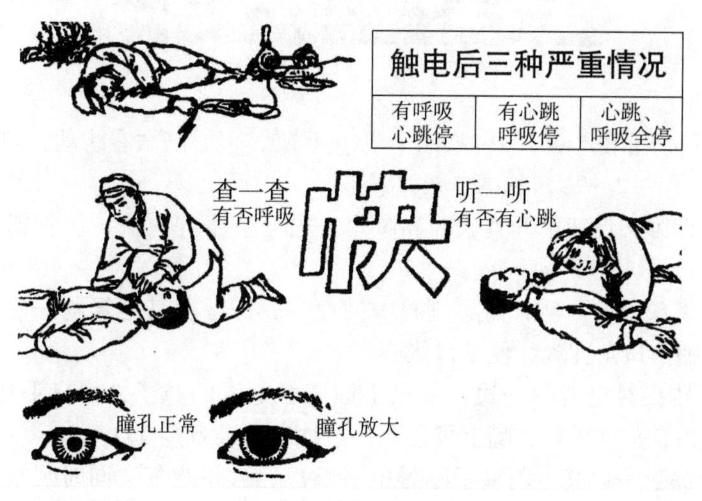

图 1－2－7　触电后的检查方法

（1）如果触电者伤势不重，神志清醒，但是有些心慌、四肢发麻、全身无力，或者触电者在触电的过程中曾经一度昏迷，但已经恢复清醒，此时应将触电者抬到空气新鲜、通风良好的地方舒适地躺下安静休息，不要走动，让其慢慢地恢复正常，同时要注意保温，严密观察触电者情况，间隔 5 s 轻呼伤员或轻拍肩部（但禁止摇晃头部）。若发现触电者呼吸与心跳不规则，应立刻设法抢救，并请医生前来诊治或送往医院。

（2）如果触电者伤势比较严重，已经失去知觉，但仍有心跳和呼吸，此时应当使触电

学习笔记

者舒适、安静地平卧，保持空气流通。同时揭开他的衣服，以利于呼吸，如果天气寒冷，要注意保温，并立即请医生诊治或送医院。

(3) 如果触电者伤势严重，呼吸停止或心脏停止跳动或两者都已停止，则应立即实行人工呼吸和胸外挤压，并迅速请医生诊治或送往医院。应当注意，急救要尽快进行，不能等候医生的到来，在送往医院的途中也不能中止急救。

(二) 口对口人工呼吸法

人工呼吸的目的就是及时、有效地采取人工的方法来代替肺的呼吸活动，使气体有节律地进入和排出肺脏，供给体内足够氧气，并充分排除二氧化碳，维持肺脏正常的通气功能，促使呼吸中枢尽早恢复功能，使处于“假死”的伤员尽快脱离缺氧状态，兴奋肌体受抑制的功能，恢复人体自主呼吸，如图1-2-8所示。它是复苏伤员的一种重要急救措施。

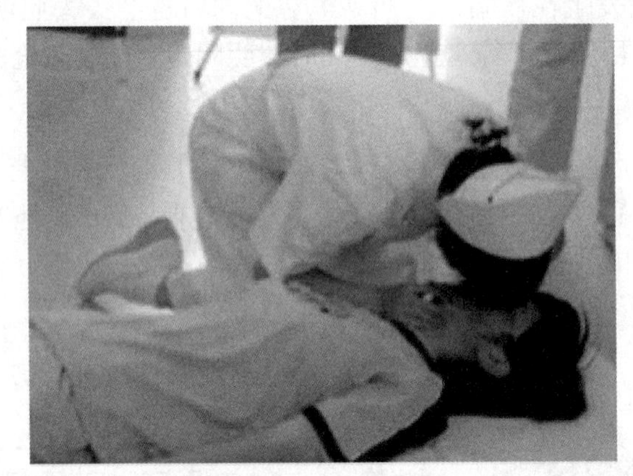

图1-2-8　口对口人工呼吸

如果触电人员伤害较严重，失去知觉，停止呼吸，但心脏微有跳动，则应采用口对口的人工呼吸法（见图1-2-9），具体步骤如下：

(1) 触电者仰卧，迅速解开其衣领和腰带，松开上身的衣服、护胸罩和围巾等，使其胸部能自由扩张，不妨碍呼吸。

(2) 使触电者头偏向一侧，清除口腔中的血块、假牙及其他异物，使其呼吸畅通，必要时可用金属匙柄由口角伸入，使其口张开。

(3) 救护者站在触电者的一边，一只手捏紧触电者的鼻子，一只手托在触电者颈后，使触电者颈部上抬，头部后仰，嘴上可盖上一层纱布，准备接受吹气。

(4) 救护者深吸一口气，用嘴紧贴触电者嘴巴，大口吹气，同时观察触电人胸部隆起的程度，吹气者换气时，一般应以胸部略有起伏为宜。

(5) 救护人员吹气至需换气时，应该迅速离开触电者的嘴，同时放开捏紧的鼻子，让其自动向外呼气。此时应注意观察触电人胸部的复原情况，倾听口鼻处有无呼吸声，从而检查呼吸是否阻塞，一般吹气2 s、呼气3 s，每分钟大约15次。

(6) 对儿童施行此法时，不必捏鼻。开口困难时，可以使其嘴唇紧闭，对准鼻孔吹气（即口对鼻人工呼吸），效果相似。

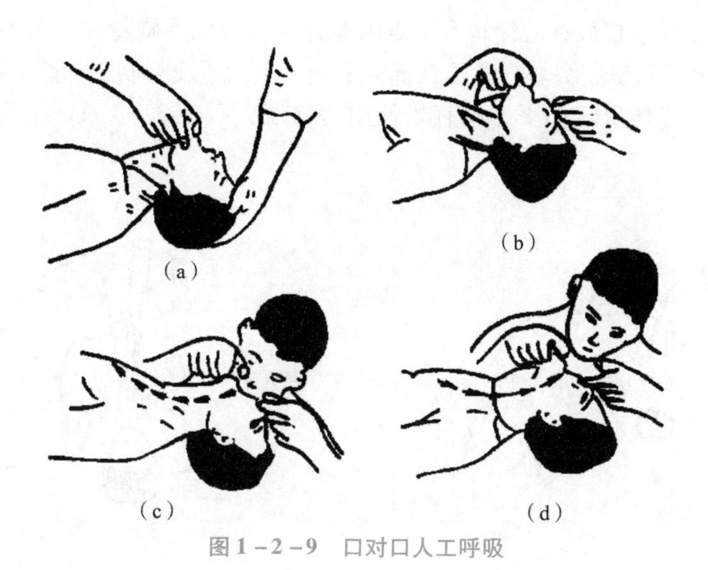

图 1-2-9　口对口人工呼吸

（三）人工胸外心脏挤压法

心肺复苏简称 CPR（Cardio Pulmonary Resuscitation），即当呼吸终止及心跳停顿时，合并使用人工呼吸及心外按压来进行急救的一种技术。

心脏分为左右心房及左右心室，由右心房吸入上下腔静脉自全身运回含二氧化碳的血液，经右心室压出，由肺动脉送至肺泡，经由透析作用换得含氧的血液，再经由肺静脉送入左心房，然后进入左心室压出经大动脉输送至全身，以维持细胞器官组织的生机功能，其中以心脏与脑细胞对氧的需要量最为迫切。

1. CPR 的原理

空气中含 80% 氮气、20% 氧气，其中包括微量的其他气体，而经由人体呼吸再呼出的空气成分经化验分析，氮气仍占约 80%，氧气却降低为 16%，二氧化碳占了 4%，这项分析让我们了解经由正常呼吸所呼出的气体中氧的分量仍足够供应我们正常所需的要求。

利用人工呼吸吹送空气进入肺腔，再配合心外按摩，以促使血液从肺部交换氧气再循环到脑部及全身，以维持脑细胞及器官组织之存活。

2. CPR 的重要性

当人体因呼吸心跳终止时，心脏脑部及器官组织均将因缺乏氧气的供应而渐趋坏死，在临床上我们可以发现患者的嘴唇、指甲及脸面的肤色由原有呈现的正常色渐趋向深紫色，而眼睛的瞳孔也渐次地扩大中，当然胸部的起伏及颈动脉的是否跳动更能确定地告知我们生命的信息。在 4 min 内，肺与血液中原含的氧气尚可维持供应，故在 4 min 内迅速急救并确实做好 CPR，将可保住脑细胞不受损伤而完全复原，在 4 ~6 min 之间则视情况的不同脑细胞或有损伤的可能，6 min 以上则一定会有不同程度的损伤，而延迟至 10 min 以上则肯定会使脑细胞因缺氧而造成坏死。

3. 人工胸外挤压心脏的具体操作步骤

（1）触电者仰卧在结实的平地或木板上，松开衣领和腰带，清除口腔内异物，使其胸部能自由扩张。

（2）使触电者头部稍后仰（颈部可枕垫软物），抢救者跪跨在触电者腰部两侧。

学习笔记

学习笔记

（3）将一只手的掌根放在心窝稍高一点的地方（掌根放在胸骨的下1/3部位），中指指尖对准锁骨间凹陷处边缘，另一只手压在那只手上，呈两手交叠状，如图1－2－10所示。

（4）抢救者借身体重量向下，垂直均衡用力挤压，压下3～4 cm，注意用力适当，如图1－2－11所示。

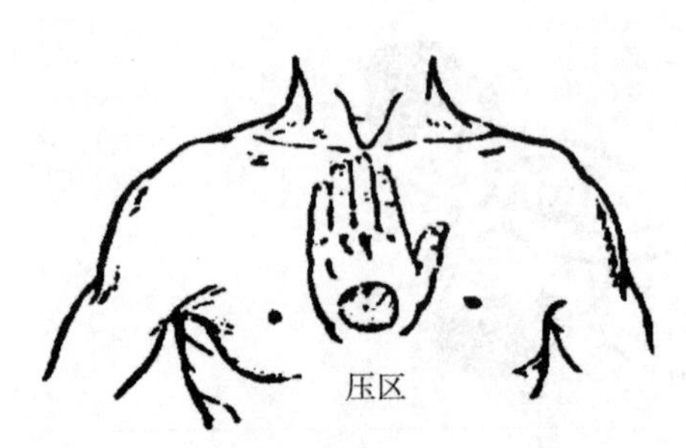

图1－2－10　正确压点（当胸一掌）

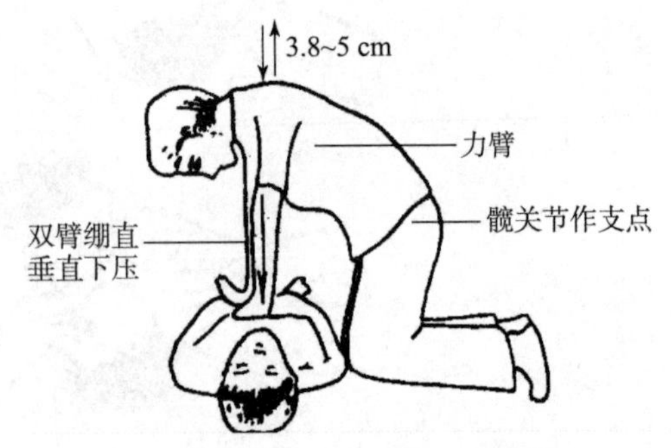

图1－2－11　按压的正确姿势

（5）挤压后，掌根迅速放松（但手掌不要离开胸部），使触电人胸部自动复原，心脏扩张，血液又回到心脏。挤压和放松动作要有节奏，每秒钟进行一次，每分钟宜挤压60次左右，不可中断，直至触电者苏醒为止。要求挤压定位要准确，用力要适当，防止用力过猛给触电者造成内伤和用力过小挤压无效。

对16岁以下儿童，一般应用一只手挤压，用力要比成人稍轻一点，压陷1～2 cm，频率每分钟100次为宜，这样可使压处刺激到心脏里面的血液。

4. 人工呼吸＋胸外挤压

若触电人伤害得相当严重，心脏和呼吸都已停止，人完全失去知觉，则需同时采用口对口人工呼吸和人工胸外挤压两种方法。如果现场仅有一个人抢救，则可交替使用这两种方法，可先吹气2～3次，再挤压10～15次，交替进行。双人救护时，每5 s吹气一次，每秒钟挤压一次，两人同时进行操作，如图1－2－12所示。

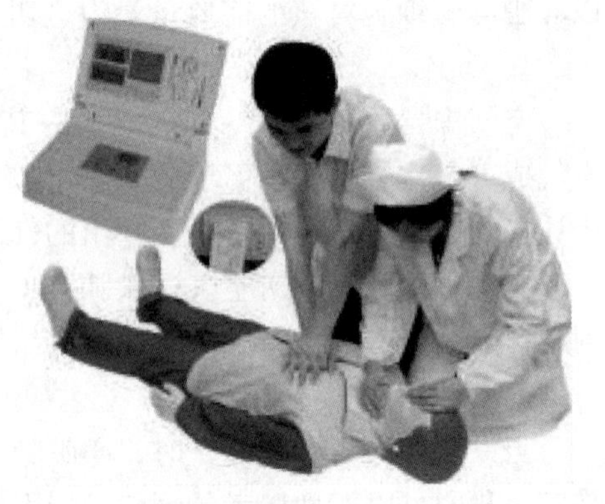

图1－2－12　人工胸外挤压心脏法

抢救既要迅速又要有耐心，即使在送往医院途中也不能停止急救。此外不能给触电者打强心针、泼冷水或压木板等。

当抢救者出现面色好转、嘴唇逐渐红润、瞳孔缩小、心跳和呼吸迅速恢复正常时，即为抢救有效的特征。

体外心脏按压是触电者心脏停止跳动后使心脏恢复跳动的急救方法，是每一个电气行业及相关工作人员都应该掌握的。对每一个人来说，掌握一定的触电急救基本操作技能是非常必要的。

1.2.5　任务实施

一、任务要求

（1）模拟触电事故现场，首先切断电源，制定急救方案；

（2）口对口进行人工呼吸法练习；

(3) 胸外心脏挤压法练习；
(4) 单人操作法与双人操作法练习；
(5) 模拟电气火灾事故现场，使用灭火器进行灭火。

学习笔记

二、触电急救操作要领

(1) 迅速：使触电者迅速脱离电源；
(2) 就地：在现场安全通风的地方，对触电者进行检查抢救；
(3) 准确：根据触电者的不同情况，对症采取正确的抢救措施；
(4) 坚持：抢救要有耐心，要坚持不断地进行，只要有1%的希望就要做100%的努力。

三、注意事项

(1) 在使触电者脱离电源时，救护人不可直接用手或金属、潮湿等物件作为救护工具，必须使用绝缘工具；
(2) 防止触电者脱离电源后从高空摔跌；
(3) 在急救过程中，应避免造成对触电者的意外伤害；
(4) 触电者被抢救苏醒后，要防止其出现狂奔现象，以免心力衰竭而死亡。

工作过程一　制定触电急救方案

结合触电急救常识，迅速准确地判断触电者的情况，制定规范合理的触电急救方案，对症准确施救，见表1-2-2。

表1-2-2　触电后的检查及对症救治措施

项目	神志情况	心跳	呼吸	对症救治措施
解脱电源	清醒	存在	存在	使静卧，保暖，严密观察
	昏迷	存在	存在	严密观察，做好复苏准备，立即护送至医院
进行抢救并通知医疗部门	昏迷	停止	存在	体外心脏按压来维持血液循环
	昏迷	存在	停止	口对口人工呼吸来维持气体交换
	昏迷	停止	停止	同时进行心脏体外挤压和口对口人工呼吸

工作过程二　进行触电急救

一、操作准备

(1) 触电者仰天平卧；
(2) 解开触电者的衣领裤带，取出其口腔内妨碍呼吸的食物、假牙、血块等；
(3) 打开通气道。

二、触电急救过程

(1) 口对口人工呼吸法：用于有心跳无呼吸者。
操作要领：
①捏紧病人的鼻孔；
②救护人吸气；

学习笔记

③对病人吹气；

④放开鼻孔，使病人呼气；

⑤频率：12 次/min。

（2）胸外心脏挤压法：用于有呼吸无心跳者。

操作要领：

①确定正确的按压部位；

②按压深度：掌握垂直向下压陷 3 ~ 4 cm；

③按压必须平稳而有规律地进行；

④按压频率：60 次/min。

（3）对呼吸与心跳都停止者，应人工呼吸与心脏挤压法并用。

①单人操作法：

a. 15 次心脏按压，2 次吹气交替进行；

b. 按压速度 80 次/min。

②双人操作法：

a. 一人进行心脏按压，另一人进行人工呼吸，交替进行；

b. 按压与吹气的比例：5∶1；

c. 按压速度，60 次/min。

任务评价

评价指标	项目	配分	评分标准	扣分	得分
方案	制定施救方案	20	安全断电，5 分； 触电者检查迅速到位，5 分； 现场处理规范合理，5 分； 方案正确，5 分		
技能	口对口人工呼吸法	15	动作不正确扣 5 ~ 10 分； 操作要领掌握不得当一处扣 4 分		
	胸外心脏挤压法	15	动作不正确扣 5 ~ 10 分； 操作要领掌握不得当一处扣 5 分		
	单人操作法	15	按压速度不对扣 5 分； 按压与吹气的比例掌握不好扣 5 分； 动作不正确扣 5 ~ 10 分		
	双人操作法	15	按压速度不对扣 5 分； 按压与吹气配合不好扣 5 分； 动作不正确扣 5 ~ 10 分		
安全	救护过程	20	施救迅速，5 分； 方法正确，5 分； 动作规范，5 分； 确保救护双方的安全，5 分		
合计					

学习拓展　电气事故典型案例分析

（1）违章作业造成触电事故。

例：1991 年 4 月，某电业局变电工区在某次变电作业时，临时追加任务，为配合做试验需拆除设备引线。其既未办理工作票手续，又未履行许可手续，也未按规定采取安全措施，工人马某误登带电线路电压互感器构架，造成触电，将手脚烧伤，截肢。

（2）监护不到位造成触电事故。

例：1993 年 7 月，某电业局配电班高某等六人在 10 kV 线路上安装避雷器。11 时左右通信处人员发现停电，私自将杆上多油断路器合上送电。当高某登上杆 12 m 处准备挂接地线验电时，右手碰触导线，触电后从杆上跌下，经医院抢救无效死亡。

（3）安全措施不全造成触电事故。

例：1993 年 5 月，某电厂通信线务班于某，在处理通往市内的通信线缺陷登上某号杆时，斜上方有 6 kV 线路，因安全距离不够（0.3 m）引起高压电对于某右臂膀放电，送医院抢救无效死亡。

（4）常见家庭触电事故。

例：浙江省某城市夏季的一天，乌云密布，雷雨交加，一场大雨过后，竟死了两人。一位是年近七旬的老太太，住在五层楼房的二楼，当时她正在吊灯下洗头，吊灯离头还不到 0.5 m，洗头处的地上非常潮湿。这不是直击雷，而是通过输电线路将雷电波传入室内，由于她离电灯过近，被感应雷击中致死。另一位是个青年人，当时正在家中洗澡，浴室的自来水管是从房顶上的金属蓄水池引下的，雷电击中蓄水池后，引入浴室，击中了他，而家中其他人却未受到损伤。

（5）某地大风刮断了低压线，造成 4 人触电，其中 3 人当时已停止呼吸，用人工呼吸法抢救，有 2 人较快救活，另一人伤害较严重，经用口对口人工呼吸及心脏按压法抢救 1.5 h，也终于救活。

（6）某地区供电局在 5 年时间里，用人工呼吸法在现场成功救活触电者达 275 人。

（7）苏联考纳斯市一位大学生在一次音乐会上演奏时，不慎手触失修电线，被电击倒，当场停止了呼吸。幸亏现场有两名医生立即对他进行了人工呼吸、心脏按压，这些措施起到了决定性作用，避免了临床死亡转为生理死亡。然后把他送到医院复苏科，坚持不懈地进行抢救，18 天后，遇难者慢慢睁开了眼睛，创造了触电者“起死回生”的奇迹。

学习笔记

任务1.3 电气火灾的防护与处理

任务场景

场景一：工业生产与人们日常生活中处处离不开电，我们在享受其带来便捷的同时，也不能忽略一些不利因素。比如开关短路、电动机长时间过负荷运行，均有可能引起电伤害，也可能成为火灾的引燃源。因此熟悉各种安全用电的常识及操作规范，才能尽可能地避免电对人的伤害。

场景二：电气火灾是指由电气原因引发燃烧而造成的灾害。短路、过载、漏电等电气事故都有可能导致火灾。设备自身缺陷、施工安装不当、电气接触不良、雷击静电引起的高温、电弧和电火花是导致电气火灾的直接原因，周围存放易燃易爆物是引发电气火灾的环境条件。

场景三：在电器安装中，导线的连接是电工必须掌握的基本操作技能。导线连接的质量关系着电路与设备运行的可靠性和安全程度。

任务导入

（1）了解电气火灾的成因；

（2）了解电气火灾的预防措施；

（3）掌握电气火灾扑救的基本方法；

（4）能对导线进行规范的剖削和绝缘恢复，确保电气线路用电安全，避免引起电气火灾。

知识探究

1.3.1 电气火灾产生的原因

事实上，大部分的电气火灾都是可以避免的。因此，有必要学习相关知识，了解电气火灾产生的原因，避免任何可能的电气火灾的发生，确保生命及财产的安全。

一、设备或线路发生短路故障

电气设备由于绝缘损坏、电路年久失修、疏忽大意、操作失误及设备安装不合格等将造成短路故障，其短路电流可达正常电流的几十倍甚至上百倍，产生的热量（正比于电流的平方）使温度上升超过自身和周围可燃物的燃点引起燃烧，从而导致火灾。

1. 过载引起电气设备过热

选用线路或设备不合理，线路的负载电流量超过了导线额定的安全载流量，电气设备长期超载（超过额定负载能力），引起线路或设备过热而导致火灾。

2. 接触不良引起过热

如接头连接不牢或不紧密、动触点压力过小等使接触电阻过大，在接触部位发生过热而引起火灾。

3. 通风散热不良

大功率设备缺少通风散热设施或通风散热设施损坏造成过热而引发火灾。

4. 电器使用不当

如电炉、电熨斗、电烙铁等未按要求使用，或用后忘记断开电源，引起过热而导致火灾。

5. 电火花和电弧

有些电气设备正常运行时就能产生电火花、电弧，如大容量开关及接触器触点的分、合操作，都会产生电弧和电火花。电火花温度可达数千摄氏度，遇可燃物便可点燃，遇可燃气体便会发生爆炸。

二、易燃易爆场所

日常生活和生产的各个场所中，广泛存在着易燃易爆物质，如石油液化气、煤气、天然气、汽油、柴油、酒精、棉、麻、化纤织物、木材、塑料，等等。另外一些设备本身可能会产生易燃易爆物质，如设备的绝缘油在电弧作用下分解和气化，喷出大量油雾和可燃气体；酸性电池排出氢气并形成爆炸性混合物等。一旦这些易燃易爆环境遇到电气设备和线路故障导致的火源，便会立刻着火燃烧。

1.3.2 电气火灾的防护措施

电气火灾的防护措施主要致力于消除隐患、提高用电安全，具体措施如下。

一、正确选用保护装置，防止电气火灾发生

（1）对正常运行条件下可能产生电热效应的设备采用隔热、散热、强迫冷却等结构，并注重耐热、防火材料的使用。

（2）按规定要求设置，包括短路、过载、漏电保护设备的自动断电保护。对电气设备和线路正确设置接地、接零保护，为防雷电安装避雷器及接地装置。

（3）根据使用环境和条件正确设计、选择电气设备。恶劣的自然环境和有导电尘埃的地方应选择有抗绝缘老化功能的产品，或增加相应的措施；对易燃易爆场所，则必须使用防爆电气产品。

二、正确安装电气设备，防止电气火灾发生

1. 合理选择安装位置

对于爆炸危险场所，应该考虑把电气设备安装在爆炸危险场所以外或爆炸危险性较小的部位。

开关、插座、熔断器、电热器具、电焊设备和电动机等应根据需要，尽量避开易燃物或易燃建筑构件，起重机滑触线下方不应堆放易燃品；露天变、配电装置，不应设置在易于沉积可燃性粉尘或纤维的地方等。

2. 保持必要的防火距离

对于在正常工作时能够产生电弧或电火花的电气设备，应使用灭弧材料将其全部隔围起来，或将其与可能被引燃的物料，用耐弧材料隔开或与可能引起火灾的物料之间保持足够的距离，以便安全灭弧。

学习笔记

安装和使用有局部热聚焦或热集中的电气设备时，在局部热聚焦或热集中的方向与易燃物料必须保持足够的距离，以防引燃。

电气设备周围的防护屏障材料，必须能承受电气设备产生的高温（包括故障情况下），应根据具体情况选择不可燃、阻燃材料或在可燃性材料表面喷涂防火涂料。

三、保持电气设备的正常运行，防止电气火灾发生

（1）正确使用电气设备，是保证电气设备正常运行的前提。因此应按设备使用说明书的规定操作电气设备，严格执行操作规程。

（2）保持电气设备的电压、电流、温升等不超过允许值；保持各导电部分连接可靠，接地良好。

（3）保持电气设备的绝缘良好，保持电气设备的清洁，保持良好通风。

1.3.3 电气火灾的扑救

当发生电气火灾时，应立即拨打 119 火警电话报警，向公安消防部门求助。若现场尚未停电，在通知消防部门的同时，要及时切断电源，通知电力部门派人到现场指导和监护扑救工作。这是防止扩大火灾范围和避免触电事故的重要措施。

一、正确选择使用灭火器

在扑救尚未确定断电的电气火灾时，应用不导电的灭火剂灭火。如未确认电源切断之前不得使用水、泡沫灭火器灭火，避免造成触电事故，应该使用干黄沙、二氧化碳或干粉灭火器进行灭火，防止身体、手、足，或者使用的消防灭火器等直接与有电部分接触或与有电部分过于接近造成触电事故。带电灭火时，还应该配备绝缘橡胶手套。

在灭火时应选择适当的灭火器和灭火装置，否则有可能造成触电事故和更大危害，比如使用普通水枪射出的直流水柱和泡沫灭火器射出的导电泡沫会破坏绝缘。

使用四氯化碳灭火器灭火时，灭火人员应站在上风侧，以防中毒；灭火后空间要注意通风。使用二氧化碳灭火器灭火，当其浓度达 85% 时，人就会感到呼吸困难，要注意防止窒息。

二、正确使用喷雾水枪

带电灭火时使用喷雾水枪比较安全，原因是这种水枪通过水柱的泄漏电流较小。带电灭火必须有人监护。

用喷雾水枪灭电气火灾时，水枪喷嘴与带电体的距离可参考以下数据：

（1）10 kV 及以下者不小于 0.7 m；

（2）35 kV 及以下者不小于 1 m；

（3）110 kV 及以下者不小于 3 m；

（4）220 kV 不应小于 5 m。

三、充油设备的灭火

扑灭充油设备内部火灾时，应该注意以下几点：

（1）充油设备外部着火时，可用二氧化碳、1211、干粉等灭火器灭火。如果火势较大，则应立即切断电源，用水灭火。

（2）如果是充油设备内部起火，应立即切断电源，灭火时使用喷雾水枪，必要时可用

学习笔记

砂子、泥土等灭火。外泄的油火可用泡沫灭火器熄灭。

(3) 发电机、电动机等旋转电动机着火时，为防止轴和轴承变形，可令其慢慢转动，用喷雾水枪灭火，并帮助其冷却，也可用二氧化碳、1211、蒸汽等灭火。

电气火灾常伴随浓而呛人的黑烟，救火时应穿戴适当的呼吸保护器及防火衣。

1.3.4 常用导线的分类与应用

导线的连接是电工的基本操作技能之一，导线连接质量好坏直接关系到线路与设备能否可靠、安全地运行。对导线连接的基本要求是：接头处电气性能要良好，接头处要紧密，接触良好，接头处的电阻值不大于所用导线的直流电阻；接头的机械强度要符合要求，其机械强度不低于所用导线的80%；接头要简洁、美观，并且绝缘强度不低于所用导线的绝缘强度。

一、导线的种类

常用的导线有铜芯线和铝芯线。铜导线电阻率小，导电性能较好；铝导线电阻率比铜导线稍大些，但价格低，故应用广泛。

导线又分软线和硬线。导线有单股和多股两种，一般截面积在6 mm^2 及以下为单股线，截面积在10 mm^2 及以上为多股线。多股线是由几股或几十股线芯绞合在一起形成一根的，有7股、19股、37股等。

导线还分裸导线和绝缘导线，绝缘导线有电磁线、绝缘电线和电缆等多种。常用绝缘导线在导线线芯外面包有绝缘材料，如橡胶、塑料、棉纱、玻璃丝等。

二、常用导线的型号及应用

1. B系列橡皮塑料电线

这种系列的电线结构简单，电气和机械性能好，广泛用作动力、照明及大中型电气设备的安装线。其交流工作电压在500 V以下。

2. R系列橡皮塑料软线

这种系列软线的线芯由多根细铜丝绞合而成，除具有B系列电线的特点外，还比较柔软，广泛用于家用电器、小型电气设备、仪器仪表及照明灯线等。

此外还有Y系列通用橡套电缆，该系列电缆常用于一般场合下的电气设备、电动工具等的移动电源线。

电气设备用电线电缆由导电线芯、绝缘层和护层组成。常见的导电材料有B系列橡胶和塑料电线。这种电线结构简单，质量轻，价格低，电气和机械性能有较大裕度，广泛用于各种动力、配电和照明电路并用于中小型电气设备作安装线，见表1-3-1。其交流工作电压为500 V，直流工作电压为1 000 V。

表1-3-1 B系列橡胶、塑料电线常用型号及用途

产品名称	型号		长期最高工作温度/℃	用途
	铜芯	铝芯		
橡胶绝缘电线	BX	BLV	65	固定敷设于室内，可用于室外，也可作设备内部的安装线
氯丁橡胶绝缘线	BXF	BLXF	65	固定敷设于室内，可用于室外，也可作设备内部的安装线；耐气候性能好，适用于室外

续表

产品名称	型号		长期最高工作温度/℃	用途
	铜芯	铝芯		
橡胶绝缘和护套电线	BXHF	BLXHF	65	固定敷设于室内，可用于室外，也可作设备内部的安装线；适用于较潮湿的场合和作室外进户线
橡胶绝缘软电线	BXR	—	65	固定敷设于室内，可用于室外，也可作设备内部的安装线；仅适用于安装时要求较柔软的场合
聚氯乙烯绝缘电线	BV	BLV	65	固定敷设于室内，可用于室外，也可作设备内部的安装线；耐气候性较好
聚氯乙烯绝缘软导线	BVR	—	65	固定敷设于室内，可用于室外，也可作设备内部的安装线；仅用于安装时要求较柔软的场合
聚氯乙烯绝缘和护套电线	BVV	BLVV	65	固定敷设于室内，可用于室外，也可作设备内部的安装线；用于潮湿机械防护要求较高的场合，可直接埋于土壤中
耐热聚氯乙烯绝缘导线	BV - 105	BLV - 105	105	固定敷设于室内，可用于室外，也可作设备内部的安装线；适用于45℃及以上高温环境中
耐热聚氯乙烯绝缘软导线	BVR	—	105	固定敷设于室内，可用于室外，也可作设备内部的安装线；用于45℃及以上高温环境中
注：X 表示橡胶绝缘；XF 表示氯丁橡胶绝缘；HF 表示非燃性电缆；V 表示聚氯乙烯绝缘电线；VV 表示聚氯乙烯绝缘和护套；105 表示耐热 105℃				

三、常用绝缘材料

绝缘材料的主要作用是隔离不同电位的导体或导体与地之间的电流，使电流仅沿导体流通。在不同的电工产品中，根据需要不同，绝缘材料还起着不同的作用。绝缘材料的主要性能见表 1 -3 -2。

表 1 -3 -2　绝缘材料的主要性能

参数	主要性能
击穿强度	绝缘材料在高于某一数值的电场强度作用下，会被损坏而失去绝缘性能，这种现象称为击穿。绝缘材料击穿时的电场强度称为击穿强度
绝缘电阻	绝缘材料的电阻率虽然很高，但在一定的电压作用下，也可能有极其微弱的电流通过，这个电流称为泄漏电流

学习笔记

学习笔记

续表

参数	主要性能
耐热性	耐热性是指绝缘材料及其制品承受高温而不至损坏的能力
机械强度	根据各种绝缘材料的具体要求，规定了抗张、抗压、抗弯、抗剪、抗撕、抗冲击等各项强度指标

四、绝缘材料的型号

绝缘材料的产品按 JB 2177—1977 规定的统一命名原则进行分类和型号的编制。产品型号一般由四个数字组成，必要时可增加附加代号，但尽量少用附加方式。第一位表示大类号；第二位表示在各大类中划分的小类号；第三位表示绝缘材料的耐热等级，用数字 1、2、3、4、5、6 来表示 A、E、B、F、H、C 六个等级；第四位表示产品顺序号。

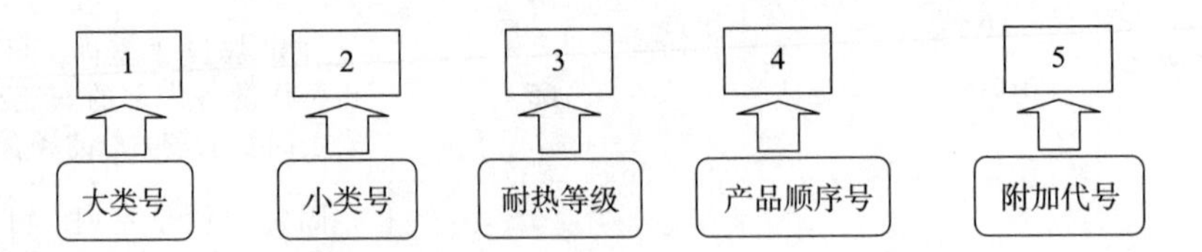

1.3.5　任务实施

一、任务要求

(1) 熟练掌握用电工刀和钢丝钳剖削导线绝缘层的方法。

(2) 掌握单股导线对接和 T 字连接的方法。

(3) 掌握双股导线对接和 T 字连接的方法。

(4) 掌握导线绝缘层恢复的一般方法。

二、器材准备

电工刀、钢丝钳、塑料硬线、塑料护套线、橡皮线、单股导线（1 ~ 6 mm^2）、多股导线（16 ~ 25 mm^2）、塑料绝缘胶带、黑胶带、尖嘴钳等。

三、操作步骤

(1) 按上述操作技术要点，用电工刀剖削塑料硬线、塑料护套线、橡皮线绝缘层练习。

(2) 用钢丝钳剖削塑料硬线和塑料软线绝缘层练习。

(3) 单股导线直接连接和 T 字连接练习。

(4) 多股导线直接连接和 T 字连接练习。

(5) 导线绝缘层恢复练习。

工作过程一　导线的剖削、连接与绝缘恢复

一、导线的剖削

（一）塑料硬线绝缘层的剖削

1. 电工刀剖削

(1) 用电工刀以 45°角倾斜切入塑料绝缘层。

（2）刀面与芯线保持 25°左右，用力向线端推削，但不得损伤芯线。

（3）剖削长度应根据连接的需要而定，削去一部分塑料层后，将另一部分塑料层翻下并齐根切去。

2. 钢丝钳剖削

（1）根据线头所需长度用钢丝钳刀口轻切塑料层，但不可切着芯线（导线在 4 mm^2 以下）。

（2）右手握住钳子头部用力向外勒去塑料层，同时左手握紧，反向用力配合动作。

（二）塑料软线绝缘层的剖削

（1）塑料软线绝缘层只能用剥线钳或钢丝钳剖削，不可用电工刀剖削，其剖削方法同“钢丝钳剖削”。

（2）剥线钳只能剥削 2.5 mm^2 以下导线的绝缘层。

（三）塑料护套线的绝缘层剖削

（1）根据所需长度用电工刀刀尖对准芯线缝隙，划开护套层。

（2）向后扳翻护套层，用刀齐根切去。

（3）在距离护套层 10 cm 处，用电工刀从 45°倾斜切入绝缘层，其剖削方法如同塑料硬线。

（四）橡皮线绝缘层的剖削

（1）先把橡皮线编织保护层用电工刀尖划开，与剖削护套线的绝缘层方法类同。

（2）用与削塑料线绝缘层相同的方法剖去橡胶层。

（3）松散棉纱层到根部，用电工刀切去。

（五）花线绝缘层的剖削

（1）根据所需长度用电工刀在棉纱织物保护层的四周割切一圈后拉去。

（2）距棉纱织物保护层 10 mm 处，用钢丝钳刀口切割橡胶绝缘层，不能损伤芯线，方法同前。

（3）露出棉纱层，把棉纱层松散开来，用电工刀割断。

（六）导线连接的一般要求

紧密、整齐、平直，接头机械强度与外部绝缘性能不低于原来的水平。

二、导线的连接

（一）单股导线的直接连接

（1）先将两导线线端去掉绝缘层后做“×”形相交，然后互相绞合 2 ~ 3 圈后扳直。

（2）两线端分别围绕芯线顺时针并绕 6 ~ 8 圈，剪去余线头，并钳平芯线的末端。

（二）多股导线的直接连接

（1）线头去掉绝缘层后，取线头全长的 2/3 分散成伞骨状。

（2）将两伞骨状导线对叉后，捏平两端芯线。

（3）在一端分出紧密相邻的两根芯线扳直，按顺时针方向并绕两圈后扳成直角与干线贴紧。

（4）以此作法绕至根部，钳去余端收口。

（三）单股导线的 T 字连接

（1）支线端和干线去其绝缘层后十字相交，使支线根部留出约 3 mm 后向干线缠绕一

学习笔记

学习笔记

圈，再环绕成结状，收紧线端，围绕干线顺时针并绕6～8圈，钳平芯线末端即可。

(2) 如果连接导线截面积较大，则两芯线十字相交后可直接在干线上紧密缠绕6～8圈即可。

(四) 多股线的T字连接

(1) 支线线头和干线去其绝缘层后，在支线头1/8根部绞紧，余下部分分成两组。

(2) 将四根一组的支线插入干线中间，将三股芯线的一组往干线的一边按顺时针紧密缠绕3～4圈，剪去余下芯线并钳平芯线末端。

(3) 另一组以相同方法缠4～5圈，剪去余下的芯线并钳平芯线末端即可。

三、导线的绝缘恢复

(1) 绝缘带以一定的斜度从线头完整的绝缘层（约两根带宽的地方）开始缠绕。

(2) 绝缘带采用1/2迭包至另一端后，在芯线完整的绝缘层上再缠绕3～4圈即可。

(3) 对绝缘电线包缠绝缘层时，必须先包塑料绝缘胶带，再包黑胶带。

(4) 为防止绝缘带末端松散，可采用纱线绑扎。

(5) 通常用黄蜡带、涤纶薄膜带和黑胶带作为恢复绝缘层的绝缘带。绝缘带的包缠方法如下：将黄蜡带从导线左边完整的绝缘层上开始包缠，包缠两根带宽后才可进入无绝缘层的芯约两根带宽线部分，包缠后，黄蜡带与导线保持约55°的倾斜角，每圈压叠带宽的1/2，包缠一层黄蜡带后，将黑胶带接在黄蜡带的尾端，按另一斜叠方向包缠一层黑胶布，也要每圈压叠带宽的1/2。

四、注意事项

(1) 用电工刀剖削时，应刀口向外，剖削护套线时注意芯线的绝缘层必须长出护套层断口处10 mm以上，以防发生短路事故。

(2) 用电工刀或钢丝钳剖削导线时，不得损坏芯线并防止削伤手。

(3) 剖削导线绝缘层时，芯线不能损伤。

(4) 导线缠绕方法要正确。

(5) 导线缠绕要平直、整齐和紧密，以减小接触电阻和保证接头的美观。

(6) 在380 V线路上恢复绝缘层时，必须先包缠塑料胶带，然后再包缠黑胶带。

(7) 绝缘带包缠时，不能过疏，更不允许露出芯线。

工作过程二　电气火灾应急演练

(一) 灭火器的功能及应用

根据所学知识，并利用网络，查找灭火器的功能及应用并填写表1-3-3。

表1-3-3　灭火器的功能及应用

序号	灭火器类型	功能	应用场合
1			
2			
3			
4			

续表

序号	灭火器类型	功能	应用场合
5			
6			
7			
8			
9			

学习笔记

二、电气火灾应急演练

某车间电气线路（设备）出现火情，要求进行电气火灾应急处理。

（1）发现火情，立即向单位领导报告，并拨打火警电话报警，报告单位、地点和具体位置；阻止无关人员进入火灾现场，迅速组织和疏散现场人员。

（2）各小组进行人员分工。首先安全断开电源，避免火情进一步扩大，如果发现电气设备仍在着火，切勿用手断开关；迅速、准确判断火情，制定火灾扑救方案。

（3）灭火方式及灭火器具选择正确合理，严禁用水或泡沫灭火器灭电气火灾；灭火器（ABC 干粉灭火器）使用规范、正确；环境警戒及个人防护到位。

（4）现场伤员的紧急救治。拨打 120 电话，准确判断伤情，利用心肺复苏法对无呼吸、无心跳者进行救治，救治规范。

任务评价

指标	项目	配分	评分标准	得分
导线剖削、连接与绝缘恢复	接线方法正确	10	缠绕圈数少扣 3 ~ 5 分； 方法步骤错扣 10 ~ 20 分	
	连接紧密整齐	10	一处层次不清扣 3 分； 紊乱扣 2 ~ 3 分； 松动、不紧密扣 5 ~ 10 分	
	切口无毛刺	10	一处有毛刺扣 2 ~ 3 分	
	绝缘层恢复质量	20	一处露芯线扣 5 分； 起终端位置不正确扣 2 ~ 3 分； 一处松散扣 5 分	
扑救电气火灾	报告与确认	5	拨打火警电话报告单位、地点和具体位置，3 分； 阻止无关人员进入并迅速疏散人员，2 分	
	制定方案	10	人员分工合理，2 分； 安全断开电源，3 分； 判断火情准确、扑救方案正确合理，5 分	
	灭火过程	15	合理选择灭火器，3 分； 正确、规范使用灭火装置，10 分； 警戒、防护到位，2 分	
	安全	20	严格遵守安全规程，火灾扑救方法规范，若违反操作规定则扣 10 分	
总计				

学习笔记

学习拓展　防雷常识

一、雷电的形成

闪电和雷鸣是大气层中强烈的放电现象。

二、活动规律

（1）空旷地区的孤立物体、高于 20 m 的建筑物或构筑物，如宝塔、烟囱、天线、旗杆、尖形屋顶、输电线路杆塔等。

（2）烟囱冒出的热气（含有大量导电质点、游离态分子）、排出导电尘埃的厂房、排废气的管道和地下水出口。

（3）金属结构的屋面、砖木结构的建筑物或构筑物。

（4）特别潮湿的建筑物、露天放置的金属物。

（5）金属的矿床、河岸、山坡与稻田接壤的地区、土壤电阻率小的地区、土壤电阻率变化大的地区。

（6）山谷风口处及在山顶行走的人畜。

三、雷电的种类

直击雷、感应雷、球形雷和雷电侵入波。

四、防雷常识

（1）为了避免避雷针上雷电的高电压通过接地体传到输电线路而引入室内，避雷针接地体与输电线路接地体在地下至少应相距 10 m。

（2）为防止感应雷和雷电侵入波沿架空线进入室内，应将进户线最后一根支撑物上的绝缘子铁脚可靠接地，在进户线最后一根电杆上的中性线应重复接地。

（3）雷雨时在野外不要穿湿衣服；雨伞不要举得过高，特别是有金属柄的雨伞；当有几个人在一路时，要相距几米远分散避雷，不得手拉手聚在一起。

（4）躲避雷雨应选择有屏蔽作用的建筑或物体，如金属箱体、汽车、电车、混凝土房屋等。不能站在孤立的大树、电杆、烟囱和高墙下，不要乘坐敞篷车或骑自行车，因这些物体容易受直击雷轰击。

（5）雷雨时不要停留在易受雷击的地方，如山顶、湖泊、河边、沼泽地、游泳池等；在野外遇到雷雨时，应蹲在低洼处或躲在避雷针保护范围内。

（6）雷雨时，在室内应关好门窗，以防球形雷飘入。不要站在窗前或阳台上，也不要停留在有烟囱的灶前，应离开电力线、电话线、水管、煤气管、暖气管、天线馈线 1.5 m 以外；不要洗澡、洗头，应离开厨房、浴室等潮湿的场所。

（7）雷雨时，不要使用家用电器，应将电器的电源插头拔下，以免雷电沿电源线侵入电器内部损伤绝缘，击毁电器，甚至使人触电。

（8）对未装避雷装置的天线，应抛出户外或干脆与地线短接。

（9）如果有人遭到雷击，切不可惊慌失措，应迅速而冷静地处理；受雷击者即使不省人事，心跳、呼吸都已停止，也不一定是死亡，应不失时机地进行人工呼吸和胸外心脏压挤，并尽快送医院救治。

练习与思考

学习笔记

1-1 什么叫安全电压？为什么安全电压常用 12 V、24 V、36 V 三个等级？
1-2 电气危害的主要表现形式有哪些？
1-3 电气火灾产生的原因有哪些？
1-4 发生电气火灾应如何扑救？
1-5 人体触电有哪几种类型、哪几种方式？
1-6 什么是单相触电、什么是两相触电？
1-7 发现有人触电，应用哪些方法使触电人员尽快脱离电源？有哪些注意事项？
1-8 触电急救的基本原则是什么？
1-9 常用的人工呼吸法有哪几种？采用人工呼吸时应注意什么？
1-10 何谓心肺复苏法？其支持生命的三项基本措施是什么？
1-11 人工呼吸法和胸外心脏挤压法在什么情况下使用？试简述其动作要领。
1-12 什么叫保护接地？什么叫保护接零？保护接地如何起到保护人身安全的作用？
1-13 简述常见的电气设备中的火灾隐患。
1-14 电气火灾的扑救措施是什么？
1-15 扑灭电气火灾的过程中，在切断电源时应该注意的问题有哪些？

项目评价

学习笔记

评价项目	比例	评价指标	评分标准	分值	自评得分	小组评分
6S管理	20%	整理	选用合适的工具和元器件，清理不需要使用的工具及仪器仪表	3		
		整顿	合理布置任务需要的工具、仪表和元器件，物品依规定位置摆放，放置整齐	3		
		清扫	清扫工作场所，保持工作场所干净	3		
		清洁	任务完成过程中，保持工具仪器元器件清洁、摆放有序，工位及周边环境整齐干净	3		
		素养	有团队协作意识，能分工协作共同完成工作任务	3		
		安全	规范着装，规范操作，杜绝安全事故，确保任务实施质量和安全	5		
项目实施情况	40%	参观电工实训室	记录电工实训室设备及电源情况	5		
			收集电工安全相关知识及法律法规	5		
		触电急救	制定急救实施方案	5		
			触电急救规范	10		
		导线的剖削连接与绝缘恢复	导线绝缘剖削质量符合要求，线芯无伤痕	5		
			导线连接合理、规范、美观，无松动	5		
			绝缘恢复符合质量要求	5		
职业素养	20%	信息检索	能有效利用网络资源、教材等查找有效信息，将查到的信息应用于任务中	4		
		参与状态	承担任务及完成度	3		
			协作学习参与程度	3		
			线上线下提问交流积极性，积极发表个人见解	4		
		工作过程	是否熟悉工作岗位，工作计划、操作技能是否符合规范	3		
		学习思维	能否发现问题、提出问题和解决问题	3		
混合式学习	10%	线上任务	根据智慧学习平台数据统计结果	5		
		线下作业	根据老师作业批改结果	5		

学习笔记

续表

评价项目	比例	评价指标	评分标准	分值	自评得分	小组评分
启发创新	10%	收获	是否掌握所学知识点，是否掌握相关技能	4		
		启发	是否在完成任务过程中得到启发	3		
		创新	在学习和完成工作任务过程中是否有新方法、新问题，并查到新知识	3		
评价结果			优：85 分以上；良：84 ~ 70 分；中：69 ~ 60 分；不合格：低于 60 分			

学习笔记

项目二　MF47 型万用表的装配与使用

学习目标

知识目标

（1）理解电路和基本物理量的概念。

（2）掌握串、并联电路的特点。

（3）能分析计算简单的直流电路。

能力目标

（1）能测量电路中的电压和电流等基本物理量。

（2）能识别、检测电阻、电容和二极管等元器件。

（3）能完成 MF47 型万用表的装配和调试。

（4）能利用电流表、电压表和万用表测量直流电路的基本物理量。

素质目。

（1）培养理论联系实际的学习习惯和实事求是的工作作风。

（2）培养学生自主学习与研究型学习的方法和思想。

（3）培养严谨认真的学习态度。

（4）在学习过程中形成团队合作的工作方式，形成质量意识和产品意识，强化安全意识。

项目导航

（1）了解电路的概念及电路中的基本物理量及其应用。

（2）学习电路中常见的元器件——电阻、电容、电感的基础知识和特性。

（3）了解电压源及电流源的基本知识。

（4）完成电路中常见元器件的识别，能进行电阻元件的检测。

（5）装配 MF－47 型指针式万用表，熟悉万用表的挡位及量程，初步掌握万用表的使用方法。

任务 2.1　装配 MF47 型万用表

任务场景

场景一：在教师的指导下，结合 MF47 型万用表的元件，识别并指出电路中的电阻、电容、二极管等元器件，按照装配步骤正确装配 MF47 型指针式万用表。

学习笔记

场景二：我家的灯不亮了，怎么去检查故障呢？要想查出故障点，就需要在老师的指导下，学会利用电压表、电流表和万用表测量电路的基本方法。

任务导入

在电工作业过程中，万用表是电气工程师及电工作业人员必备的专用仪表，利用万用表，电气工程师可以完成大多数电路参数的测量，作为初学者，我们将在老师的指导下，装配第一块万用表。

本次任务是学习电路的基础知识，在此基础上装配 MF47 型指针式万用表，并能利用仪表测量电路的基本物理量。

2.1.1 电路和电路模型

一、电路的概念及组成

（一）电路

电路是由各种元器件（或电工设备）按一定方式连接起来的总体，为电流的流通提供了路径，也就是说电流流经的路径叫电路。一般电路由电源、负载、开关和连接导线组成。电路及电路图如图 2－1－1 所示。

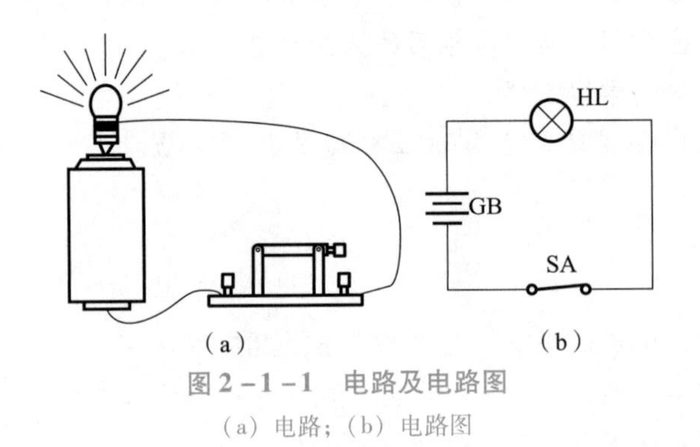

图 2－1－1　电路及电路图

（a）电路；（b）电路图

（二）电路的组成

（1）电源：电源是把非电能转换成电能的装置，是为电路提供电能或信号的设备和器件，如发电机、电池等。

（2）负载：负载是把电能转换成其他形式能量的装置，是电路中吸收电能或接收信号的器件，如电灯、电炉、电烙铁、扬声器、电动机等。

（3）开关：开关是接通或断开电路的控制元件，是控制电路工作状态的器件或设备。

（4）导线：连接导线是把电源、负载和开关连接起来，组成一个闭合回路，起传输和分配电能的作用。

一般把电源内部的通路称为内电路，由负载和控制开关及连接导线构成的电路称为外电路。

（三）电路的作用

（1）进行电能的转换、传输和分配（强电）。电力系统的供电网络就是这样的例子，发电机组将热能、水能、原子能等转换成电能，通过变压器、输电线路等输送到用户，用户又把电能转变成光能、热能、机械能等其他形式的能量。

（2）进行信号的处理和传递或信息的存储（弱电），收音机、电视机电路是这样的实例，收音机或电视机通过接收电台发射的信号，经调谐、滤波、放大等环节的处理变成人们所需要的声音或图像信号。在现代的自动控制、计算机网络和通信等方面的电路也是信号处理和传递的具体应用。

二、电路模型

任何实际电路都是由实际的电气设备或器件组成的，实际的电路器件在工作时的电磁性质是比较复杂的，大多数器件都有多种电磁效应。在电路分析中，为了使问题简化，对实际的电路器件，一般取其主要作用的方面，用一些理想的电路元件来表示。例如图 2－1－2 所示，干电池、发电机等，主要是将其他形式的能量转变为电能，我们可以用“电压源”来表示。电炉、白炽灯等主要是消耗电能的，可以用“电阻元件”来表示。储存磁场能的器件可以用“电感元件”、储存电场能的器件可以用“电容元件”来表示。

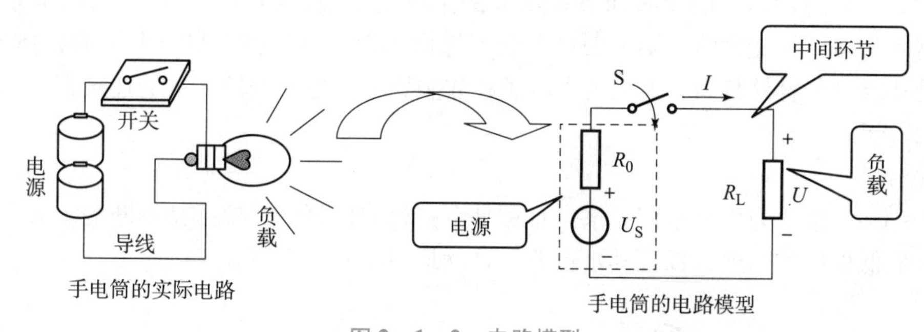

图 2－1－2　电路模型

由理想电路元件及其组合近似地代替实际电路器件而组成的电路，称为实际电路的“电路模型”。所谓电路模型，就是在一定条件下，把实际电路的电磁本质抽象出来所组成的理想化电路。

无论是简单的还是复杂的实际电路，都可以通过电路模型来充分地描述。本书中所讨论的电路都是电路模型，通过对它们的基本规律的研究，达到分析、研究实际电路的目的。

用规定的电路符号表示各种理想电路元件而得到的电路模型，称为电路图。电路图只反映电路器件在电磁方面的相互联系，而不反映其几何位置等其他信息。图 2－1－3 所示为一个简单的电路原理图。U_S表示电压源的源电压（如干电池的源电压），R_S表示电源内阻（如干电池的内电阻），R_L表示一个负载（如小灯泡），S 表示电路的开关。

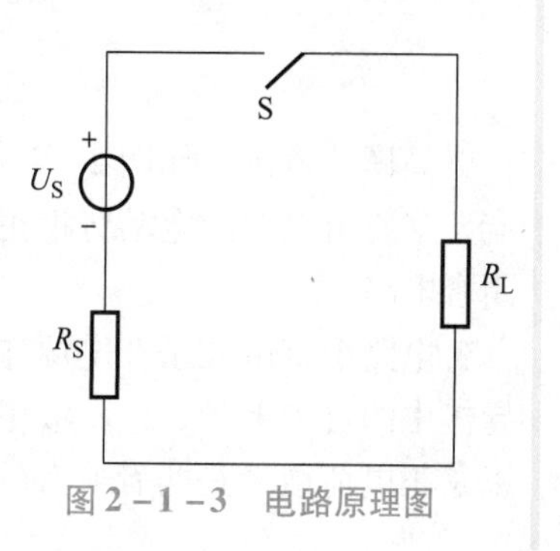

图 2－1－3　电路原理图

理想的电路元件是通过接线端子与外部相连接的，若一个元件只有两个端子，则称为二端元件。同样若一个元件有三个、四个接线端子，则分别称为三端、四端元件。

2.1.2 电路中的基本物理量

一、电流

（一）电流的形成

1. 物质的原子结构

一切物质若一直细分下去，最后则是称为分子的粒子。分子用肉眼看不见，但其具有物质的性质。若再将物质的分子细分下去，则可以知道，分子是由称为原子的东西构成的。原子与分子不同，其本身不具有各种物质的性质，若干个原子复杂地组合起来即构成分子。

物质由原子构成，原子由带正电的原子核及绕其旋转的电子构成。这些电子均是带一定量的负电荷并具有质量的基本粒子，电子带负电荷的总量和原子核带正电荷的总量相等，所以就整体而言物体处于电中性状态，通常不显电性。

2. 自由电子

原子中的电子因受原子核的引力而按一定的轨道绕原子核旋转，当受到外部电力作用时，能脱离原子核的束缚而自由运动，这样的电子叫作自由电子。

“电”，是由自由电子的增减而表现出来的。也就是说，如果将一定数量的电子从尚未带电的物体中移到其他物体，则失去自由电子的物体带正电，得到自由电子的物体带负电。金属的最外层电子容易脱离，形成自由电子；非金属的价电子与原子核的连接紧密，没有自由移动的电子。

3. 电流

图 2-1-4 所示为供水系统。水自身总是由高处流向低处，要维持不断的水流，就要有水泵把水从低处拉到高处，保证其水位差，这就形成了水的循环流动。

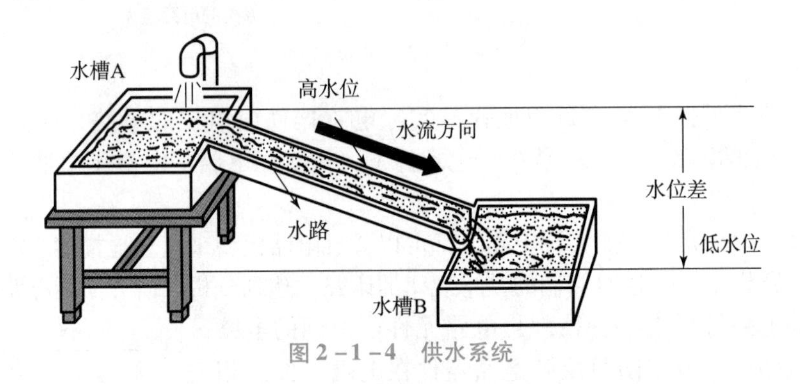

图 2-1-4 供水系统

同样的道理，如图 2-1-5 所示，正电荷总是从高电位向低电位移动，要得到持续电流，就要由电源的电动势把正电荷从电源的负极（低电位）拉到正极（高电位），以此形成闭合电路。

电路中带电粒子在电源作用下有规则的移动即形成电流，通常用字母 I 代表电流。金属导体中的自由电子，电解液中的正、负离子都是带电粒子，因此，电流可以是负电荷，也可以是正电荷或者是两者兼有的带电粒子定向运动的结果。

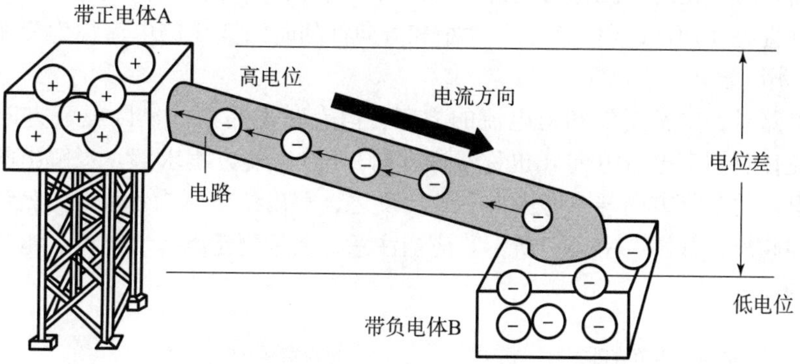

学习笔记

带正电体A
高电位
电流方向
电位差
电路
低电位
带负电体B

图 2-1-5　电流的形成

（二）电流及其参考方向

1. 电流的单位

电路中电荷沿着导体的定向运动形成电流，其方向规定为正电荷流动的方向（或负电荷流动的反方向），其大小等于在单位时间内通过导体横截面的电荷量，称为电流强度（简称电流）。电流强度是描述电流大小的物理量，简称为电流，用 i 表示。

$$i = \frac{\mathrm{d}q}{\mathrm{d}t} \tag{2-1-1}$$

式中，q——电荷量，电荷量的单位为库仑，简称库（C）；

t——时间，时间的单位为秒（s）。

电流的单位是安培，简称安，用符号 A 表示。大电流可以用千安（kA）表示，小电流可以用毫安（mA）表示，也可以用微安（μA）表示。

它们之间的换算关系如下：

1 千安（kA）=1 000 安（A）；

1 安（A）=1 000 毫安（mA）；

1 毫安（mA）=1 000 微安（μA）。

2. 电流的方向

习惯上规定正电荷移动的方向为电流的方向，即由高电位流向低电位。在如图 2-1-6 所示的电路中，电路闭合后回路中产生了电流，电流方向由电池正极经灯泡回到电池负极，通常可用箭头表示电流方向。

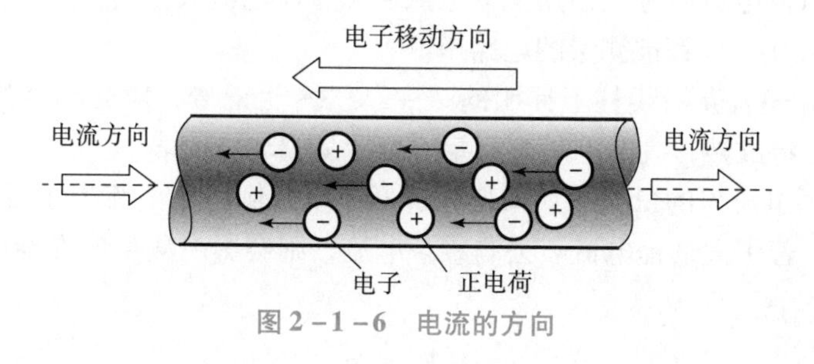

图 2-1-6　电流的方向

电流分直流电流和交流电流两大类。

方向不随时间变化的电流称为直流电流；大小和方向都不随时间变化的电流称为稳恒直流电流，简称直流（DC），用 I 表示；大小和方向都随时间变化的电流称为交变电流，简称交流（AC），用 i 表示。

在分析电路时，常常要先知道电流的方向，但有时电路中的实际电流方向往往难以判断，此时可先任意假定电流方向（也称参考方向），然后列方程求解。当解出的电流为正值时，就认为电流的实际方向与参考方向一致；反之，解出的电流为负值时，就认为电流的方向与参考方向相反，如图 2-1-7 所示。应当注意，在未规定参考方向时，电流的正、负号是没有意义的。

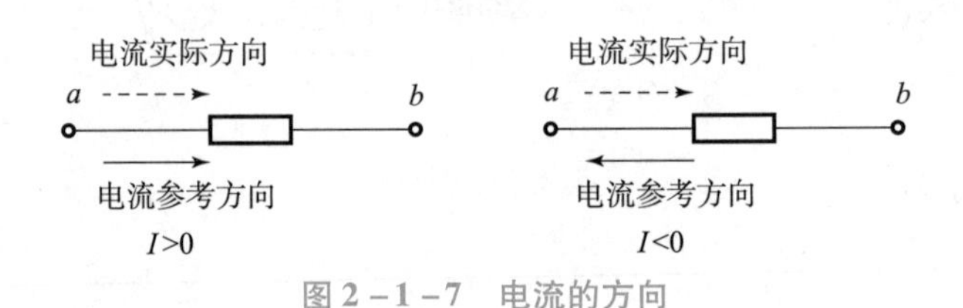

图 2-1-7 电流的方向

（三）电流密度

所谓电流密度是指当电流在导体的截面上均匀分布时，该电流与导体横截面积的比值，用字母 J 表示，其数学表达式为

$$J=\frac{I}{S} \tag{2-1-2}$$

当电流用 A 作单位、横截面积用 mm^2 作单位时，电流密度的单位是 A/mm^2。

选择合适的导线横截面积就是导线的电流密度在允许的范围内，保证用电量和用电安全。

导线允许的电流密度随导体横截面积的不同而不同。

（四）电流产生的条件

（1）必须具有能够自由移动的电荷。

（2）导体两端存在电压（要使闭合回路中得到持续电流，必须有电源）。

（五）电流的测量

电路中的电流大小可用电流表（安培表）进行测量。

测量时应注意以下几点：

（1）对交、直流电流应分别使用交流电流表和直流电流表。

（2）电流表必须串接到被测量的电路中。

（3）直流电流表表壳接线柱上标明的“+”“-”记号，应与电路的极性相一致，不能接错，否则指针将反转，既影响正常测量，也容易损坏电流表。

（4）合理选择电流表的量程。如果量程选择不当，例如用电流表小量程去测量大电流，就会烧坏电流表；若用大量程电流表去测量小电流，则会影响测量的准确度。

二、电压、电位与电动势

图 2-1-8 所示为电压、电位和电动势原理图。

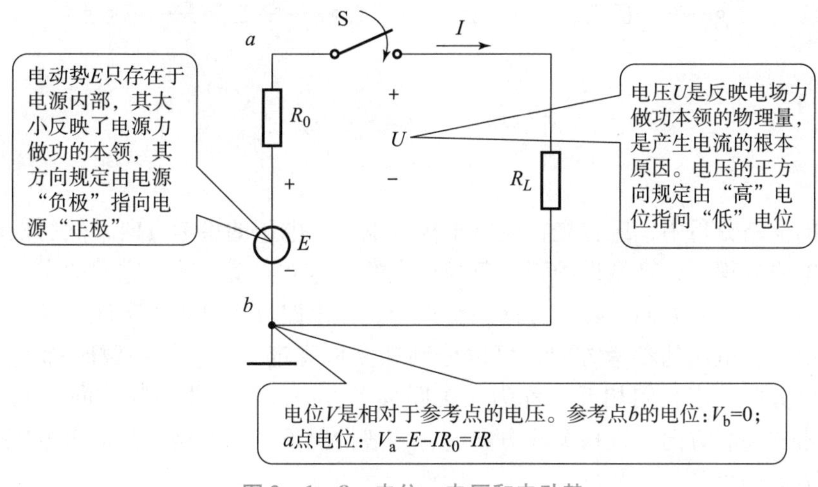

图2－1－8　电位、电压和电动势

（一）电压

1. 电压的作用

大家都知道，水在管中之所以能流动，是因为有着高水位和低水位之间的水位差，其产生的一种压力使水从高处流向低处。城市中使用的自来水，之所以能够一打开水龙头就从管中流出来，也是因为自来水的储水塔比地面高，或者是由于用水泵推动水产生压力差。

电流持续流动也存在相同的道理。电路中的电源（如干电池）相当于使水循环流动的水泵，能使电流从高电位点流向低电位点，即电流之所以能够在导线中流动，是因为在电路中有着高电势和低电势之间的电势差，也叫电压。通常用字母 U 代表电压。电压是产生电流的原因，即由于有电压的作用，使某段电路中产生电流。

电压是衡量电场力对运动电荷做功大小的物理量。

2. 电压的方向

当导体中存在电场时，电荷在电场力的作用下运动，电场力对电荷做了功。电场力把单位正电荷从 A 点移动到 B 点所做的功，称为 A、B 两点间的电压，用 u_{AB} 表示。

$$u_{AB} = \frac{\mathrm{d}W_{AB}}{\mathrm{d}q} \tag{2-1-3}$$

式中，W_{AB}——电场力将电荷量为 g 的正电荷从 A 点移动到 B 点所做的功。

电压的单位为伏特，简称伏（V）。

常用的电压单位还有千伏（kV）、毫伏（mV）和微伏（μV）等。

电压的实际方向是电场力对正电荷做功的方向。

与电流一样，电路分析中，两点间的电压也要规定参考方向，并由参考方向和计算后电压值的正、负来反映该电压的实际方向。若电压的实际方向与参考方向一致，则电压为正值；若电压的实际方向与参考方向相反，则电压为负值。

电压的参考方向可以用实线箭头来表示，如图2－1－9（a）所示；也可以用正（＋）、负（－）极性表示，称为参考极性，如图2－1－9（b）所示；还可以用双下标表示，例如，u_{AB}表示 A、B 两点间电压的参考方向是从 A 指向 B 的。

学习笔记

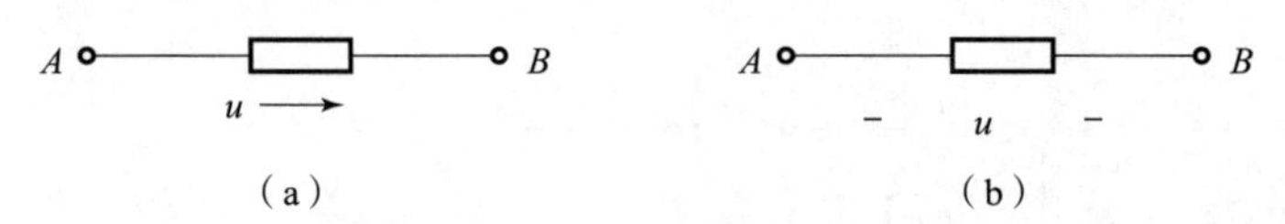

图 2-1-9　电压的参考方向

(a) 参考方向用实线箭头表示；(b) 参考方向用“+”“-”极性表示

在以后的电路分析中，应首先在电路中标定电流、电压的参考方向，然后根据参考方向列写有关的电路方程，计算结果的正、负与标定的参考方向就反映了它们的实际方向，而在图中就不要再标出实际方向。参考方向一经选定，在电路分析过程中不能再变动。

电路中电流、电压的参考方向，可以分别独立地规定，当它们一致时称为关联参考方向，简称关联方向；当它们相反时称为非关联参考方向，简称非关联方向。但为了分析方便，习惯上常选关联方向。选择关联方向后，一般情况下，在电路中只标出电压或电流中的某一个参考方向即可。

3. 常见的电压值

(1) 电视信号在天线上感应的电压约为 0.1 mV。

(2) 维持人体生物电流的电压约为 1 mV。

(3) 干电池两极间的电压为 1.5 V。

(4) 一节蓄电池电压为 2 V。

(5) 电子手表用氧化银电池两极间的电压为 1.5 V。

(6) 手持移动电话的电池两极间的电压约为 3.6 V。

(7) 对人体安全的电压不高于 36 V（即≤36 V）。

(8) 家庭电路的电压为 220 V。

(9) 一般低压动力电路的电压为 380 V。

(10) 无轨电车电源的电压为 550 ~ 600 V。

(11) 发生闪电的云层间的电压可达 1 000 kV。

(二) 电动势

电动势是衡量电源将非电能转换成电能本领的物理量。电动势的定义：在电源内部外力将单位正电荷从电源的负极移到电源正极所做的功，如图 2-1-10 所示，用符号 E 表示，其数学表达式为

$$E=\frac{W}{Q}$$

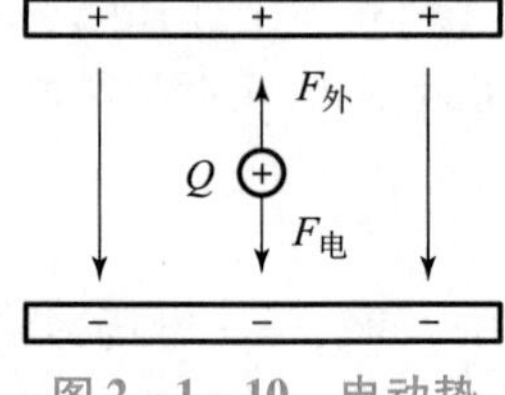

图 2-1-10　电动势

电动势与电压的单位相同，也是伏特（V）。

电动势的方向是电源力克服电场力移动正电荷的方向，是由低电位指向高电位。电动势的方向规定是：在电源内部由负极指向正极。

图 2-1-11 (a) 和图 2-1-11 (b) 所示分别表示直流电动势的两种图形符号。

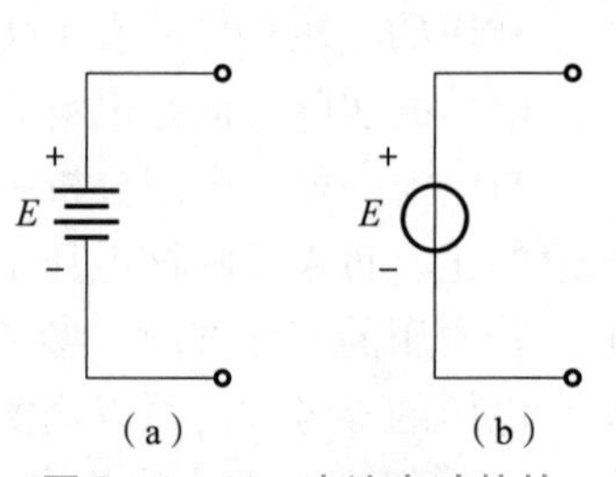

图 2-1-11　直流电动势的两种图形符号

对于一个电源来说，既有电动势，又有端电压。电动势只存在于电源内部；而端电压则是电源加在外电路两端的电压，其方向由正极指向负极。一般情况下，电源的端电压总

是低于电源的电动势，只有当电源开路时，电源的端电压才与电源的电动势相等。

（三）电位

大家都知道，空间中每一点都有一定的高度，正是由于空间高度的差异，才会有“水往低处流”这一说法。而空间中每一点的高度都是相对于某一参考位置来说的，比如通常我们说“某座山或某个城市的海拔高度是多少米”时，所说的“海拔高度”就是指以海平面作为水平面参考位置时该座山或该城市的高度。

电路中每一点都有一定的电位，电路中电流的产生必须有一定的电位差。在电源外部通路中，电流从高电位点流向低电位点。电路中每一点的电位也都是相对于电路某一参考点来说的，即衡量电位高低必须有一个计算电位的起点，称为零电位点，在电路中用符号“⊥”表示，该点的电位值规定为0 V。原则上零电位点是可以任意指定的，但习惯上常规定大地的电位为零，称为参考点，也可用符号“⏚”表示。

电路中零电位点定好之后，任何一点与零电位点之间的电压，就是该点的电位。比参考点高的电位为正电位，比参考点低的电位为负电位，相同电位的点称为等电位点。

电位用字母 V 表示，不同点的电位用字母 V 加下标表示，电位的单位与电压相同。例如，V_A 表示 A 点的电位值，V_B 表示 B 点的电位值，这样电路中各点的电位就有了确定的数值。当各点电位已知后，就能求出任意两点（如 A、B）间的电压。换句话说，在电路中，任意两点之间的电位差称为这两点的电压。例如，$V_A = 5\ \text{V}$，$V_B = 3\ \text{V}$，那么 A、B 之间的电压为

$$U_{AB} = V_A - V_B = 5\ \text{V} - 3\ \text{V} = 2\ \text{V}$$

【例2.1】如图2-1-10所示，设 $U_{CO} = 6\ \text{V}$，$U_{CD} = 4\ \text{V}$，试分别以 C 点和 O 点作为参考点，求 D 点的电位 V_D 和 D、O 两点间的电压 U_{DO}。

解：以 C 点为参考点时，即 $V_C = 0\ \text{V}$。

因为

$$U_{CD} = V_C - V_D$$

所以

$$V_D = V_C - U_{CD} = 0\ \text{V} - 4\ \text{V} = -4\ \text{V}$$

因为

$$U_{CO} = V_C - V_O$$

所以

$$V_O = V_C - U_{CO} = 0\ \text{V} - 6\ \text{V} = -6\ \text{V}$$

$$U_{DO} = V_D - V_O = -4\ \text{V} - (-6\ \text{V}) = 2\ \text{V}$$

以 O 点为参考点时，即 $V_O = 0\ \text{V}$。

因为

$$U_{CO} = V_C - V_O$$

所以

$$V_C = U_{CO} + V_O = 6\ \text{V} + 0\ \text{V} = 6\ \text{V}$$

因为

$$U_{CD} = V_C - V_D$$

所以

学习笔记

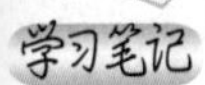

$$V_D = V_C - U_{CD} = 6\ \text{V} - 4\ \text{V} = 2\ \text{V}$$

$$U_{DO} = V_D - V_O = 2\ \text{V} - 0\ \text{V} = 2\ \text{V}$$

从上面的计算可见，参考点改变了，电位的值也改变了。但不管参考点如何变化，两点间的电压是不改变的。由此可以确定电位与电压的关系。

（四）电位与电压的关系

（1）电路中两点之间的电压等于这两点的电位之差，即

$$U_{AB} = V_A - V_B$$

（2）电路中某一点 A 的电位，等于该点 A 与参考点 O 之间的电压，即

$$V_A = U_{AO} = V_A - V_O$$

（3）参考点改变，各点的电位会随之改变，但两点之间的电压不会改变。

三、功率与电能

（一）功率

单位时间内电路吸收或释放的电能定义为电功率，它是描述电能转化速率的物理量，用 P 表示。

$$P = \frac{\mathrm{d}W}{\mathrm{d}t} \tag{2-1-4}$$

式中，W——电能，单位为焦耳，简称焦（J）；

t——时间，单位为秒（s）。

电功率（简称功率）所表示的物理意义是电路元件或设备在单位时间内吸收或发出的电能。两端电压为 U、通过电流为 I 的任意二端元件的功率大小为 $P = UI$。功率的国际单位制单位为瓦特（W），常用的单位还有毫瓦（mW）、千瓦（kW）。

在电路分析中，当某一支路的电压、电流实际方向一致时，电场力做功，该支路吸收功率。当支路电压、电流实际方向相反时，该支路发出功率。当某一支路或元件中的电压、电流已知时，有 $P = ui$，即任一支路或元件的功率等于其电压和电流的乘积。直流时，$P = UI$。

在功率计算中，若电压、电流为关联方向，则所得功率应看作是电路吸收功率，即计算所得功率为正值时，表示电路实际吸收功率；计算所得功率为负值时，表示电路实际发出功率。

同理，若电压、电流为非关联方向，则所得功率应看作是电路发出功率，即计算所得功率为正值时，表示电路实际发出功率；计算所得功率为负值时，表示电路实际吸收功率。

（二）电能

根据式（2-1-5），在 t_0 到 t_1 的一段时间内，电路消耗的电能为

$$W = \int_{t_0}^{t_1} P\mathrm{d}t \tag{2-1-5}$$

如果是直流，则为

$$W = P(t_1 - t_0)$$

电能是指在一定的时间内电路元件或设备吸收或发出的电能量，用符号 W 表示，其国际单位制为焦耳（J），电能的计算公式为

$$W = Pt = UIt$$

通常电能用千瓦小时（kW · h）来表示大小，也叫作度：1 度（电）= 1 kW · h = 3.6 ×

10^6 J，即功率为 1 000 W 的供能或耗能元件，在 1 h 的时间内所发出或消耗的电能量为 1 度。

【例 2.2】在图 2-1-12 所示直流电路中，$U_1=8$ V，$U_2=-4$ V，$U_3=6$ V，$I=2$ A，求以 O 点为参考点时 a、b、c 各点的电位，并求出各元件发出或吸收的功率及电路的总功率。

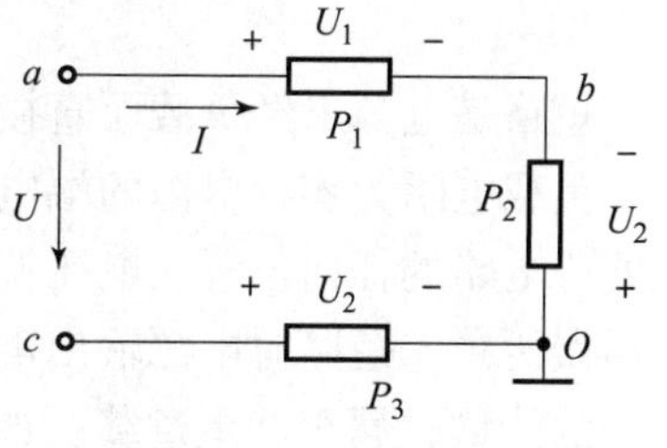

图 2-1-12 直流电路

解：根据电位的定义，当选 O 点为参考点时，$V_O=0$ V。

$$V_a=V_{aO}=U_{ab}+U_{bO}=U_1-U_2=8+4=12\ (\text{V})$$

$$V_b=U_{bO}=-U_2=4\ \text{V}$$

$$V_c=U_{cO}=U_3=6\ \text{V}$$

元件 1 的电压、电流为关联方向，则

$$P_1=U_1I=8\times2=16\ (\text{W})\ (\text{吸收功率})$$

元件 2、3 的电压、电流为非关联方向，则

$$P_2=U_2I=(-4)\times2=-8\ (\text{W})\ (\text{吸收功率})$$

$$P_3=U_3I=6\times2=12\ (\text{W})\ (\text{发出功率})$$

计算电路的总功率：

总电压和电流为关联方向，则

$$U=U_{ac}=V_a-V_c=12-6=6\ (\text{V})$$

故

$$P=UI=6\times2=12\ (\text{W})\ (\text{吸收功率})$$

或按下面的方法计算：

该电路总的吸收功率为

$$P_1+P_2=16+8=24\ (\text{W})$$

电路中元件发出的功率为

$$P_3=12\ \text{W}$$

根据电路的功率平衡关系，整个电路尚需从外部吸收的功率为

$$P=24-12=12\ (\text{W})$$

2.1.3 电路中的常见元件

一、电阻元件及其伏安特性

（一）电路的三种状态

根据电源和负载连接的不同情况，可分为开路、短路和额定等几种状态。

1. 通路

电源与负载接通，电路中有电流通过，电气设备或元器件获得一定的电压和电功率，进行能量转换。电路构成闭合回路，有电流流过。

2. 开路

开路状态又称断路状态，当电路处于开路状态时，电源和负载不构成回路，电路中的电流为零，电源的端电压等于电源的电动势，电源不输出功率。此时的电源电压称为空载电压或开路电压。

学习笔记

学习笔记

3. 短路

短路是电源未经负载而直接由导线构成闭合回路，电源两端的导线直接相连接，此时相当于负载电阻为零，电源的端电压也为零，电源不对外输出功率。短路也可能发生在部分负载处或电路的任何位置。电压源的短路是一种严重事故，这种事故通常是由于绝缘损坏或接线错误所致。短路时电源输出电流将比允许的通路工作电流大很多倍，电源会因短路而损耗大量的能量，属于严重过载，如没有保护措施，往往会造成电源和电气线路的损伤或毁坏。在实际工作中，应经常检查电气设备和线路的绝缘情况，以防止电压源短路事故的发生。另外，通常在电路中接入熔断器或自动断路器，以便在发生短路时迅速将故障电路切除，避免短路时出现不良后果。

（二）电阻

工程中的电阻称为电阻器，是一种耗能元件，在电路中主要用于控制电压、电流的大小，或与其他元件一起构成具有特殊功能的电路。

1. 电阻的种类

电阻器的种类很多，按外形结构分可分为固定式和可变式两类，固定式电阻器的阻值不能变动，可变式电阻器的阻值在一定范围内可以改变。按制造材料分可分为膜式（金属膜、碳膜）和线绕式两类，膜式电阻器的电阻值可从零点几欧到几十兆欧，但功率较小，一般在几瓦以内，线绕式电阻器的阻值范围相对较小，而功率较大。

2. 电阻的参数

电阻器的主要参数有标称电阻值、允许误差和额定功率。电阻器的标称电阻值是按国家规定的电阻值系列标注的，体积较大的电阻其阻值一般都标注在电阻器的表面，而体积较小的则用色环或数字表示其阻值。选用电阻器时必须按标称电阻值的范围进行选用。

电阻器的种类很多，按外形结构可分为固定式和可变式两类，固定式电阻器的阻值不能变动，可变式电阻器的阻值在一定范围内可以改变。按制造材料分可分为膜式（金属膜、碳膜）和线绕式两类，膜式电阻器的电阻值可从零点几欧到几十兆欧，但功率较小，一般在几瓦以内，线绕式电阻器的阻值范围相对较小，而功率较大。

电阻器的主要参数有标称电阻值、允许误差和额定功率。电阻器的标称电阻值是按国家规定的电阻值系列标注的，体积较大的电阻其阻值一般都标注在电阻器的表面，而体积较小的则用色环或数字表示其阻值。选用电阻器时必须按标称电阻值范围进行选用。

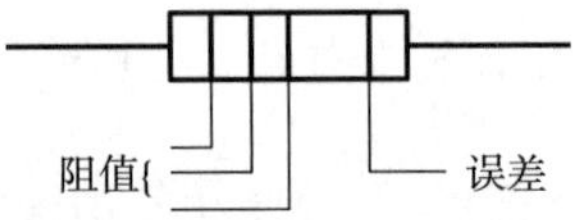

如图 2－1－13 所示。电阻器色环颜色与其表示的数码、误差的对照表分别如表 2－1－1 和表 2－1－2 所示。

阻值{ 误差

图 2－1－13　色环电阻示意图

表 2－1－1　电阻器色环颜色与表示的数码对照表

颜色	棕	红	橙	黄	绿	蓝	紫	灰	白	黑
数码	1	2	3	4	5	6	7	8	9	0

表 2－1－2　电阻器色环颜色与误差对照表　%

颜色	金	银	无色
误差	±5	±10	±20

学习笔记

第一、第二道各代表一位数字，第三道代表零的个数。例如，某色环电阻第一道为蓝色，第二道为灰色，第三道为橙色，该电阻器的电阻值为 68 kΩ。

电阻器的额定功率是指在规定的气压、温度条件下，电阻器长期工作所允许承受的最大电功率。一般情况下，所选用的电阻器的额定功率应大于其实际消耗的最大功率，否则电阻器可能因温度过高而烧毁。

3. 电阻的特性

电阻元件是反映电路器件消耗电能的物理性能的一种理想的二端元件，确定任一时刻电阻元件两端电压和流过其电流的约束关系的定律如下：流过电阻元件的电流与其两端的电压成正比，这个结论是德国物理学家欧姆在 1862 年从实验中得出的，称为欧姆定律，在电压和电流为关联方向下，欧姆定律的表达式为

$$u = iR \tag{2-1-6}$$

式中，R——元件的电阻，单位为欧姆，简称欧（Ω），常用的单位还有千欧（kΩ）和兆欧（MΩ）等。

在电压和电流为非关联方向下，欧姆定律的表达式为

$$u = -iR \tag{2-1-7}$$

若电阻元件的阻值与其工作电压或电流无关，则是一个常数，这种元件称为线性电阻元件。反映元件电流、电压关系的曲线叫作元件的伏安特性曲线。线性电阻元件的伏安特性曲线是一条通过原点的直线，如图 2-1-14 所示。若电阻元件的伏安特性不是一条直线，则称为非线性电阻。

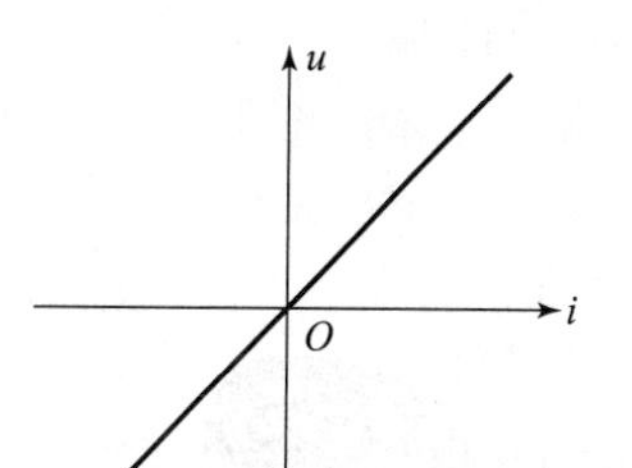

图 2-1-14　线性电阻的伏安特性曲线

实际应用中的电阻器、电炉和白炽灯等元器件，它们的伏安特性在一定程度上都是非线性的，但在一定范围内其电阻值变化很小，可以近似地看作线性电阻元件。在以后的分析计算中，若无特殊说明，则所说的电阻元件均指线性电阻元件。

电阻的倒数称为电导，用 G 表示，即

$$G = \frac{1}{R} \tag{2-1-8}$$

电导的单位为西门子，简称西（s）。

电阻元件既可以用电阻 R 表示，也可以用电导 G 表示。用电导表示时，欧姆定律可表达为

$$i = uG \tag{2-1-9}$$

由图 2-1-14 所示的伏安特性可以看出，在关联方向下，电阻元件上的电压和电流值总是同号的，根据式（2-1-4），其功率 p 总是正值，总是在消耗功率，也就是说，电阻元件是耗能元件。

在任何情况下，电阻值和电导值都是正实数值。

在关联方向下，任何瞬时电阻元件吸收的功率为

$$P = iu = i^2R = \frac{u^2}{R} = Gu^2 \tag{2-1-10}$$

【例 2.3】一个 220 V/40 W 的白炽灯，正常工作时的灯丝电阻是多少？若该灯泡每天工

学习笔记

作 5 h，问一天消耗的电能是多少度？

解：由 $P=\frac{U^2}{P}$ 得灯泡正常工作时的电阻为

$$R=\frac{U^2}{P}=\frac{220^2}{40}=1\ 210\ (\Omega)$$

其每天消耗的电能为

$$W=Pt=40\times10^{-3}\times5=0.2\ (\mathrm{kW\cdot h})=0.2\text{ 度}$$

二、电容元件及其特性

（一）电容器

两个相互绝缘又相互靠得很近的导体就组成了一个电容器，如图 2－1－15 所示。这两个导体称为电容器的两个极板，中间的绝缘材料称为电容器的介质。

电容器的基本特性：

(1) 充电：使电容器带电的过程。

(2) 放电：充电后的电容器失去电荷的过程。

(3) 隔直：由于电容器两个极板之间是绝缘的，所以直流电不能通过电容器，这一特性被称为隔直。

（二）电容符号（见图 2－1－16）

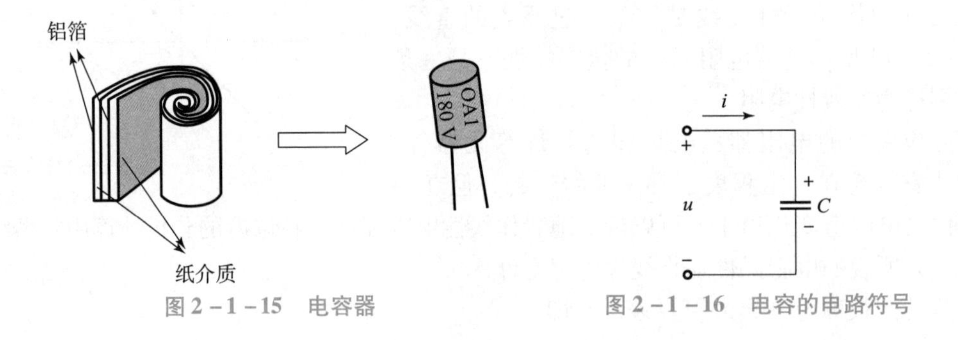

图 2－1－15　电容器　　　图 2－1－16　电容的电路符号

（三）元件特性

对某一个电容器来说，电荷量与电压的比值是一个常数，但对于不同的电容器，这个比值一般是不相同的。因此，可以用这一比值来反映电容器储存电荷的能力，我们称之为电容器的电容，用符号 C 表示。

电容的单位是法拉，简称法，用 F 表示，较小的电容常用单位有微法（μF）和皮法（pF）。

电容是无源元件，它本身不消耗能量。

三、电感元件及其特性

（一）电感器

电感器是依据电磁感应原理，由导线绕制而成，在电路中具有通直流、阻交流的作用。

电感是导线内通过交流电流时，在导线的内部及其周围产生交变磁通，是导线的磁通量与生产此磁通的电流之比，如图 2－1－17 所示，在电路图中用符号 L 表示，单位是亨利，用 H 表示，常用的单位有毫亨（mH）、微亨（μH）。$1\ \text{H} = 10^3\ \text{mH} = 10^6\ \mu\text{H}$。

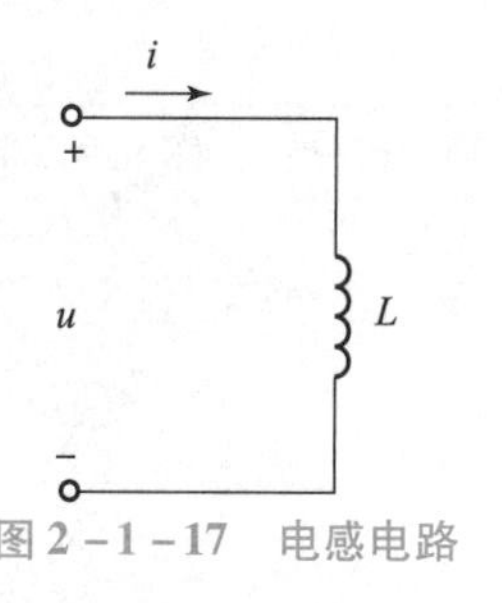

图 2-1-17　电感电路

学习笔记

（二）电感的作用

电感的基本作用有滤波、振荡、延迟、陷波等。

一般说到“通直流，阻交流”指的是在电子线路中，电感线圈对交流的限流作用。

电感在电路中最常见的作用就是与电容并联，组成 *LC* 滤波电路。我们已经知道，电容具有阻直流、通交流的本领，而电感则有通直流、阻交流的功能。如果把伴有许多干扰信号的直流电通过 *LC* 滤波电路，那么，交流干扰信号将被电容变成热能消耗掉，变成比较纯净的直流，电流通过电感时，其中的交流干扰信号又被变成磁感和热能，频率较高的最容易被电感阻抗吸收，这就可以抑制较高频率的干扰信号。

电感线圈也是一种储能元件，它以磁的形式储存电能。可见，线圈电感量越大，流过的电流越大，储存的电能也就越多。

2.1.4　任务实施

工作过程一　电阻元件的识别与检测

（一）电阻器的命名方法

第一部分：主称（用字母 R 表示）；第二部分：材料（用字母表示）；第三部分：产品分类（一般用数字或字母表示）；第四部分：生产序号（用数字表示）。

电阻器的符号含义见表 2-1-3。

表 2-1-3　电阻器的符号含义

<table>
<tr><th colspan="2">第一部分：主称</th><th colspan="2">第二部分：材料</th><th colspan="3">第三部分：产品分类</th><th rowspan="3">第四部分：生产序号</th></tr>
<tr><th rowspan="2">符号</th><th rowspan="2">意义</th><th rowspan="2">符号</th><th rowspan="2">意义</th><th rowspan="2">符号</th><th colspan="2">意义</th></tr>
<tr><th>电阻器</th><th>电位器</th></tr>
<tr><td>R</td><td>电阻器</td><td>T</td><td>碳膜</td><td>1</td><td>普通</td><td>普通</td><td rowspan="10">对主称、材料相同，仅性能指标、尺寸大小有差别，但基本不影响互换使用的产品，给予同一序号；若性能指标、尺寸大小明显影响互换，则在序号后面用大写字母作为区别代号</td></tr>
<tr><td>W</td><td>电位器</td><td>H</td><td>合成膜</td><td>2</td><td>普通</td><td>普通</td></tr>
<tr><td></td><td></td><td>S</td><td>有机实芯</td><td>3</td><td>超高频</td><td>—</td></tr>
<tr><td></td><td></td><td>N</td><td>无机实芯</td><td>4</td><td>高阻</td><td>—</td></tr>
<tr><td></td><td></td><td>J</td><td>金属膜</td><td>5</td><td>高温</td><td>—</td></tr>
<tr><td></td><td></td><td>Y</td><td>氧化膜</td><td>6</td><td>—</td><td>—</td></tr>
<tr><td></td><td></td><td>C</td><td>沉积膜</td><td>7</td><td>精密</td><td>精密</td></tr>
<tr><td></td><td></td><td>I</td><td>玻璃釉膜</td><td>8</td><td>高压</td><td>特殊函数</td></tr>
<tr><td></td><td></td><td>P</td><td>硼碳膜</td><td>9</td><td>特殊</td><td>特殊</td></tr>
<tr><td></td><td></td><td>U</td><td>硅碳膜</td><td>G</td><td>高功率</td><td>—</td></tr>
</table>

续表

第一部分：主称		第二部分：材料		第三部分：产品分类			第四部分：生产序号
符号	意义	符号	意义	符号	意义		
					电阻器	电位器	
		X	线绕	T	可调	—	
		M	压敏	W	—	微调	
		G	光敏	D	—	多圈	
		R	热敏	B	温度补偿用	—	
				C	温度测量用	—	
				P	旁热式	—	
				W	稳压式	—	
				Z	正温度系数	—	

（二）电阻器的标注方法

（1）直标法，即将主要参数直接在元件表面上的标注方法，这种方法主要用于体积较大的元器件。

（2）文字符号法，即将主要参数用文字符号和数字有规律的组合来表示的方法。标称值中常用符号有 R、K、M 等。

（3）数码法，是用三位数码来表示电阻值的方法，其允许偏差通常用字母符号表示。识别方法是，从左到右第一、二位为有效数值，第三位为乘数（即零的个数），单位为 Ω，常用于贴片元件。

（4）色标法，是用不同的颜色点或环来表示电阻器的标称阻值和允许误差的方法。

色环电阻颜色的含义见表 2－1－4。

表 2－1－4　色环电阻颜色的含义

颜色	前几环（有效数字）	倒数第二环（倍率）	末环（误差）
黑	0	$10^0 = 1$	—
棕	1	$10^1 = 10$	±1%
红	2	$10^2 = 100$	±2%
橙	3	$10^3 = 1\ 000$	—
黄	4	$10^4 = 10\ 000$	—
绿	5	$10^5 = 100\ 000$	±0.5%
蓝	6	—	±0.25%
紫	7	—	±0.1%
灰	8	—	—
白	9	—	—
金	—	$10^{-1} = 0.1$	±5%
银	—	$10^{-2} = 0.01$	±10%

（三）电阻器的识读

1. 四环电阻

四环电阻的识别方法如图 2－1－18 所示。

（1）拿起电阻，识别第一、二环的颜色，确定有效数。

（2）识别第三环的颜色，确定倍乘数。

（3）识别第四环的颜色，确定误差数。

（4）确定电阻器的阻值。

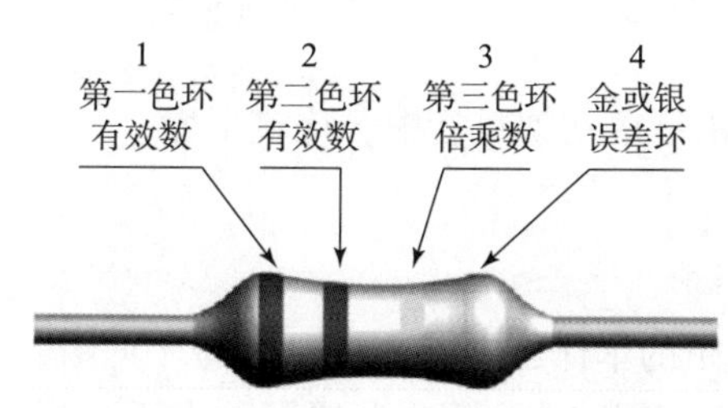

图 2－1－18　四环电阻的识读方法

2. 五环电阻

（1）拿起电阻，读出第一、第二、第三环的颜色，确定有效值。

（2）识别第四环的颜色，确定倍乘数。

（3）识别第五环的颜色，确定误差数。

（4）确定电阻器的阻值。

工作过程二　装配 MF47 型万用表

万用表是电工必备的仪表之一，每个电气工作者都应该熟练掌握其工作原理及使用方法。通过本次万用表的原理与安装实习，要求学生了解万用表的工作原理，掌握锡焊技术的工艺要领及万用表的使用与调试方法。

（1）遵守劳动纪律，注意培养一丝不苟的敬业精神。

（2）注意安全用电，短时不用应把烙铁拔下，以延长烙铁头的使用寿命。

（3）烙铁不能碰到书包、桌面等易燃物，保管好材料和零件。

（4）独立完成。

（5）无错装、漏装，器件无丢失、损坏。

（6）挡位开关旋钮转动灵活，能正确使用各个挡位。

（7）焊点大小合适、美观，无虚焊，调试符合要求。

（一）清除元件表面的氧化层

（1）元件经过长期存放，会在表面形成氧化层，不但使元件难以焊接，而且影响焊接质量，因此当元件表面存在氧化层时，应首先清除表面的氧化层。注意用力不能过猛，以免使元件引脚受伤或折断。

（2）清除元件表面氧化层的方法（见图 2－1－19）：左手捏住电阻或其他元件的本体，右手用锯条轻刮元件引脚的表面，左手慢慢转动，直到表面氧化层全部被去除。为了使电池夹易于焊接，要用尖嘴钳前端的齿口部分将电池夹的焊接点锉毛，去除氧化层。

学习笔记

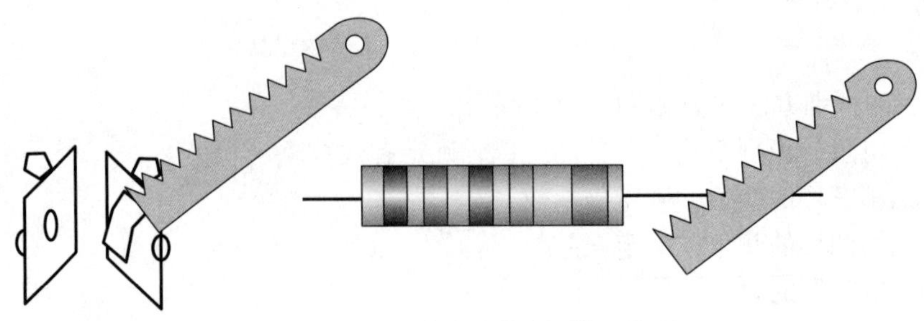

图 2-1-19　清除元件表面的氧化层

本次实习提供的元器件由于放在塑料袋中，比较干燥，一般比较好焊，如果发现不易焊接，则必须先去除氧化层。

（二）元件引脚的弯制成形

(1) 左手用镊子紧靠电阻的本体，夹紧元件的引脚（见图 2-1-20），使引脚的弯折处距离元件的本体有 2 mm 以上的间隙。左手夹紧镊子，右手食指将引脚弯成直角。注意：不能用左手捏住元件本体、右手紧贴元件本体进行弯制，如果这样，引脚的根部在弯制过程中容易受力而损坏，元件弯制后的形状（见图 2-1-21）、引脚之间的距离，根据线路板孔距而定，引脚修剪后的长度大约为 8 mm，如果孔距较小，则元件较大，应将引脚往回弯折成形［见图 2-1-21 中（c）、(d)］。电容的引脚可以弯成直角，将电容水平安装［见图 2-1-21（e）］；或弯成梯形，将电容垂直安装［见图 2-1-21（h）］。二极管可以水平安装，而当孔距很小时应垂直安装［见图 2-1-21（i）］，为了将二极管的引脚弯成美观的圆形，应用螺丝刀辅助弯制（见图 2-1-22）。将螺丝刀紧靠二极管引脚的根部，十字交叉，左手捏紧交叉点，右手食指将引脚向下弯，直到两引脚平行。

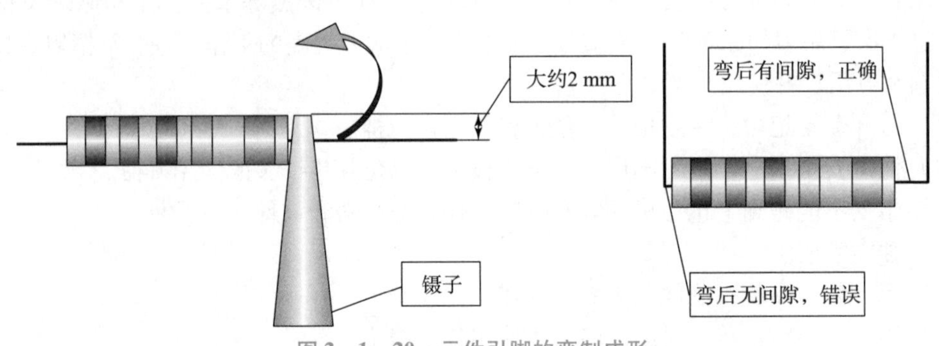

图 2-1-20　元件引脚的弯制成形

(2) 有的元件安装孔距离较大，应根据线路板上对应的孔距弯曲成形，如图 2-1-23 所示。

(3) 元器件做好后应按规格型号的标注方法进行读数。将胶带轻轻贴在纸上，把元器件插入，贴牢，写上元器件规格型号值，然后将胶带贴紧，备用，如图 2-1-24 所示。注意：不要把元器件引脚剪太短。

(5) 为什么电阻用色环表示而不直接用数字表示？

电阻的阻值有色标法和直标法两种，色标法就是用色环表示阻值，它在元件弯制时不必

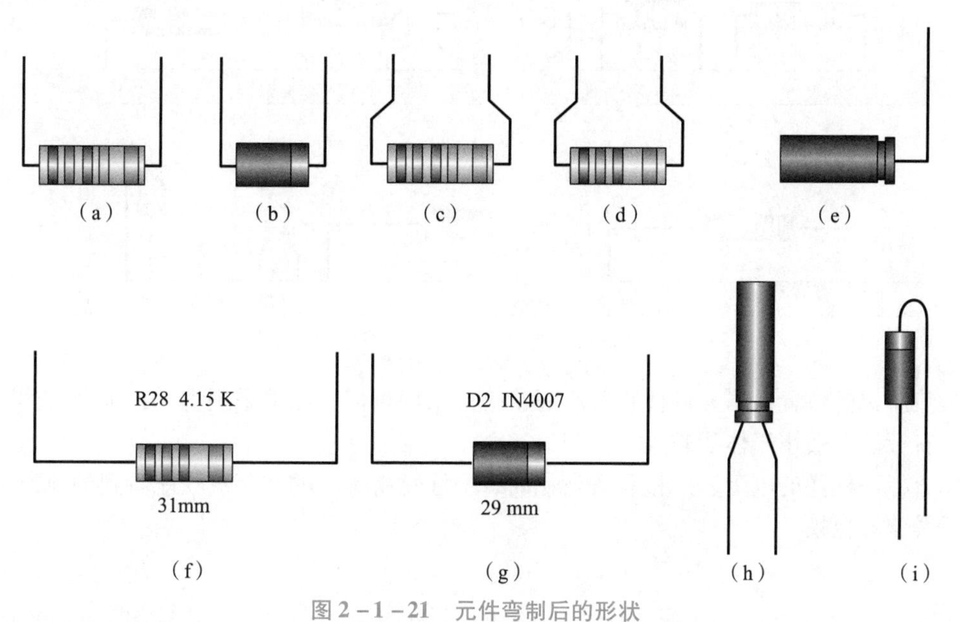

图 2-1-21　元件弯制后的形状

(a)，(b) 孔距合适；(c)，(d) 孔距较小；(e)；水平安装 (f)，(g) 孔距较大；(h)，(i) 垂直安装

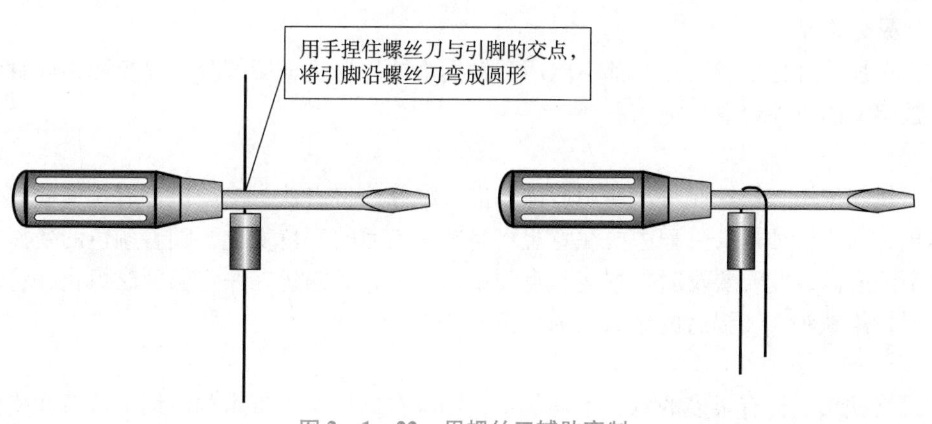

图 2-1-22　用螺丝刀辅助弯制

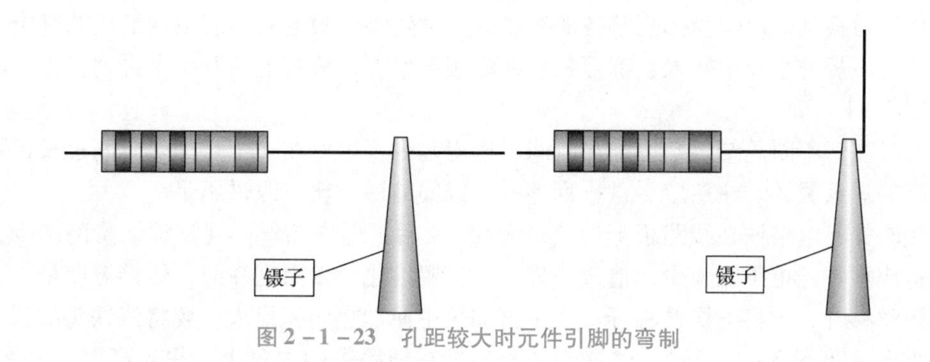

图 2-1-23　孔距较大时元件引脚的弯制

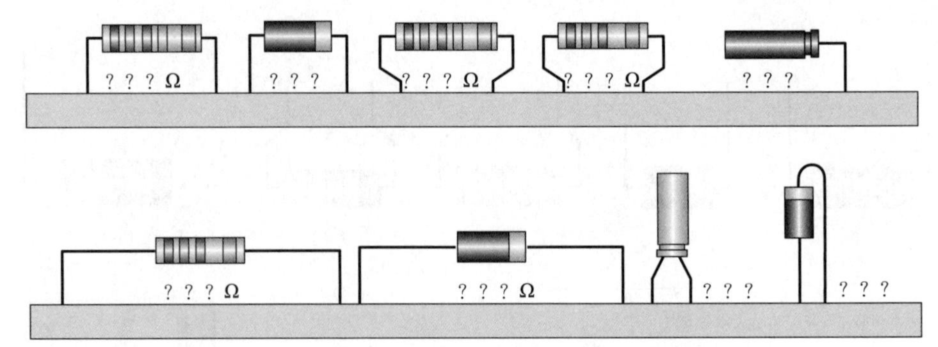

图 2-1-24　元器件制成后标注规格型号备用

考虑阻值所标的位置，当元件体积很小时，一般采用色标，如果采用直标，则会使读数发生困难。直标法一般用于体积较大的电阻。

用直标法标注的电阻、二极管等弯制时，应注意将标注的文字放在能看到的地方，以便于今后维修和更换。

（三）焊接练习

焊接前一定要注意，烙铁的插头必须插在右手的插座上，不能插在靠左手的插座上（如果是左撇子就插在左手）。烙铁通电前应将电线拉直并检查电线的绝缘层是否有损坏，不能使电线缠在手上；通电后应将电烙铁插在烙铁架中，并检查烙铁头是否会碰到电线、书包或其他易燃物品。

烙铁在加热过程中及加热后都不能用手触摸烙铁的发热金属部分，以免烫伤或触电。

烙铁架上的海绵要事先加水。

1. 烙铁头的保护

为了便于使用，烙铁在每次使用后都要进行维修，将烙铁头上的黑色氧化层锉去，露出铜的本色，在烙铁加热的过程中要注意观察烙铁头表面的颜色变化，随着颜色的变深，烙铁的温度渐渐升高，此时要及时把焊锡丝点到烙铁头上，焊锡丝在一定温度时熔化，将烙铁头镀锡，保护烙铁头，镀锡后的烙铁头为白色。

2. 烙铁头上多余锡的处理

如果烙铁头上挂有很多的锡，不易焊接，则可在烙铁架中带水的海绵上或者在烙铁架的钢丝上抹去多余的锡，不可在工作台或者其他地方抹去。

3. 在练习板上焊接

焊接练习板是一块焊盘排列整齐的线路板，学生将一根七股多芯电线的线芯剥出，把一股从焊接练习板的小孔中插入，练习板放在焊接木架上，从右上角开始，排列整齐，进行焊接，如图 2-1-25。

练习时注意不断总结，把握加热时间、送锡多少，不可在一个点加热时间过长，否则会使线路板的焊盘烫坏。注意应尽量排列整齐，以便前后对比，改进不足。

焊接时先将电烙铁在线路板上加热，大约 2 s 后，送焊锡丝，观察焊锡量的多少，不能太多，造成堆焊；也不能太少，造成虚焊。当焊锡熔化，发出光泽时，焊接温度最佳，应立即将焊锡丝移开，再将电烙铁移开。为了再加热中使加热面积最大，要将烙铁头的斜面靠在元件引脚上（见图 2-1-26），烙铁头的顶尖抵在线路板的焊盘上。焊点高度一般在 2 mm 左右，直径应与焊盘相一致，引脚应高出焊点大约 0.5 mm。

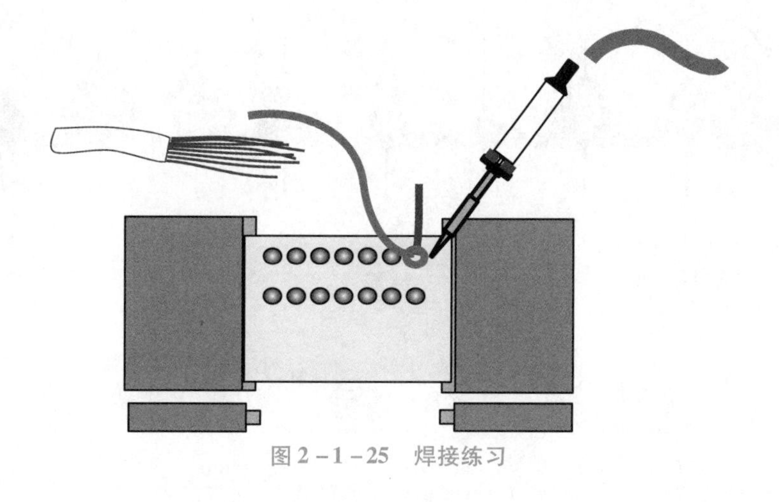

图 2-1-25　焊接练习

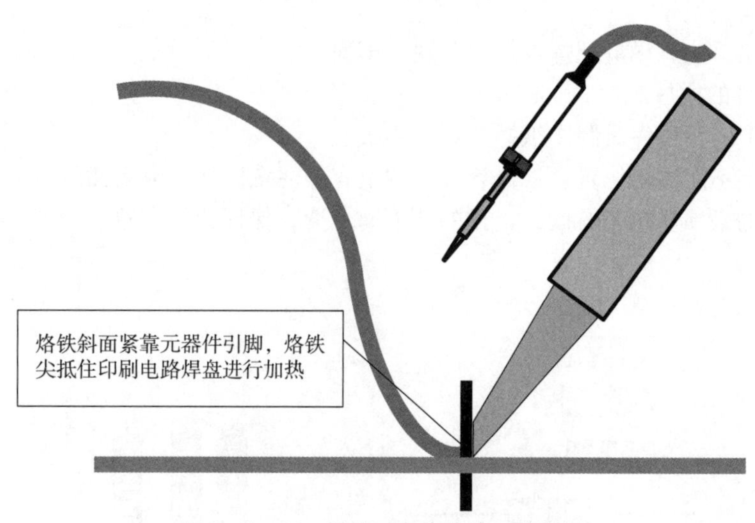

图 2-1-26　焊接时电烙铁的正确位置

(4) 焊点的正确形状。

①焊点的正确形状如图 2-1-27 所示，图 2-1-27 (a) 所示焊点一般焊接比较牢固；图 2-1-27 (b) 所示焊点为理想状态，一般不易焊出这样的形状；图 2-1-27 (c) 所示焊点焊锡较多，当焊盘较小时，可能会出现这种情况，但往往有虚焊的可能；图 2-1-27 (d) 和图 2-1-27 (e) 所示焊点焊锡太少；图 2-1-27 (f) 所示焊点提烙铁时方向不合适，造成焊点形状不规则；图 2-1-27 (g) 所示焊点烙铁温度不够，焊点呈碎渣状，这种情况多数为虚焊；图 2-1-27 (h) 所示焊点的焊盘与焊点之间有缝隙，为虚焊或接触不良；图 2-1-27 (i) 所示焊点引脚放置歪斜。一般形状不正确的焊点，元件多数没有焊接牢固，一般为虚焊点，应重焊。

②焊点的正确形状（俯视）如图 2-1-28 所示，图 2-1-28 (a) 和图 2-1-28 (b) 所示焊点形状圆整，有光泽，焊接正确；图 2-1-28 (c) 和图 2-1-28 (d) 所示焊点温度不够，或抬烙铁时发生抖动，焊点呈碎渣状；图 2-1-28 (e) 和图 2-1-28 (f) 所示焊点焊锡太多，将不该连接的地方焊成短路。

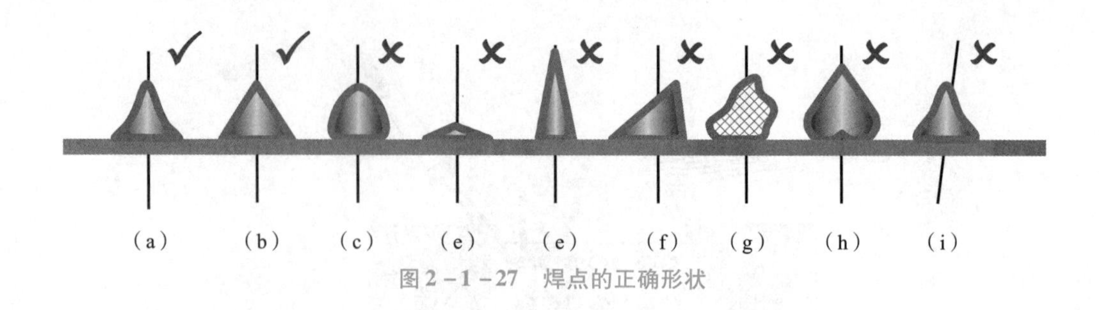

图 2-1-27　焊点的正确形状

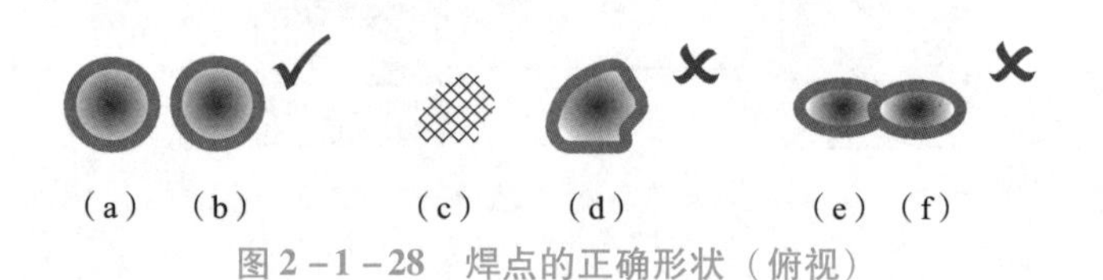

图 2-1-28　焊点的正确形状（俯视）

焊接时一定要注意尽量把焊点焊得美观、牢固。

(5) 元器件的插放。

将弯制成形的元器件对照图纸插放到线路板上。

注意：一定不能插错位置；二极管、电解电容要注意极性；电阻插放时要求读数方向排列整齐，横排的必须从左向右读，竖排的从下向上读，保证读数一致，如图 2-1-29 所示。

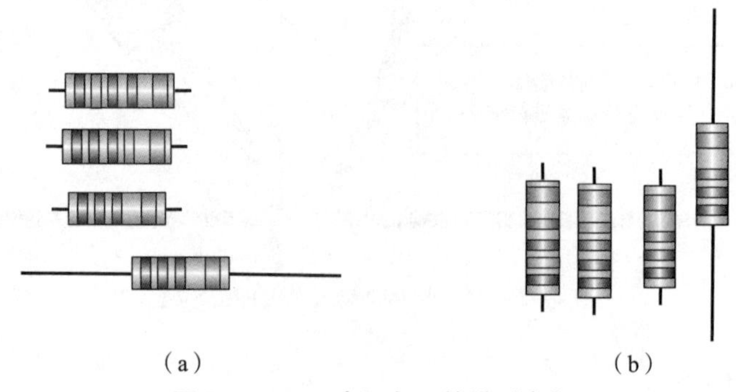

图 2-1-29　电阻色环的排列方向

(a) 横向排列误差环在右；(b) 纵向排列误差环在上

(6) 元器件参数的检测。

每个元器件在焊接前都要用万用表检测其参数是否在规定的范围内。二极管、电解电容要检查它们的极性，电阻要测量阻值。测量阻值时应将万用表的挡位开关旋钮调整到电阻挡，预读被测电阻的阻值，估计量程，然后将挡位开关旋钮打到合适的量程，短接红、黑表棒，调整电位器旋钮，将万用表调零，如图 2-1-30 所示。

注意电阻挡调零电位器在表的右侧，不能调表头中间的小旋钮，该旋钮用于表头本身的调零。调零后，用万用表测量每个插放好的电阻的阻值。测量不同阻值的电阻时要使用不同的挡位，每次换挡后都要调零。为了保证测量的精度，要使测出的阻值在满刻度的 2/3 左右，过大或过小都会影响读数，应及时调整量程。要注意一定要先插放电阻，后测阻值，这样不但检查了电阻的阻值是否准确，而且还检查了元件的插放是否正确，如果插放前测量电

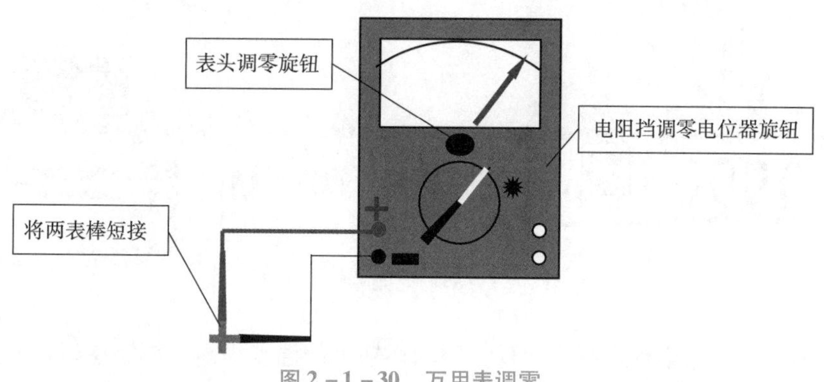

图 2-1-30　万用表调零

阻，则只能检查元件的阻值，而不能检查插放是否正确。

（四）元器件的焊接

1. 元器件的焊接

在焊接练习板上练习合格，对照图纸插放元器件，用万用表校验，检查每个元器件插放是否正确、整齐，二极管、电解电容极性是否正确，电阻读数的方向是否一致，全部合格后方可进行元器件的焊接。

焊接完的元器件，要求排列整齐、高度一致，如图 2-1-31 所示。为了保证焊接的整齐美观，焊接时应将线路板板架在焊接木架上焊接，两边架空的高度要一致，元件插好后要调整位置，使它与桌面相接触，保证每个元件焊接高度一致。焊接时，电阻不能离开线路板太远，也不能紧贴线路板焊接，以免影响电阻的散热。

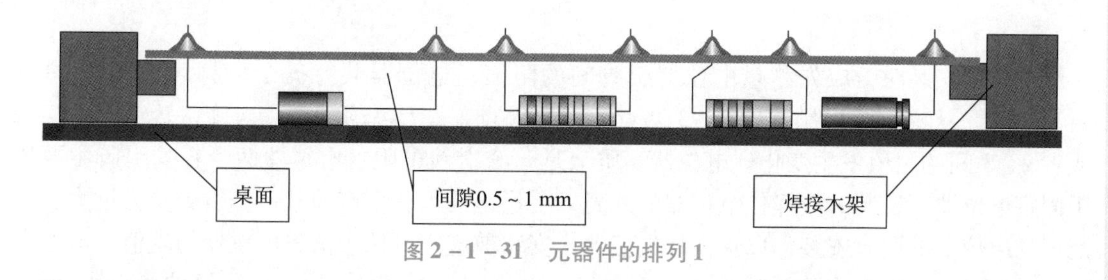

图 2-1-31　元器件的排列 1

焊接时如果线路板未放水平（见图 2-1-32），应重新加热调整。图 2-1-32 中线路板未放水平，使二极管两端引脚长度不同，离开线路板太远；电阻放置歪斜；电解电容折弯角度大于 90°，易将引脚弯断。

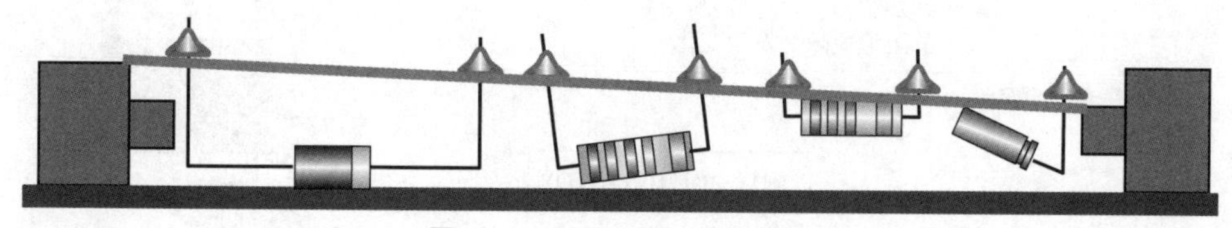

图 2-1-32　元器件的排列 2

应先焊水平放置的元器件，后焊垂直放置或体积较大的元器件，如分流器、可调电阻等，如图 2-1-33 所示。

学习笔记

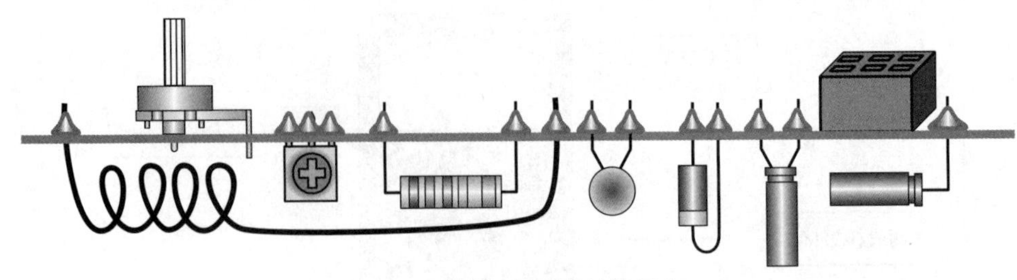

图 2-1-33　元器件的排列 3

焊接时不允许用电烙铁运载焊锡丝，因为烙铁头的温度很高，焊锡在高温下会使助焊剂分解挥发，易造成虚焊等焊接缺陷。

2. 错焊元件的拔除

当元件焊错时，要将错焊元件拔除。先检查焊错的元件应该焊在什么位置及正确位置的引脚长度是多少，如果引脚较短，为了便于拔出，应先将引脚剪短。在烙铁架上清除烙铁头上的焊锡，将线路板绿色的焊接面朝下，用烙铁将元件脚上的锡尽量刮除，然后将线路板竖直放置，用镊子在黄色面将元件引脚轻轻夹住，在绿色面用烙铁轻轻烫，同时用镊子将元件向相反方向拔除，拔除后，焊盘孔容易堵塞。有以下两种方法可以解决这一问题：

（1）烙铁稍烫焊盘，用镊子夹住一根废元件脚，将堵塞的孔通开；

（2）将元件做成正确的形状，并将引脚剪到合适的长度，用镊子夹住元件，放在被堵塞孔的背面，用烙铁在焊盘上加热，将元件推入焊盘孔中。

注意用力要轻，不能将焊盘推离线路板，使焊盘与线路板间形成间隙或者使焊盘与线路板脱开。

3. 电位器的安装

电位器安装时，应先测量电位器引脚间的阻值，电位器共有五个引脚（见图 2-1-34），其中三个并排的引脚中，1、3 两点为固定触点，2 为可动触点，当旋钮转动时，1、2 或者 2、3 间的阻值发生变化。电位器实质上是一个滑线电阻，电位器两个粗的引脚主要用于固定电位器。安装时应捏住电位器的外壳，平稳地插入，不应使某一个引脚受力过大；不能捏住电位器的引脚安装，以免损坏电位器。安装前应用万用表测量电位器的阻值，电位器 1、3 为固定触点，2 为可动触点，1、3 之间的阻值应为 10 kΩ，拧动电位器的黑色小旋钮，测量 1 与 2 或者 2 与 3 之间的阻值应在 0～10 kΩ 间变化。如果没有阻值，或者阻值不改变，则说明电位器已经损坏，不能安装，否则 5 个引脚焊接后要更换电位器就非常困难。

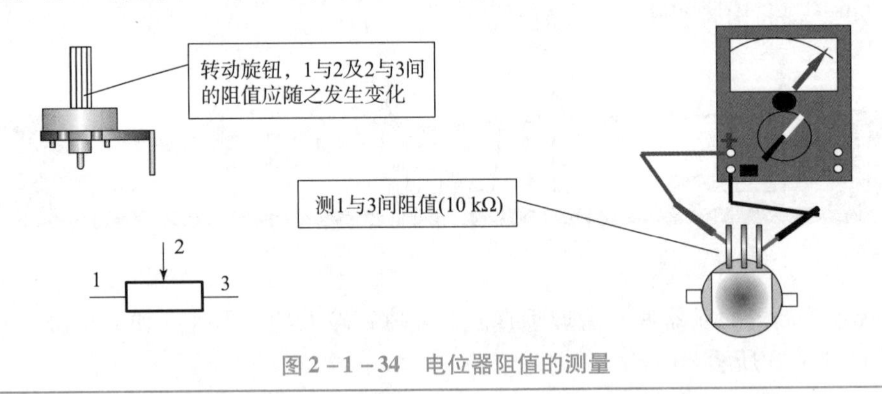

图 2-1-34　电位器阻值的测量

注意：电位器要装在线路板的焊接绿面，不能装在黄面。

4. 分流器的安装

安装分流器时要注意方向，不能让分流器影响线路板及其余电阻的安装，如图 2-1-35。

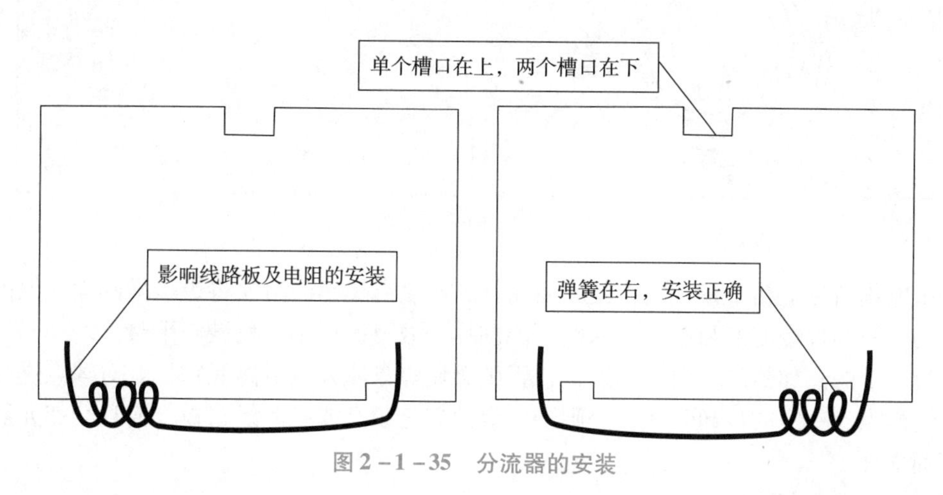

图 2-1-35 分流器的安装

5. 输入插管的安装

输入插管装在绿面，是用来插表棒的，因此一定要焊接牢固。将其插入线路板中，用尖嘴钳在黄面轻轻捏紧，将其固定，一定要注意垂直，然后将两个固定点焊接牢固。

6. 晶体管插座的安装

晶体管插座装在线路板绿面，用于判断晶体管的极性。在绿面的左上角有 6 个椭圆的焊盘，中间有两个小孔，用于晶体管插座的定位，将其放入小孔中检查是否合适，如果小孔直径小于定位凸起物，则应用锥子稍微将孔扩大，使定位凸起物能够插入。

将晶体管插片（见图 2-1-36）插入晶体管插座中，检查是否松动，应将其拨出并将其弯成图 2-1-36（b）所示的形状，插入晶体管插座中［见图 2-1-36（c）］，将其伸出部分折平［见图 2-1-36（d）］。

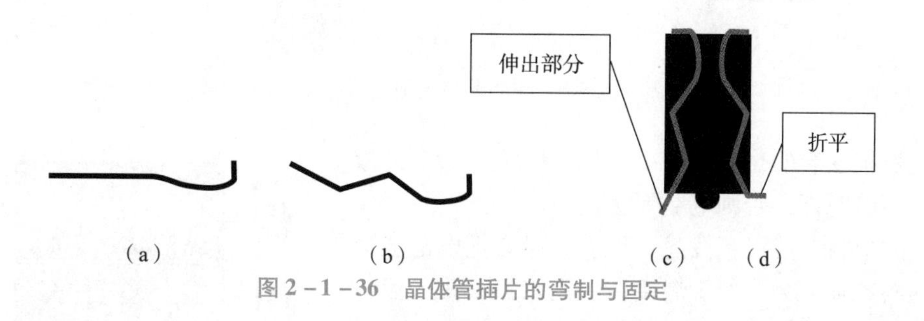

图 2-1-36 晶体管插片的弯制与固定

晶体管插片装好后，将晶体管插座装在线路板上，定位，检查是否垂直，并将 6 个椭圆的焊盘焊接牢固。

7. 焊接时的注意事项

焊接时一定要注意电刷轨道上一定不能粘上锡，否则会严重影响电刷的运转，如图 2-1-37 所示。为了防止电刷轨道粘锡，切忌用烙铁运载焊锡。由于焊接过程中有时会产生气

学习笔记

学习笔记

泡，使焊锡飞溅到电刷轨道上，因此应用一张圆形厚纸垫在线路板上。

图 2-1-37　电刷轨道的保护

如果电刷轨道上粘了锡，应将其绿面朝下，用没有焊锡的烙铁将锡尽量刮除。但由于线路板上的金属与焊锡的亲和性强，一般不能刮尽，故只能用小刀稍微修平整。

在每一个焊点加热的时间不能过长，否则会使焊盘脱开或脱离线路板。对焊点进行修整时，要让焊点有一定的冷却时间，否则不但会使焊盘脱开或脱离线路板，而且会使元器件温度过高而损坏。

8. 电池极板的焊接

焊接前先要检查电池极板的松紧，如果太紧应将其调整。调整的方法是用尖嘴钳将电池极板侧面的凸起物稍微夹平，使它能顺利地插入电池极板插座，且不松动，如图 2-1-38 所示。

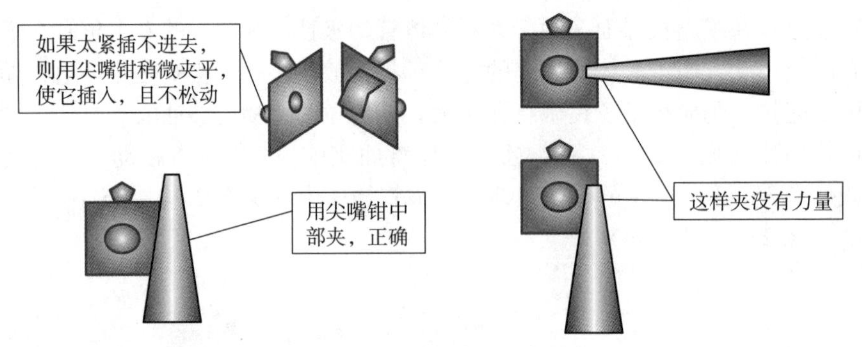

图 2-1-38　调整电池极板松紧

电池极板安装的位置如图 2-1-39 所示。平极板与突极板不能对调，否则电路无法接通。

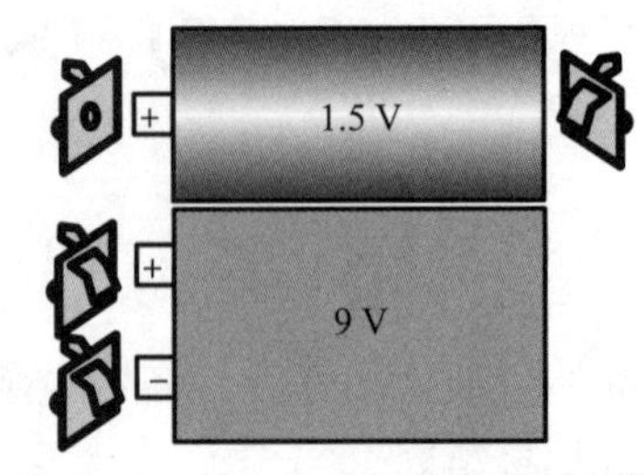

图 2-1-39　电池极板安装的位置

焊接时应将电池极板拨起，否则高温会把电池极板插座的塑料烫坏。为了便于焊接，应先用尖嘴钳的齿口将其焊接部位部分锉毛，去除氧化层，然后用加热的烙铁沾一些松香放在焊接点上，再加焊锡，为其搪锡。

将连接线线头剥出，如果是多股线应立即将其拧紧，然后沾松香并搪锡（天宇提供的连接线已经搪锡）。用烙铁运载少量焊锡，烫开电池极板上已有的锡，迅速将连接线插入并移开烙铁。如果时间稍长，则将会使连接线的绝缘层烫化，影响其绝缘。

9. 连接线焊接的方向（见图图 2－1－40）

连接线焊好后将电池极板压下，安装到位。

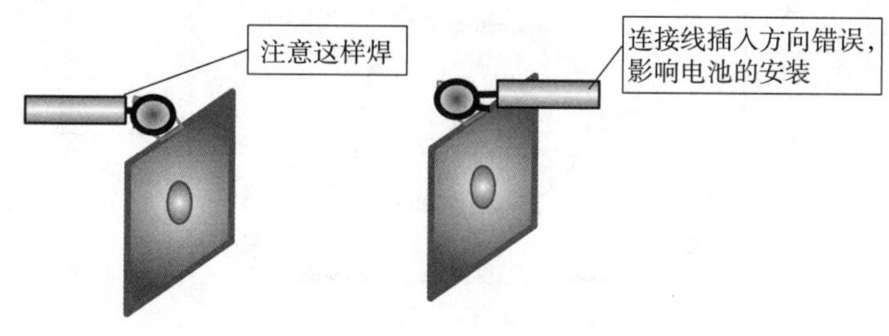

图 2－1－40 连接线焊接的方向

（五）机械部分的安装与调整

1. 提把的安装

后盖侧面有两个“O”小孔，是提把铆钉安装孔，观察其形状，思考如何将其卡入，但注意现在不能卡进去。

提把放在后盖上，将两个黑色的提把橡胶垫圈垫在提把与后盖中间，然后从外向里将提把铆钉按其方向卡入，听到“咔嗒”声后说明已经安装到位。如果无法听到“咔嗒”声，则可能是橡胶垫圈太厚，应更换后重新安装。

将大拇指放在后盖内部，四指放在后盖外部，用四指包住提把铆钉，大拇指向外轻推，检查铆钉是否已安装牢固。注意一定要用四指包住提把铆钉，否则会使其丢失。

将提把转向朝下，检查其是否能起支撑作用，如果不能支撑，则说明橡胶垫圈太薄，应更换后重新安装。

2. 电刷旋钮的安装

取出弹簧和钢珠，并将其放入凡士林油中，使其粘满凡士林。加油有两个作用：使电刷旋钮润滑，旋转灵活；起黏附作用，将弹簧和钢珠黏附在电刷旋钮上，防止其丢失。

将加上润滑油的弹簧放入电刷旋钮的小孔中（见图 2－1－41），钢珠黏附在弹簧的上方，注意切勿丢失。

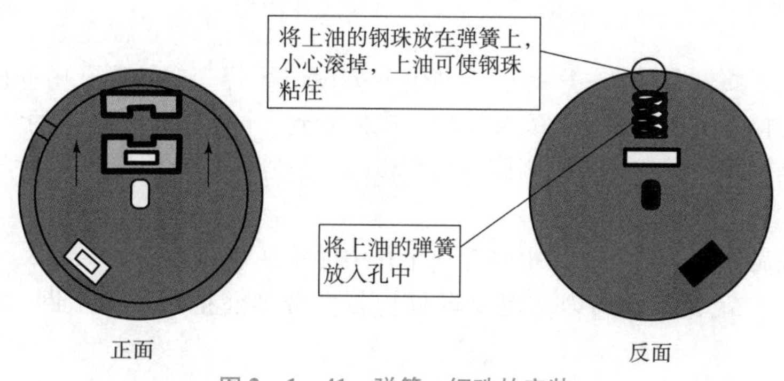

图 2－1－41 弹簧、钢珠的安装

观察面板背面的电刷旋钮安装部位（见图 2－1－42），它由 3 个电刷旋钮固定卡、2 个

学习笔记

电刷旋钮定位弧、1个钢珠安装槽和1个花瓣形钢珠滚动槽组成。

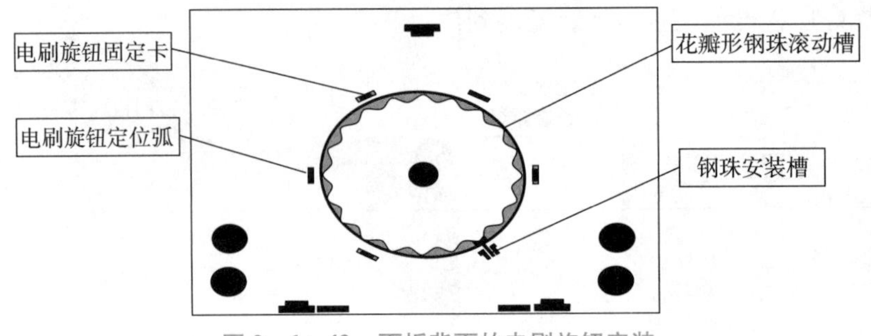

图2-1-42　面板背面的电刷旋钮安装

将电刷旋钮平放在面板上（见图2-1-43），注意电刷放置的方向。用螺丝刀轻轻顶，使钢珠卡入花瓣槽内，小心防止滚掉，然后通过手指均匀用力将电刷旋钮卡入固定卡。

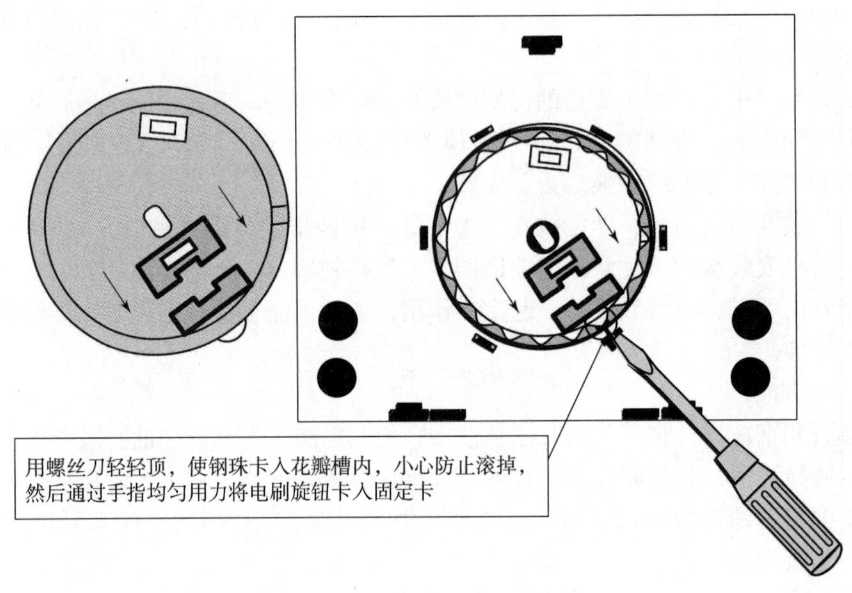

图2-1-43　电刷旋钮的安装

将面板翻到正面（见图2-1-44），挡位开关旋钮轻轻套在从圆孔中伸出的小手柄上，慢慢转动旋钮，检查电刷旋钮是否安装正确，应能听到“咔嗒”“咔嗒”的定位声，如果听不到，则可能是钢珠丢失或掉进电刷旋钮与面板间的缝隙，此时挡位开关无法定位，应拆除重装。

将挡位开关旋钮轻轻取下，用手轻轻顶小孔中的手柄（见图2-1-45），同时反面用手依次轻轻扳动三个定位卡，用力一定要轻且均匀，否则会把定位卡扳断。注意钢珠不能滚掉。

3. 挡位开关旋钮的安装

电刷旋钮安装正确后，将它转到电刷安装卡向上位置（见图2-1-46），将挡位开关旋钮白线向上套在正面电刷旋钮的小手柄上，向下压紧即可。

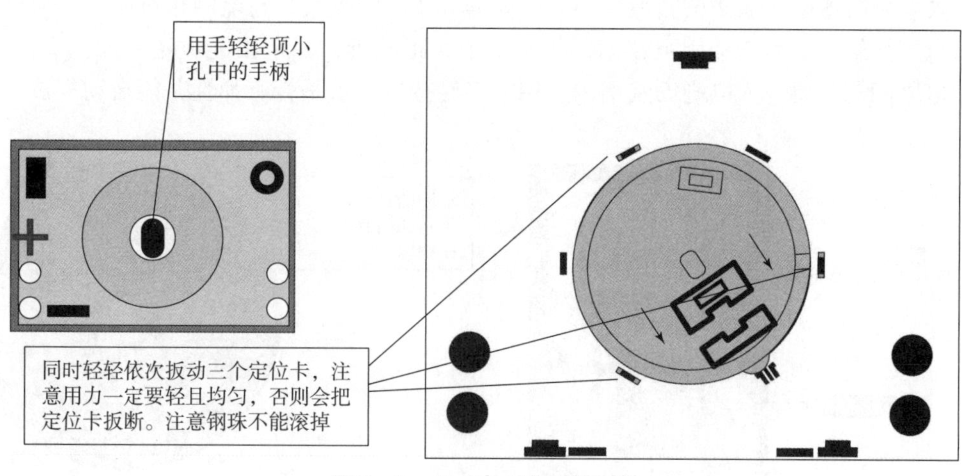

图 2－1－44　电刷旋钮的拆卸

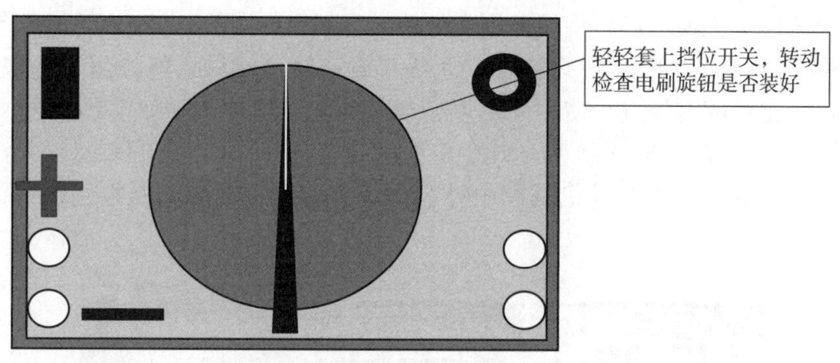

图 2－1－45　检查电刷旋钮是否装好

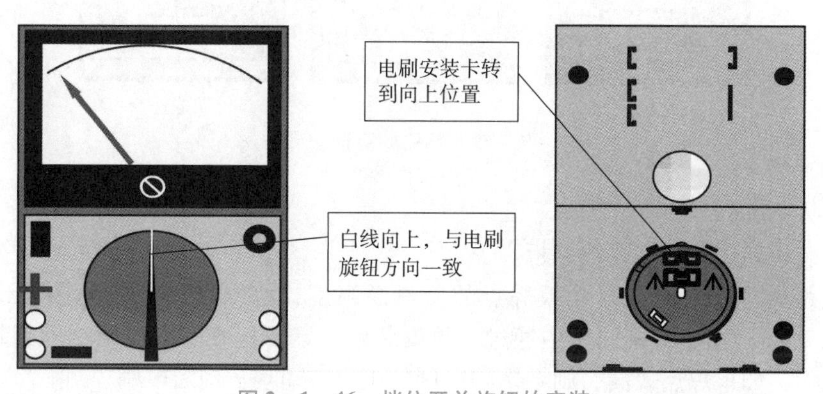

图 2－1－46　挡位开关旋钮的安装

如果白线与电刷安装卡方向相反，则必须拆下重装。拆除时用平口螺丝刀对称地轻轻撬动，依次按左、右、上、下的顺序将其撬下。注意用力要轻且对称，否则容易撬坏，如图 2－1－47 所示。

4. 电刷的安装

将电刷旋钮的电刷安装卡转向朝上，V 形电刷有一个缺口，应该放在左下角，因为线路板的 3 条电刷轨道中间的 2 条间隙较小、外侧的 2 条间隙较大，与电刷相对应，当缺口在左下角时电刷接触点上面 2 个相距较远、下面 2 个相距较近，一定不能放错，如图 2－1－48 所示。电刷四周都要卡入电刷安装槽内，用手轻轻按压，看是否有弹性并能自动复位。

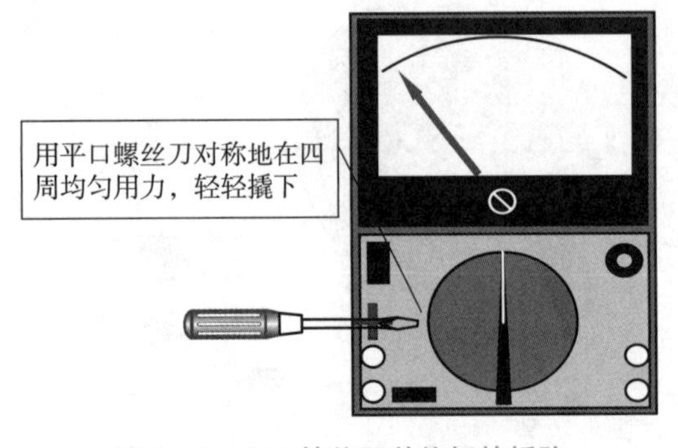

图 2－1－47　挡位开关旋钮的拆除

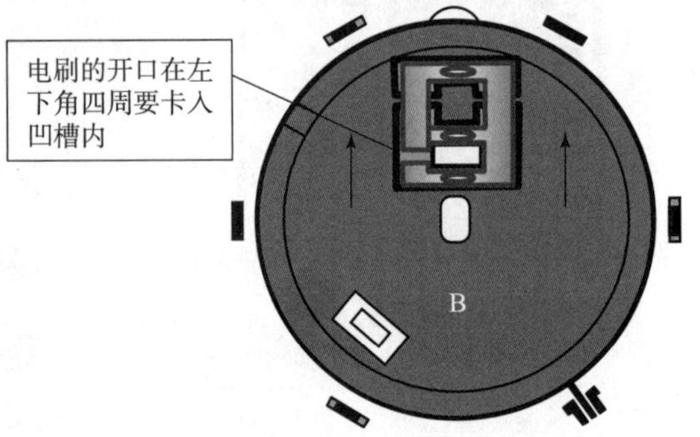

图 2－1－48　电刷的安装

如果电刷安装的方向不对，将使万用表失效或损坏，如图 2－1－49 所示。图 2－1－49（a）所示开口在右上角，电刷中间的触点无法与电刷轨道接触，使万用表无法正常工作，且外侧的两圈轨道中间有焊点，使中间的电刷触点与之相摩擦，易使电刷受损；图 2－1－49（b）和图 2－1－49（c）所示使开口在左上角或右下角，3 个电刷触点均无法与轨道正常接触，电刷在转动过程中与外侧两圈轨道中的焊点相刮，会使电刷很快折断，导致电刷损坏。

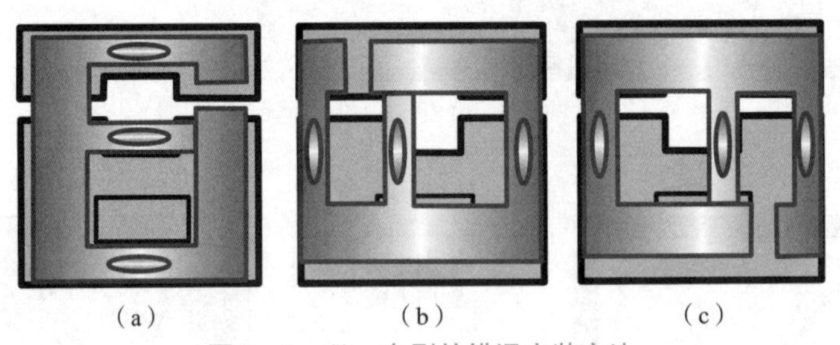

图 2－1－49　电刷的错误安装方法

5. 线路板的安装

电刷安装正确后方可安装线路板。

安装线路板前先应检查线路板焊点的质量及高度，特别是在外侧两圈轨道中的焊点（见图 2－1－50），由于电刷要从中通过，故安装前一定要检查焊点高度，不能超过 2 mm，直径不能太大，如果焊点太高，则会影响电刷的正常转动甚至刮断电刷。

线路板用三个固定卡固定在面板背面，将线路板水平放在固定卡上，依次卡入即可。如果要拆下重装，则依次轻轻扳动固定卡。注意在安装线路板前先应将表头连接线焊上。

最后是装电池和后盖，装后盖时左手拿面板，稍高，右手拿后盖，稍低，将后盖向上推入面板，拧上螺丝，注意拧螺丝时用力不可太大或太猛，以免将螺孔拧坏。

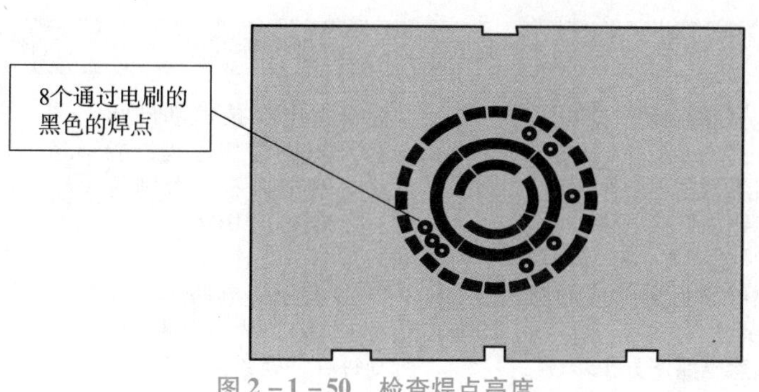

图 2－1－50　检查焊点高度

（六）故障的排除

1. 表计没任何反应

（1）表头、表棒损坏。

（2）接线错误。

（3）保险丝没装或损坏。

（4）电池极板装错。

（5）如果将两种电池极板装反位置，电池两极无法与电池极板接触，电阻挡就无法工作。

（6）电刷装错。

2. 电压指针反偏

这种情况一般是表头引线极性接反。如果 DCA、DCV 正常，ACV 指针反偏，则为二极管 D1 接反。

3. 测电压示值不准

这种情况一般是焊接有问题，对被怀疑的焊点应重新处理。

任务评价

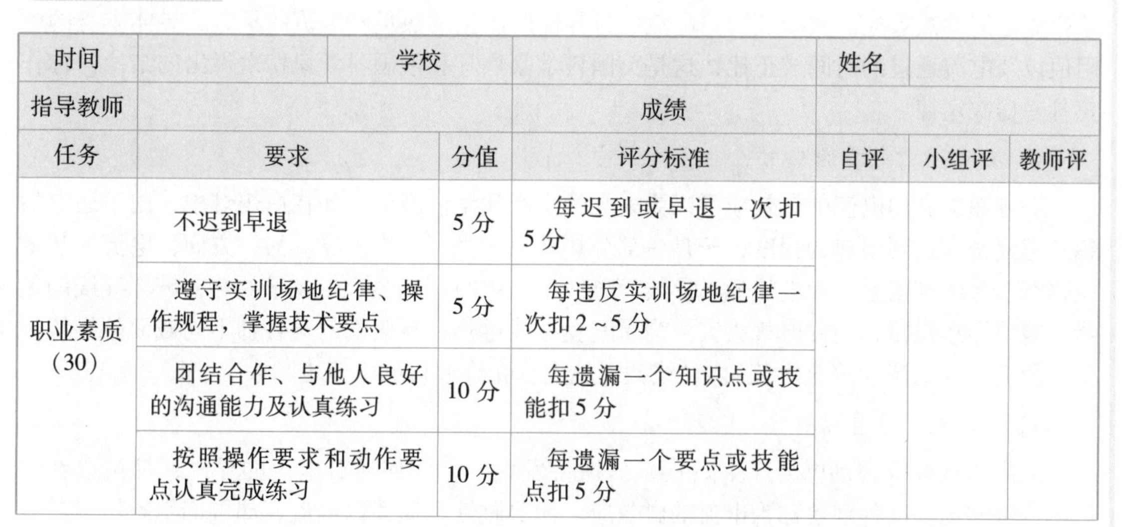

时间		学校		姓名		
指导教师			成绩			
任务	要求	分值	评分标准	自评	小组评	教师评
职业素质（30）	不迟到早退	5 分	每迟到或早退一次扣 5 分			
	遵守实训场地纪律、操作规程，掌握技术要点	5 分	每违反实训场地纪律一次扣 2～5 分			
	团结合作、与他人良好的沟通能力及认真练习	10 分	每遗漏一个知识点或技能扣 5 分			
	按照操作要求和动作要点认真完成练习	10 分	每遗漏一个要点或技能点扣 5 分			

续表

任务	要求	分值	评分标准	自评	小组评	教师评
任务实施过程考核（60）	1. 认真学习电工技术基础知识； 2. 熟悉万用表工作原理； 3. 能熟练焊接电路板	20分	能掌握电工技术基础知识和万用表工作原理，能准确焊接电路板，否则每有一处错误扣10分			
	1. 熟练掌握电路板的制作技能； 2. 熟悉电路图分析步骤	20分	能熟练分析电路图，并熟练按要求焊接电路板，否则每有一处错误扣10分			
	1. 掌握万用表电路板的焊接技能； 2. 能够准确调试和维修万用表	20分	能独立焊接万用表电路板，并能独立完成万用表的焊接安装和调试维修，否则每有一处错误扣10分			
任务总结（10）	1. 整理任务所有相关记录； 2. 编写任务总结	10分	总结全面认真、深刻，有启发性，不扣分			
指导教师评定意见						

学习拓展　电流的三大效应

电流对负载有各种不同的作用和效应。其中，热和磁的效应总是伴随着电流一起发生，而电流对光、化学以及人体生命的作用，只是在一定的条件下才能产生。

一、电流的热效应

（一）焦耳-楞次定律

如图2-1-51所示，当电流通过电阻时，电流做功而消耗电能，产生了热量，这种现象叫作电流的热效应。实践证明，电流通过导体所产生的热量和电流的平方、导体本身的电阻值以及电流通过的时间成正比，这是英国科学家焦耳和俄国科学家楞次得出的结论，称作焦耳-楞次定律。

（二）电流热效应的应用

一方面，利用电流的热效应可以为人类的生产和生活服务。如在白炽灯中，由于通电后钨丝温度升高达到白热的程度，于是一部分热转化为光，发出光亮。另一方面，电流的热效应也有一些不利因素。大电流通过导线而导线不够粗时，就会产生大量的热，破坏导线的绝缘性能，导致短路，引发电气火灾。为了避免导线过热，有关部门对各种不同截面的导线规定了最大允许电流（安全电流）。导线截面越大，允许通过的电流也越大。

二、电流的磁效应

电流的磁效应（动电会产生磁）是奥斯特发现的。任何通有电流的导线，都可以在其周围产生磁场，这种现象称为电流的磁效应。而非磁性金属通以电流，却可产生磁场，其效果与磁铁建立的磁场相同。在通电流的长直导线周围，会有磁场产生，其磁感线的形状为以

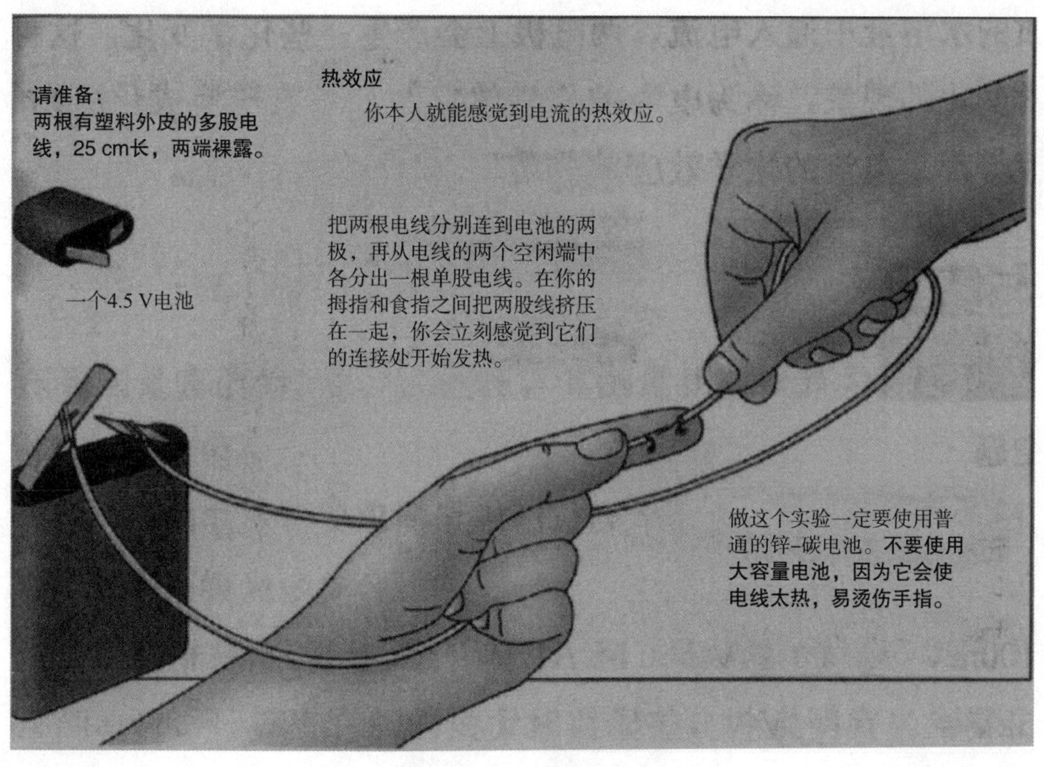

图 2-1-51　电流热效应

导线为圆心的无数封闭的同心圆，且磁场的方向与电流的方向互相垂直。

电流的磁效应在生活中应用广泛。如：电视机中的显像管需要电磁铁作为电子的聚焦、电磁炉将电能转化为高频磁场、电话使用磁场中的通电导线驱动发声膜发声、手机将电能转化为电磁信号进行发射和接收、节能灯的电子镇流器将灯管内的低压气体点燃等，都是利用电流的磁效应。

三、电流的化学效应

在电解质的水溶液中通入电流，两电极上会产生一些化学变化，这种利用电流使物质产生化学变化的现象，称为电流的化学效应（将电能转换成化学能的效应）。例如电解、电镀等都是电流的化学效应的应用。

学习笔记

学习笔记

任务 2.2 用万用表测量电路参数

任务场景

场景一：在老师的指导下，熟悉万用表使用的基本方法，学会使用万用表测量电路的基本物理量，为后续测量复杂电路、检测检修电路故障打下基础。

场景二：在教师的指导下，结合实际电路指出一个电路中的电阻、电容等元器件，说明电流、电压和电阻等物理量的测量电路，并利用万用表测量电路中各部分的电压和电流。

任务导入

万用表是一种多功能、多量程的便携式电工仪表，一般的万用表可以测量直流电流、交直流电压和电阻，有些万用表还可测量电容、功率、晶体管共射极直流放大系数 h_{FE} 等。MF47 型万用表具有 26 个基本量程和电平、电容、电感、晶体管直流参数等 7 个附加参考量程，是一种量限多、分挡细、灵敏度高、体形轻巧、性能稳定、过载保护可靠、读数清晰、使用方便的新型万用表。

本次任务是学会利用 MF47 型指针式万用表测量简单直流电路中的电压、电流和电阻，为后续专业课中的检修电路打下基础。

知识探究

2.2.1 电压源与电流源

一、电压源

（一）理想电压源

电压源又称理想电压源，是一个理想二端元件，其图形符号如图 2－2－1 所示，u_S为电压源的电压，“＋”“－”为电压的参考极性；电压 u_S是一个恒定值（U_S）或某种给定的时间函数 $u(t)$，与通过电压源的电流无关。因此电压源具有以下两个特点：

（1）电压源对外提供的电压 $u(t)$ 是某种确定的时间函数，不会因外电路的不同而改变。在直流电路中，u_S为常数；在交流电路中，u_S是确定的时间函数，如 $u_S = \sin\omega t$。

（2）通过电压源的电流 $i(t)$ 的大小是任意的，主要由外电路确定，随外接电路的不同而不同。

（二）电压源的分类

常见的电压源有直流电压源和正弦交流电压源。

直流电压源的电压 u_S是常数，即 $u_S = U_S$（U_S是常数）。

正弦交流电压源的电压 $u_S(t)$ 为

$$U_S(t) = U_m \sin\omega t$$

3. 理想电压源的伏安特性

图 2－2－1 所示为直流电压源的伏安特性，它是一条与电流轴平行的直线，其端电压恒

等于 U_S，与电流大小无关。若电流为零，则此时电压源为开路状态，其端电压仍为 U_S。

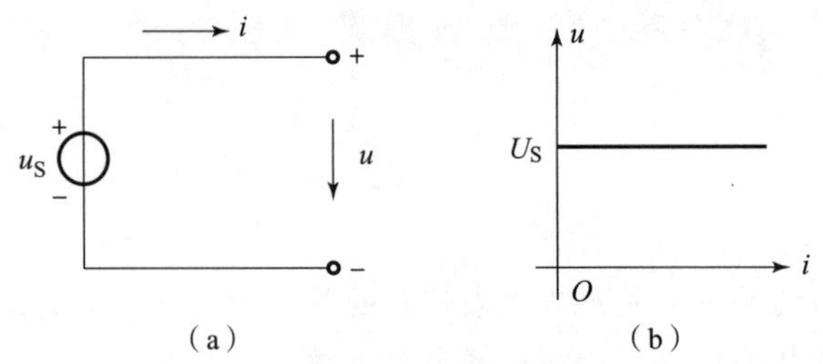

图 2-2-1　电压源的符号及直流电压源的伏安特性

(a) 符号；(b) 伏安特性

如果一个电压源的电压 $u_S=0$，则此电压源的伏安特性为与电流轴重合的直线。电压为零的电压源相当于短路。

(1) 开路：$R\to\infty$，$i=0$，$u=u_S$。

(2) 短路：$R=0$，$i\to\infty$，短路回路的电流趋于无穷大，因此理想电压源不允许短路。理想电压源电路及实际电压源电路分别如图 2-2-2 和图 2-2-3 所示。

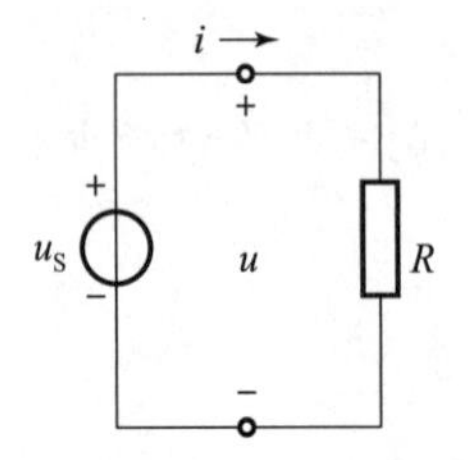

图 2-2-2　理想电压源电路

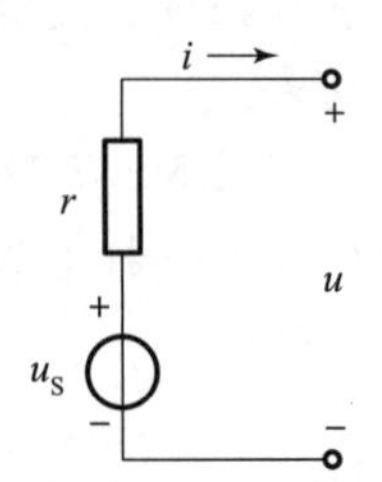

图 2-2-3　实际电压源电路

注意：实际电压源也不允许短路。因其内阻小，若短路，则电流很大，可能烧毁电压源。

4. 电压源的功率

电压源的功率为

$$P = U_S i$$

当 $P>0$ 时，电压源实际上是发出功率，电流实际方向是从电压源的低电位端流向高电位端；当 $P<0$ 时，电压源实际上是吸收功率，电流实际方向是从电压源的高电位端流向低电位端，电压源是作为负载出现的。

理想的电压源是不存在的，实际的电压源总存在内阻，其端电压会随电流的变化而变化。当电池接上负载时，其端电压会降低，就是由于电池有内阻。

二、电流源

1. 电流源

电流源又称理想电流源，也是一个理想二端元件，其图形符号如图 2-2-4 所示，i_S 是电流源的电流，电流源旁边的箭头表示电流 i_S 的参考方向。电流 i_S 是一个恒定值 I_S 或某种给定的时间函数 $i(t)$，与其端电压 u 无关。因此电流源有以下两个特点：

(1) 电流源向外电路提供的电流 $i(t)$ 是某种确定的时间函数，即由电源本身决定，与外电路无关，不会因外电路不同而改变。在直流电路中，i_S 为常数；在交流电路中，i_S 是确定的时间函数，如 $i_S = I_m \sin\omega t$。

（2）电流源的端电压 $u(t)$ 随外接的电路不同而不同。

2. 电流源的分类

常见的电流源有直流电流源和正弦交流电流源。

直流电流源的电流 i_S是常数，即 $i_S = I_S$（I_S是常数）。

正弦交流电流源的电流 $i_S(t)$ 为

$$i_S(t) = I_m \sin\omega t$$

3. 电流源的伏安特性

如果电流源的电流 $i_S = I_S$（I_S 是常数），则为直流电流源，它的伏安特性是一条与电压轴平行的直线，如图 2－2－4（b）表示，表明其输出电流恒等于 I_S，与端电压无关。若电压等于零，则表示电流源短路，它发出的电流仍为 I_S。

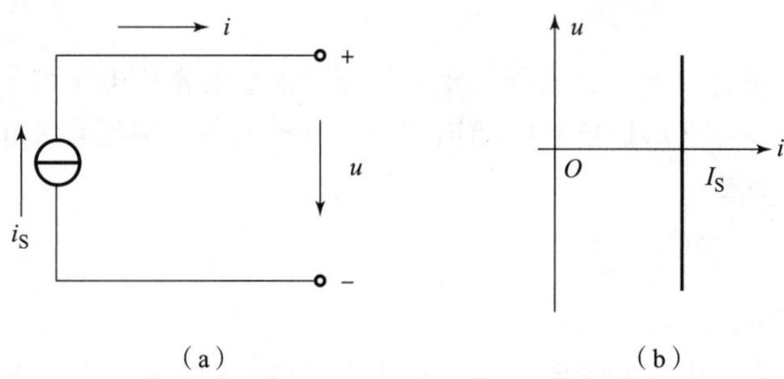

图 2－2－4　电流源的符号及直流电流源的伏安特性

（a）电流源的符号；（b）直流电流源的伏安特性

如果一个电流源的电流 $i_S = 0$，则此电流源的伏安特性为与电压轴重合的直线。电流为零的电流源相当于开路。理想电流源电路如图 2－2－5 所示。

（1）短路：$R = 0$，$i = i_S$，$u = 0$，电流源被短路。

（2）开路：$R \to \infty$，$i = i_S$，$u \to \infty$。若强迫断开电流源回路，则断开点的电压趋于无穷大，因此理想电流源不允许开路，如图 2－2－6 所示。

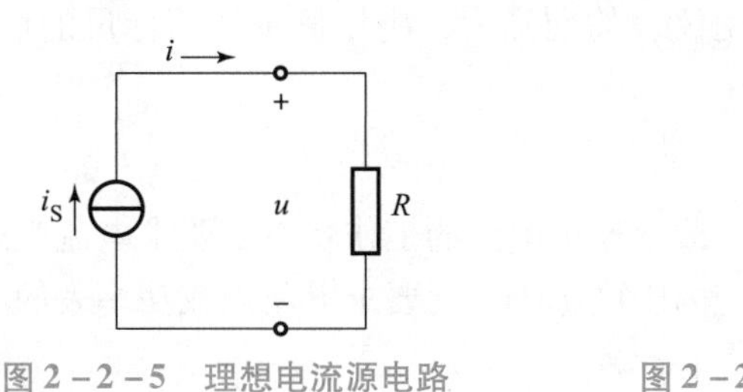

图 2－2－5　理想电流源电路

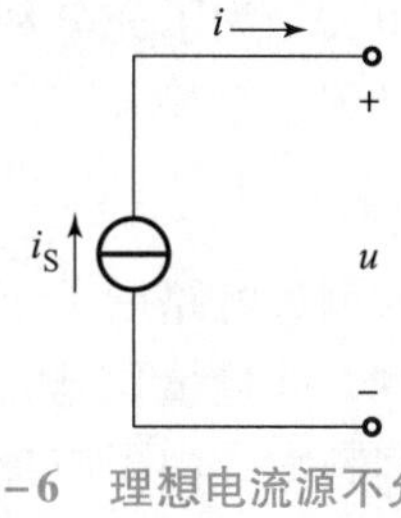

图 2－2－6　理想电流源不允许开路

4. 实际电流源

一个高电压、高内阻的电压源，在外部负载电阻较小，且负载变化范围不大时，可将其等效为电流源，如图 2－2－7 所示。

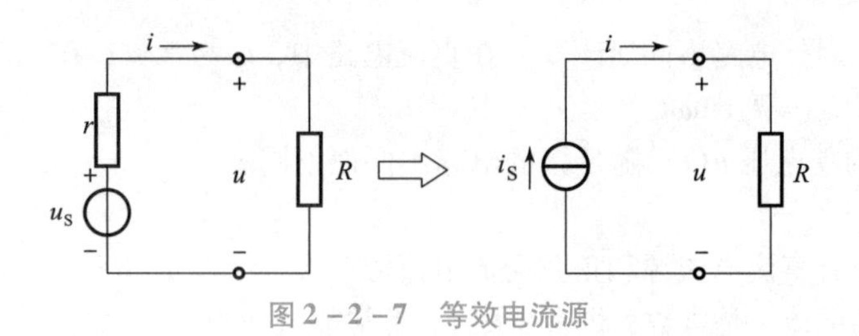

图 2-2-7　等效电流源

5. 电流源的功率

电流源的功率为

$$P = ui_S$$

当 $P>0$ 时，电流源实际上是发出功率；当 $P<0$ 时，电流源实际上是吸收功率，电流源是作为负载出现的。

恒流源电子设备和光电池器件的特性都接近电流源。

2.2.2　电工仪表基础知识

电流表和电压表是进行电流、电压及相关物理量测量的常用电工仪表。为了保证测量精度，减小测量误差，应合理选择仪表的结构类型、测量范围、精度等级和仪表内阻等，此外还须采用正确的测量方法。

一、电流表与电压表的选择

（一）仪表类型的选择

被测电量可分为直流电量和交流电量，对于直流电量的测量，广泛选用磁电系仪表；对于正弦交流电量的测量，可选用电磁系或电动系仪表。

（二）仪表精度的选择

仪表精确度的选择，要从测量的实际需要出发，既要满足测量要求，又要本着节约的原则。通常 0.1 级和 0.2 级仪表用作标准仪表或在精密测量时选用，0.5 级和 1.0 级仪表作为实验室测量选用，1.5 级、2.5 级和 5.0 级仪表可在一般工程测量中选用。

（三）仪表量程的选择

如果仪表的量程选择得不合理，标尺刻度得不到充分利用，即使仪表本身的准确度很高，测量误差也会很大。为了充分利用仪表的准确度，应尽量按使用标尺的后 1/2 ~ 1/3 段的原则选择仪表的量程。

（四）仪表内阻的选择

为了使仪表接入测量电路后不至于改变原来电路的工作状态，要求电流表或功率表的电流线圈内阻尽量小些，并且量程越大，内阻应越小；而要求电压表或功率表的电压线圈内阻尽量大些，并且量程越大，内阻应越大。

选择仪表时，对仪表的类型、精度、量程、内阻等的选择要综合考虑，特别要考虑引起较大误差的因素。除此之外，还应考虑仪表的使用环境和工作条件等。

二、电流表与电压表的使用

电流表和电压表除了用于直接测量电路中的电流和电压外，还可以间接测量其他一些相关物理量，如直流电功率和直流电阻等。

学习笔记

当用电流表测量电路中的电流时，应将仪表与被测电路串联；而用电压表测量电路中的电压时，应将仪表与被测电路并联；测量直流电流或直流电压时，须区分正、负极性，仪表的正端应接线路的高电位端，负端应接低电位端，如图2-2-8所示。

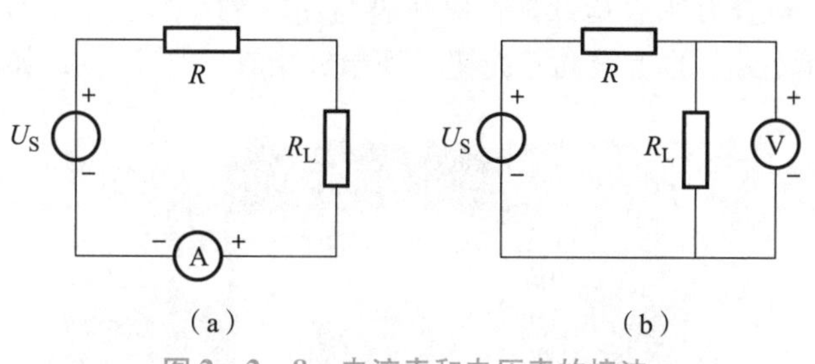

图2-2-8　电流表和电压表的接法

(a) 电流表的连接；(b) 电压表的连接

仪表在测量之前除了要认真检查接线无误外，还必须调整好仪表的机械零位，即在未通电时，用螺丝刀轻轻旋转调零螺钉，使仪表的指针准确地指在零位刻度线上。

使用电流表和电压表进行测量时，必须防止仪表过载而损坏仪表。在被测电流或电压值域未知的情况下，应先选择较大的仪表进行测量，若测出被测值较小，则再换用较小量程的仪表。

三、万用表的外形结构

（一）万用表的分类

便携式万用表分为指针式万用表和数字式万用表两类，是一种多用途多量程的仪表。各类万用表的型号、规格繁多，精度等级各异，价格差异也很大，如图2-2-9所示。

图2-2-9　各种类型便携式万用表

巩固与练习

选用万用表时应根据工作环境需要选择相应的测量范围、工作频率、准确度和精度等级。

（二）万用表的基本使用方法

1. 指针式万用表的基本使用方法

图2-2-10　万用表

万用表是一种测量电压、电流和电阻等参数的工具仪表，如图2-2-10所示，主要由表壳、表头、机械调零旋钮、欧姆调零旋钮、选择开关、表笔插孔和表笔等组成。指针式万用表具有结构简单、使用方便、可靠性高等优点。以MF-

学习笔记

47F 型万用表为例，说明指针式万用表的基本使用方法。

1）测量步骤

（1）水平放置：将万用表放平。

（2）检查指针：检查万用表指针是否停在表盘左端的“零”位。如不在“零”位，则用小螺丝刀轻轻转动表头上的机械调零旋钮，使指针指在“零”位，如图 2－2－11 所示。

图 2－2－11　万用表的机械调零

（2）插好表笔：将红、黑两支表笔分别插入表笔插孔。

（3）检查电池：将量程选择开关旋到电阻 $R\times1$ 挡，把红、黑表笔短接，如果进行“欧姆调零”后，万用表指针仍不能转到刻度线右端的零位，则说明电压不足，需要更换电池。

（4）选择测量项目和量程：将量程选择开关旋到相应的项目和量程上。禁止在通电测量状态下转换量程开关，避免可能产生的电弧作用损坏开关触点。

2）测试要点

（1）把万用表放置于水平状态。

（2）视其表针是否处于零点（指电流、电压挡刻度的零点），若不是，则应调整表头下方的“机械零位调整”（用小一字螺丝刀细心调整机械零位）旋钮，使指针指向零点，然后根据被测项目，正确选择万用表上的测量项目及拨盘开关。如已知被测量值的数量级，就选择与其相对应的数量级量程；如不知被测量值的数量级，则应从选择最大量程开始测量。

当指针偏转角太小而无法精确读数时，再把量程减小，一般以指针偏转角不小于最大刻度的 30% 为合理量程，如图 2－2－12 所示。

图 2－2－12　指针在最大刻度的 30% 处

2. 数字式万用表的基本使用方法

DT－830 型数字式万用表的面板如图 2－2－13 所示，前面板包括液晶显示器、电源开关、量程开关、输入插孔和 h_{FE} 插座等，后面板装有电池盒。

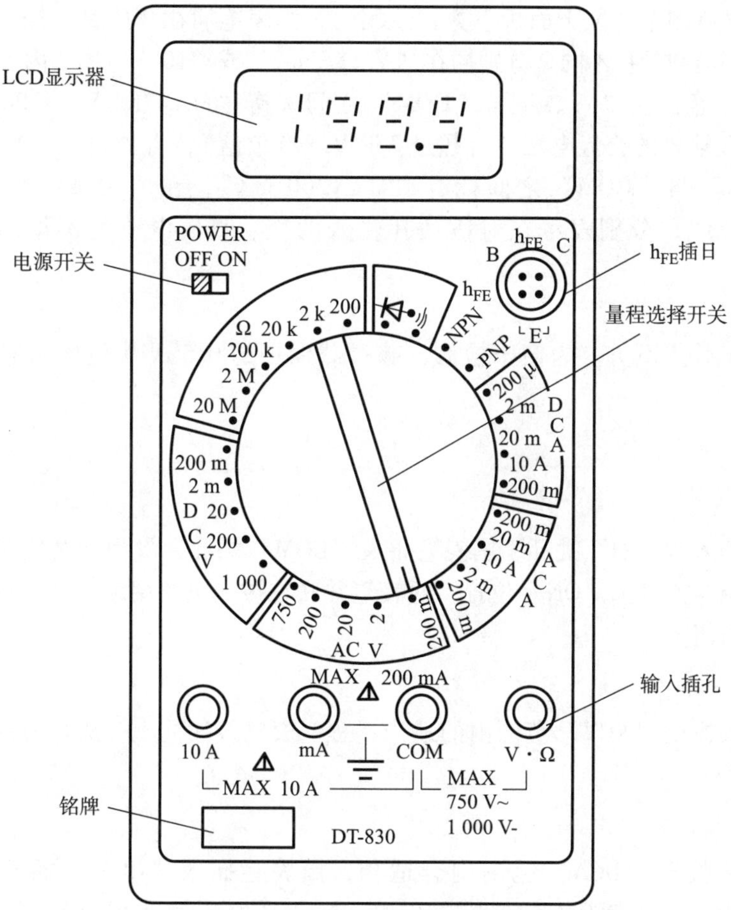

学习笔记

图 2-2-13　DT-830 型数字式万用表面板

1）液晶显示器

该表采用 LCD 显示器，最大显示值为 1999 或 -1999，该表还具有自动调零和自动显示极性功能，测量时若被测电压或电流的极性为负，则在显示值前将出现“-”号。当仪表所用电源电压（9 V）低于 7 V 时，显示屏左上方将显示箭头方向，提示应更换电池。若输入超量程，则显示屏左端显示“1”或“-1”的提示符号。小数点由量程开关进行同步控制，使小数点左移或右移。

2）电源开关

在量程开关左上方标有“POWER”的开关，即电源开关。若将此开关拨到“ON”，接通电源即可使用。使用完毕后应将开关拨到“OFF”位置，以免空耗电池。

3）量程开关

量程开关位于面板中央，为 6 刀 28 掷转换开关，提供 28 种测量功能和量程，供使用者选择。当使用表内蜂鸣器做线路通断检查时，量程开关应放在标有“×1”的挡位上。

4）h_{FE}插座

采用四眼插座，旁边分别标有 B、C、E 孔，其中 E 孔有两个，在内部连通。测量时，应将被测晶体管三个极对应插入 B、C、E 孔内。

学习笔记

5）输入插孔

输入插孔共有四个，位于面板下方，使用时，黑表笔插在“COM”插孔，红表笔则应根据被测量的种类和量程不同，分别插在“V.Ω、mA”或“10 A”插孔内。

使用时应注意：在“V.Ω”与“COM”之间标有“MAX750 V－1 000 V”的字样，表示从这两个孔输入的交流电压不得超过750 V（有效值），直流电压不得超过1 000 V。另外，在“mA”与“COM”之间标有“MAX200 mA”，在“10 A”与“COM”之间标有“MAX10 A”，分别表示在对应插孔输入的交、直流电流值不得超过200 mA和10 A。

6）电池盒

电池盒位于后盖下方。为便于检修，起过载保护的0.5 A快速熔断器管也装在电池盒内。

四、万用表的使用方法

（一）直流电压的测量

将红表笔插入“V.Ω”插孔，黑表笔插入“COM”插孔，量程开关置于“DCV”的适当量程。将电源开关拨至“ON”位置，两表笔并联在被测电路两端，显示屏上就显示出被测直流电压的数值。

（二）交流电压的测量

将量程开关拨至“ACV”范围内的适当量程，表笔接法同上，测量方法与测量直流电压相同。

（三）直流电流的测量

将量程开关拨至“DCA”范围内合适挡，黑表笔插入“COM”插孔，红表笔插入“mA”插孔（电流值<200 mA）或“10 A”插孔（电流值<10 A）。将电源开关拨至“ON”位置，把仪表串联在被测电路中，即可显示出被测直流电流的数值。

（四）交流电流的测量

将量程开关拨至“ACA”的合适挡位，表笔接法和测量方法与测量直流电流相同。

（五）电阻的测量

将量程开关拨至“Ω”范围内合适挡位，红表笔插入“V.Ω”插孔。如量程开关置于“20M”或“2M”挡，显示值以“MΩ”为单位；置于“2k”挡，以“kΩ”为单位；置于“200”挡，以“Ω”为单位。

（六）二极管的测量

将量程开关拨至“Ω”挡，红表笔插入“V.Ω”插孔，接二极管正极；黑表笔插入“COM”插孔，接二极管负极。此时显示的是二极管的正向电压，若为锗管应显示0.15～0.30 V；若为硅管应显示0.55～0.70 V。如果显示0，则表示二极管被击穿；显示1，则表示二极管内部开路。

学习笔记

（七）晶体管 h_{FE} 的测量

将被测晶体管的管脚插入 h_{FE} 相应孔内，根据被测管类型选择“PNP”或“NPN”挡位，电源开关拨至“ON”显示值即为 h_{FE}。

（八）线路通、断的检查

将量程开关拨至“▶|•)))”蜂鸣器挡，红表笔插入“V. Ω”插孔，黑表笔插入“COM”插孔，若被测线路电阻低于规定值（20 ± 10）Ω，蜂鸣器发出声音，表示线路接通；反之，表示线路不通。

五、使用数字式万用表的注意事项

（1）使用数字式万用表之前，应仔细阅读使用说明书，熟悉面板结构及各旋钮、插孔的作用，以免使用中发生差错。

（2）测量前，应校对量程开关位置及两表笔所插的插孔，无误后再进行测量。

（3）测量前若无法估计被测量大小，应先用最高量程测量，再视测量结果选择合适的量程。

（4）严禁测量高压或大电流时拨动量程开关，以防止产生电弧，烧毁开关触点。

（5）当使用数字式万用表电阻挡测量晶体管、电解电容等元器件时，应注意，红表笔接“V. Ω”插孔，带正电；黑表笔接“COM”插孔，带负电。这点与模拟式万用表正好相反。

（6）严禁在被测电路带电的情况下测量电阻，以免损坏仪表。

（7）为延长电池使用寿命，每次使用完毕后应将电源开关拨至“OFF”位置。长期不用的仪表，取出电池，防止因电池内电解液漏出而腐蚀表内元器件。

想一想：

①在温度一定时，导体电阻的大小与导体的长度和横截面积有什么关系？温度升高时，导体的电阻率怎样变化？导体的电阻怎样变化？

②电网中输电线由铝材料制作而成，你能计算长 1 km，横截面积为 50 mm^2 的铝电线的电阻吗？配电用的是矩形铜母线，横截面积为 120 mm × 5 mm、长度为 1 m 的铜母线的电阻是多大？

③一段导线的电阻是 10 Ω，将它对折后的电阻是多少？

④电阻器。在实际中根据需要选用一定的材料，制作成有一定形状、一定用途和一定电阻值的器件，这些器件称作电阻器。电阻器也可简称为电阻。常见的电位器（可变电阻器）与电阻分别如图 2－2－14 和图 2－2－15 所示。

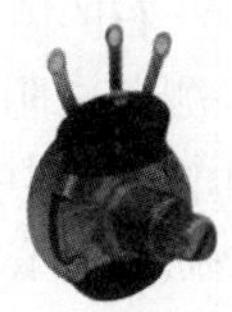

图 2－2－14　常见电位器

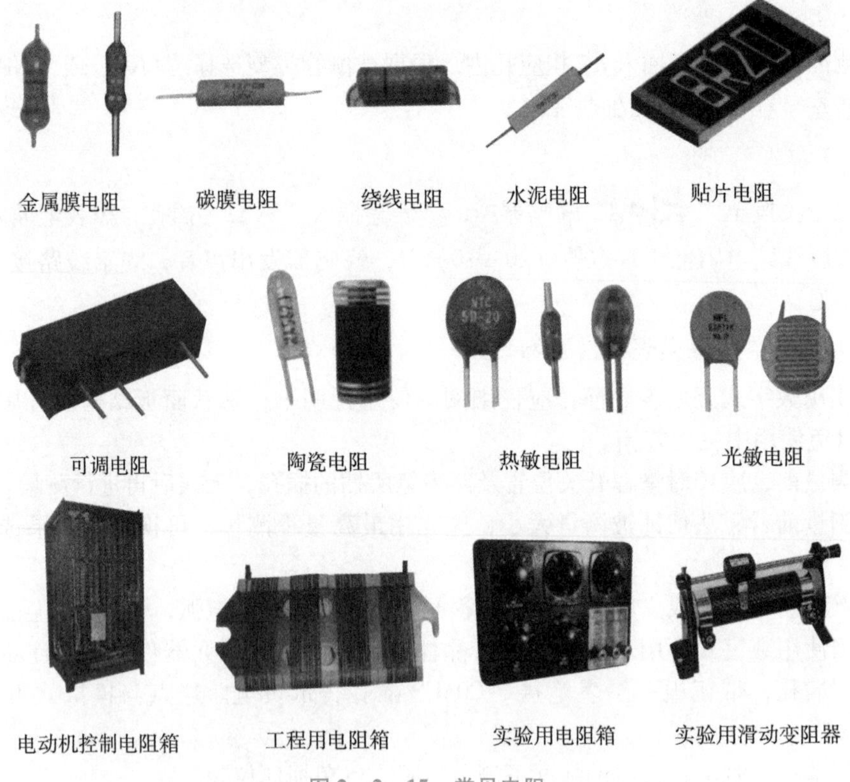

图 2-2-15　常见电阻

巩固与练习

1. 填空题

(1) 一段均匀导体在温度一定时的电阻，除与其电阻率成正比外，还与________成正比，与________成反比。

(2) 50 000 Ω = ________ kΩ，5.1 kΩ = ________ Ω，300 kΩ = ________ MΩ。

(3) 在电器商场买回的电线，每卷的电阻值为 0.5 Ω，将 2 卷这样的电线串接使用，电阻值为________ Ω；将 2 卷这样的电线并接使用，电阻值为________ Ω。

(4) 一条导线的电阻为 4 Ω，将这条导线对折起来使用，电阻值为________ Ω。

(5) 铜的电阻率为 $1.7\times10^{-8}\ \Omega\cdot m$。用长 200 m、横截面积为 0.01 mm^2 的铜线做成的电阻，电阻值为________ Ω。

(6) 用万用表测量电阻时，应断开电路使被测量的电阻________带电。测量________个电阻值在 200 Ω 左右的电阻时，应选择________挡，测量前万用表应先进行________。

(7) 用万用表测量电阻时，挡位旋钮置于“R×100”的位置，指针示数为“3.3”，则该被测量的电阻的电阻值为________ Ω。

(8) 在对摇表做短路试验时，指针指________位置；做开路试验时，指针指________位置，这样的摇表才能用于测量设备的绝缘电阻。

(9) 用摇表测量设备的绝缘电阻时，摇动手柄的速度是________ r/min。

2. 判断题（对的打“√”，错的打“×”）

(1) 导体的电阻不随导体两端电压的变化而变化。　(　　)

（2）温度一定时，导体的长度和横截面积越大，电阻越大。（　　）

（3）导体的电阻随温度的升高而增大，是因为导体的电阻率随温度的升高而增大。（　　）

（4）保持导体的横截面积不变，使导体的长度增加 1 倍，导体的电阻增加 1 倍。（　　）

（5）保持导体的长度不变，使导体的横截面积增加 1 倍，导体的电阻增加 1 倍。（　　）

（6）在用万用表测量电阻时，每次换挡后都要调零。（　　）

（7）用万用表测量电阻时，两手应紧捏电阻的两端。（　　）

（8）用手捏紧摇表的两个鳄鱼夹，轻摇手柄进行摇表的短路试验。（　　）

（9）进行摇表的开路试验时，应轻摇手柄。（　　）

3. 单选题

（1）一条导线的电阻值为 40 Ω，在温度不变的情况下把它均匀拉长为原来的 4 倍，其电阻值为（　　）。

A. 4 Ω　　B. 16 Ω　　C. 20 Ω　　D. 64 Ω

（2）能使导体的电阻增加 1 倍的方法是（　　）。

A. 导体的温度升高 1 倍

B. 保持横截面积不变，长度增加 1 倍

C. 保持长度不变，横截面积增加 1 倍

D. 长度和横截面积都增加 1 倍

（3）长度和横截面积相等的三种材料的电阻率 $\rho_a > \rho_b > \rho_c$，则电阻（　　）。

A. $R_a > R_b > R_c$　　B. $R_b > R_a > R_c$　　C. $R_a > R_c > R_b$　　D. $R_c > R_b > R_a$

（4）将导线拉长为原来的 10 倍，电阻为 100 Ω，则导线原来的电阻是（　　）。

A. 1 Ω　　B. 10 Ω　　C. 1 000 Ω　　D. 10 000 Ω

（5）万用表的指针停留在“Ω”，刻度线指示“12”的位置，则被测量电阻的电阻值为（　　）。

A. 12 Ω　　B. 12 kΩ　　C. 1 kΩ　　D. 不能确定

（6）在判断摇表能否使用的试验中，下列说法正确的是（　　）。

A. 将两测量线短接，以 120 r/min 的速度转动手柄，指针指“0”

B. 将两测量线分开，轻摇手柄，指针指“0”

C. 将两测量线分开，以 120 r/min 的速度转动手柄，指针指“∞”

D. 将两测量线短接，轻摇手柄，指针指“∞”

（7）用电桥测量电阻时，在按下检流计按钮“G”查看电桥平衡情况中，发现检流计指针向右偏转，在调节电桥平衡时应该（　　）。

A. 减小比较电阻的电阻值　　B. 增大比较电阻的电阻值

C. 旋转比率旋钮，减小比率　　D. 旋转比率旋钮，增大比率

4. 计算题

（1）要用横截面积为 0.1 mm^2、电阻率为 1.7×10^{-8} Ω · m 的铜导线制作一个 51 Ω 的电阻，需要用多长的铜导线？

学习笔记

（2）高压输电线由50根横截面积为1 mm^2的铝导线绞合组成，求1 km长的这样的高压输电线的电阻。

5. 问答题

（1）怎样用万用表测量电阻？（提示：回答怎样选择转换开关的位置以确定倍率挡，怎样调零，测量时要注意什么，怎样读取电阻的电阻值等。）

（2）怎样使用兆欧表测量绝缘电阻？（提示：回答怎样检查兆欧表的性能好坏，怎样连接测量线，怎样测量和读数等。）使用兆欧表应注意哪些问题？

（3）怎样用电桥测量元件或器件的电阻值？（提示：回答怎样确定比率，怎样连接测量线，怎样确定比较电阻，怎样调节电桥平衡和读数。）在断开测量电路时，要注意哪些问题？

2.2.3 任务实施

工作过程一 初学电流、电压的测量

一、实训目的

学会电压表、电流表的使用方法，掌握电压、电流和电阻的测量技能。

二、实训器材

（1）工具：常用电工工具一套。

（2）仪表：多量程交流电压表、直流电压表、直流电流表和DT－830型数字式万用表。

（3）器材：0～220 V交流调压器、0～30 V可调直流稳压电源及各种碳膜电阻。

三、实训方法

（一）交流电压测量

测量前，先在实训室总电源处接一个调压器，用来改变工作台上插座盒的交流电压，以供测量使用，由实训指导教师调节测量电压。

使用交流电压表和万用表分别进行测量，将交流电压测试数据填入表2－2－1中。

表2－2－1 交流电压测量实训报告

测量次数	第一次		第二次		第三次		第四次		第五次	
使用仪表	电压表	万用表	电压表	万用表	电压表	万用表	电压表	万用表	电压表	万用表
仪表量程										
读数值/V										
两仪表差值/V										

（二）直流电压测量

按照电路图2－2－16把电阻连接成串、并联网络，a、b两端接在可调直流稳压电源的输出端上，输出电压酌情确定。

用直流电压表和万用表分别测量串、并联网络中两点间的直流电压，将直流电压测量数据填入表2－2－2中。

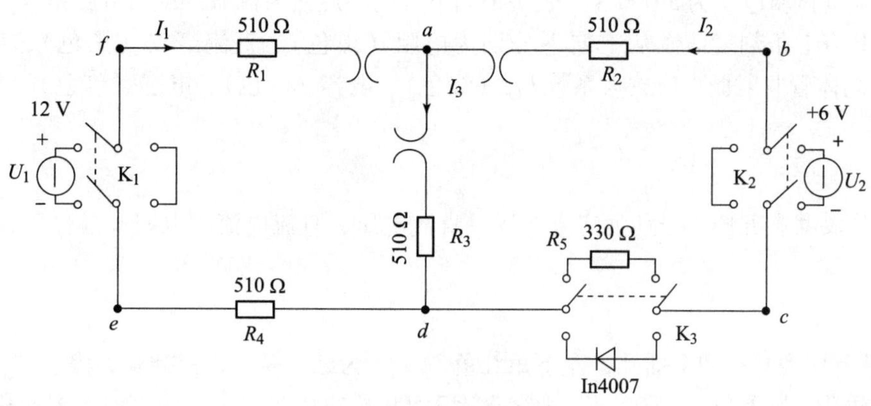

图 2－2－16　测量电路

表 2－2－2　直流电压测量实训报告

电压测量	U_{ab}		U_{ac}		U_{ad}		U_{bc}		U_{cd}	
使用仪表	电压表	万用表	电压表	万用表	电压表	万用表	电压表	万用表	电压表	万用表
仪表量程										
读数值/V										
两仪表差值/V										

（三）直流电流测量

在串、并联电阻网络各支路中逐次串入直流电流表和万用表，分别测量各支路的直流电流，将直流电流测量数据填入表 2－2－3 中。

表 2－2－3　直流电流测量实训报告

电流测量	I_1		I_2		I_3		I_4		I_5	
使用仪表	电流表	万用表	电流表	万用表	电流表	万用表	电流表	万用表	电流表	万用表
仪表量程										
读数值/mA										
两仪表差值/mA										

四、注意事项

（1）通电要经指导老师检查无误且指导老师在场的情况下进行。

（2）要注意人身与带电体保持安全距离，手不得触及带电部分。

工作过程二　用万用表测量基本物理量

一、MF47 型万用表的面板和功能

（一）表头的特点

表头的准确度等级为 1 级（即表头自身的灵敏度误差为 ±1%），水平放置，整流式仪

学习笔记

表，绝缘强度试验电压为 5 000 V。表头中间下方的小旋钮为机械零位调节旋钮。

表头共有七条刻度线，从上向下分别为电阻（黑色）、直流毫安（黑色）、交流电压（红色）、晶体管共射极直流放大系数 h_{EF}（绿色）、电容（红色）、电感（红色）、分贝（红色）等。

（二）挡位开关

挡位开关共有五挡，分别为交流电压、直流电压、直流电流、电阻及晶体管，共 24 个量程。

（三）插孔

MF47 万用表共有四个插孔，左下角红色“+”为红表棒，正极插孔；黑色“-”为公共黑表棒插孔。右下角“2 500 V”为交直流 2 500 V 插孔；“5 A”为直流 5 A 插孔。

（四）机械调零

旋动万用表面板上的机械零位调整螺钉，使指针对准刻度盘左端的“0”位置。

（五）读数

读数时目光应与表面垂直，使表的指针与反光铝膜中的指针重合，确保读数的精度。检测时先选用较高的量程，然后根据实际情况调整量程，最后使读数在满刻度的 2/3 附近。

二、测量直流电压

把万用表两表棒插好，红表棒接“+”，黑表棒接“-”，把挡位开关旋钮打到直流电压挡，并选择合适的量程。当被测电压数值范围不确定时，应先选用较高的量程，把万用表两表棒并接到被测电路上，红表棒接直流电压正极，黑表棒接直流电压负极，不能接反。根据测出电压值，再逐步选用低量程，最后使读数在满刻度的 2/3 附近。

三、测量交流电压

测量交流电压时将挡位开关旋钮打到交流电压挡，表棒不分正负极，与测量直流电压相似进行读数，其读数为交流电压的有效值。

四、测量直流电流

把万用表两表棒插好，红表棒接“+”，黑表棒接“-”，把挡位开关旋钮打到直流电流挡，并选择合适的量程。当被测电流数值范围不确定时，应先选用较高的量程。把被测电路断开，将万用表两表棒串接到被测电路上，注意直流电流从红表棒流入、黑表棒流出，不能接反。根据测出电流值，再逐步选用低量程，保证读数的精度。

五、测量电阻

电阻阻值可用万用表的欧姆挡直接测阻值。指针式万用表测试的阻值只能是粗略测量，误差较大，通常用来判别电阻是否正常。

插好表棒，打到电阻挡，并选择量程，如图 2-2-17 所示。短接两表棒，旋动电阻调零电位器旋钮，进行电阻挡调零，使指针打到电阻刻度右边的“0”Ω 处，将被测电阻脱离电源，用两表棒接触电阻两端，从表头指针显示的读数乘所选量程的倍率即为所测量电阻的阻值。如选用“R×10 Ω”挡测量，指针指示“50”，则被测电阻的阻值为 50 Ω×10 = 500（Ω）。如果示值过大或过小，则要重新调整挡位，以保证读数的精度。

学习笔记

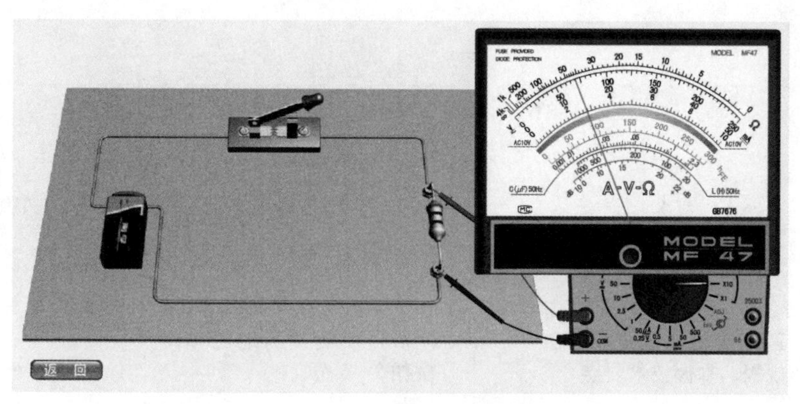

图 2-2-17 用万用表测量电阻

六、使用万用表的注意事项

（1）测量前，应先检查表针是否停在左端的“0”位置，如果没有停在“0”位置，要用小螺丝刀轻轻地转动表盘下边中间的调整定位螺钉，使指针指零，然后将红表笔插入“+”插口、黑表笔插入“*”插口。

（2）测量时不能用手触摸表棒的金属部分，以保证安全和测量准确性。测电阻时如果用手捏住表棒的金属部分，会将人体电阻并接于被测电阻而引起测量误差。测量时，将两表笔分别与待测电阻的两端相接，尽量让指针指在刻度盘的中间位置。在表盘上读出示数，待测电阻的阻值 R = 示数 × 欧姆挡倍率。

（3）测量直流量时注意被测量的极性，避免反偏打坏表头。

（4）不能带电调整挡位或量程，避免电刷的触点在切换过程中产生电弧而烧坏线路板或电刷。

（5）测量完毕后应将挡位开关旋钮打到交流电压最高挡或空挡。

（6）不允许测量带电的电阻，否则会烧坏万用表。

（7）表内电池的正极与面板上的“-”插孔相连，负极与面板上的“+”插孔相连，如果不用时误将两表棒短接，会使电池很快放电并流出电解液，腐蚀万用表，因此不用时应将电池取出。

（8）在测量电解电容和晶体管等器件的阻值时要注意极性。

（9）测量时，根据待测电阻的阻值选择量程，然后进行欧姆调零。电阻挡每次换挡都要进行调零。

（10）不允许用万用表电阻挡直接测量高灵敏度的表头内阻，以免烧坏表头。

（11）一定不能用电阻挡测电压，否则会烧坏熔断器或损坏万用表。

（12）测量后，要把表笔从测试笔插孔中拔出，并将选择开关置于“OFF”挡或交流电压最高挡，以防电池漏电。

（13）数字式万用表测试的阻值通常比指针式万用表测量精度要高一些。

学习笔记

任务评价

时间		学校		姓名		
指导教师			成绩			
任务	要求	分值	评分标准	自评	小组评	教师评
职业素质（30）	不迟到早退	5 分	每迟到或早退一次扣 5 分			
	遵守实训场地纪律、操作规程，掌握技术要点	5 分	每违反实训场地纪律一次扣 2 ~ 5 分			
	团结合作，与他人良好的沟通能力，认真练习	10 分	每遗漏一个知识点或技能点扣 5 分			
	按照操作要求和动作要点，认真完成练习	10 分	每遗漏一个要点或技能点扣 5 分			
任务实施过程考核（60）	1. 认真学习简单直流电路的分析方法； 2. 熟悉万用表的基本使用方法； 3. 能熟练焊接电路板	20 分	能熟练分析简单直流电路，掌握万用表的基本使用方法，准确焊接电路板，否则每有一处错误扣 10 分			
	1. 熟练掌握电路板的制作技能； 2. 熟悉电路图分析步骤	20 分	能熟练分析电路图，能熟练按要求焊接电路板，否则每有一处错误扣 10 分			
	1. 掌握万用表电路板的焊接技能； 2. 能够准确调试和维修万用表	20 分	能独立焊接万用表电路板，能独立完成万用表的焊接安装和调试维修，否则每有一处错误扣 10 分			
任务总结（10）	1. 整理任务的所有相关记录； 2. 编写任务总结	10 分	总结全面、认真、深刻，有启发性，不扣分			
指导教师评定意见						

学习拓展　了解电源的简单知识

工程中的电源种类繁多，但一般可分为两大类，一类是发电机，它是利用电磁感应原理，把机械能转化为电能的装置；另一类是电池，它是把化学能、光能等其他形式的能通过一定的方式转换为电能的装置。

关于发电机，后续课程中将专门讲解，下面主要介绍电池。

电池是通过氧化—还原反应，将电池内活性物质的化学能直接转变为电能的一种独立直流电源。它由正极、负极、电解质、隔膜和容器五个主要部分组成。

电池的正极通常是各种金属氧化物、卤素、卤化物、氧、含氧酸盐等，负极则采用活性较低的金属或氢。电解质溶液采用酸、碱或盐的水溶液，有时也采用熔融盐或固体电解质。电池工作时，负极活性物质发生电化学氧化反应，释放电子，在两极间电位差的作用下，电子由负极经外电路流到正极，而正极活性物质则接受电子发生电化学还原反应，电解质中的离子通过扩散和迁移在电池内部传输电流，从而形成一个导电回路。隔膜的作用是把正、负极分开，防止发生短路现象。电池的容器可根据使用要求做成各种形状，常用的有圆筒形、长方形和纽扣形等。

学习笔记

电池的主要性能指标有开路电压、工作电压、容量、使用温度、寿命和储存期等。开路电压是指电池在不接负载时，正、负极之间的电压。不同种类的电池开路电压各不相同，常用的锌—锰电池为1.65 V，铅酸电池为2.10 V，镉镍电池为1.30 V，锌银电池为1.86 V。工作电压是指电池和负载接通后两极之间的电压。同一电池，负载不同，工作电压也不相同。电池输出电流越大，其工作电压越低。电池在一定条件（放电速率、温度）下能够提供给负载的电量，称为电池容量，单位为A·h（安·时）。每种电池在设计制造时，都具有特定的容量，称为额定容量，它是指在给定放电条件下，电池应放出的最小容量。放电速率快、输出电流大时，电池容量将减小。工作温度低时电池容量也减小，若温度太低，则电池反应困难，不能正常输出电能。各种电池都有一定的使用温度范围，若超出这个范围，则电池不能正常工作。

电池在储存期间会发生自放电，消耗电池的容量。存放时间过长，电池有可能因损耗过多而不能使用，因此每种电池都有一定的储存期限。对于蓄电池，还规定有循环使用寿命或使用年限，超过循环期限蓄电池就不能正常使用了。

电池按使用特点分可分为原电池、蓄电池、贮备电池和燃料电池，工程中常用的是原电池和蓄电池。原电池是一种通过电极反应将其活性物质不断消耗，使化学能直接转变为电能的电源装置。它的活性物质一旦耗尽，不能通过用反向电流充电的方法使其恢复而再次放电，因此，也称为一次电池。通常使用的原电池，其负极活性物质一般采用金属锌，正极活性物质采用二氧化锰、氧化银、氯化汞和空气中的氧。电解质溶液有碱性溶液和中性盐溶液两种。

蓄电池又称为二次电池，是一种可以再次充电并反复使用的电池。其工作原理和原电池相同，但这种电池的电极反应有很好的可逆性，放电时消耗的活性物质在充电时可以恢复。蓄电池放电时把化学能转变为电能，充电时则把电能转变为化学能。它是一种化学能和电能可以相互转换的储能装置。

蓄电池分为铅酸蓄电池和碱性蓄电池两大类，铅酸蓄电池是历史最久、用途最广的蓄电池，按用途分又可分为启动用、牵引用、固定型等几种，分别用于车辆的启动、车辆的牵引和通信等领域。碱性蓄电池包括镉镍、锌银、铁镍、镉银、氢镍等几种，广泛应用于仪器、仪表、航空、航天和通信领域。

练习与思考

1. 填空题

（1）完成下列单位换算：

①0.5 V = ________ mV；

②100 mV = ________ V；

学习笔记

③5 kV =________V。

（2）用电压表测量电压时，必须将电压表________连到电路中，且应使电流从电压表的________极流入，________极流出。

（3）在图 2－2－18（a）中，已知：$U_{ab}=-5\ \text{V}$，则可判断 a 点电位________ b 点电位。在图 2－2－18（b）中，已知：$V_a=-6\ \text{V}$，$V_b=4\ \text{V}$，则 $U_{ab}=$________V，

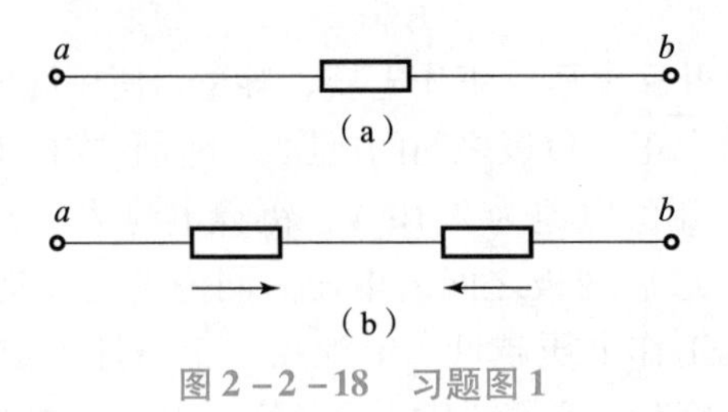

图 2－2－18　习题图 1

（4）电荷在电路中定向移动形成电流。我们把________规定为电流的方向，________的移动方向与电流方向正好相反。

（5）电流用字母________表示，它的单位为________，符号为________。

（6）电流用________测量，它的表示符号是________，它必须________在被测电路中，电流从它的________流进，从________流出，________（填“能”或“不能”）把它直接接在电源的两极。

2. 综合题

（1）读出图 2－2－19 中表盘所指示的被测电压值。

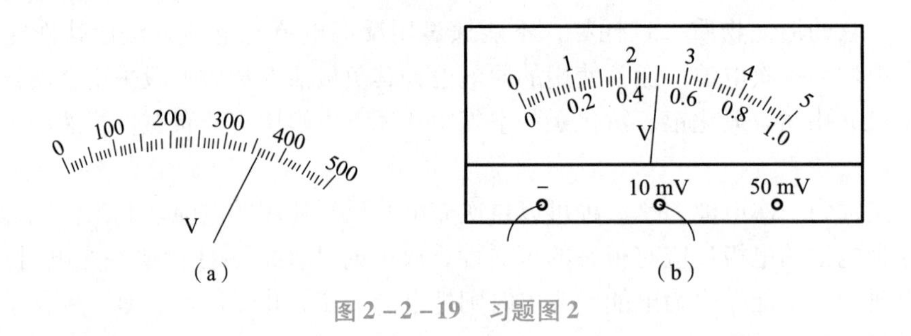

图 2－2－19　习题图 2

（2）读出图 2－2－20 中表盘所指示的被测电流值。

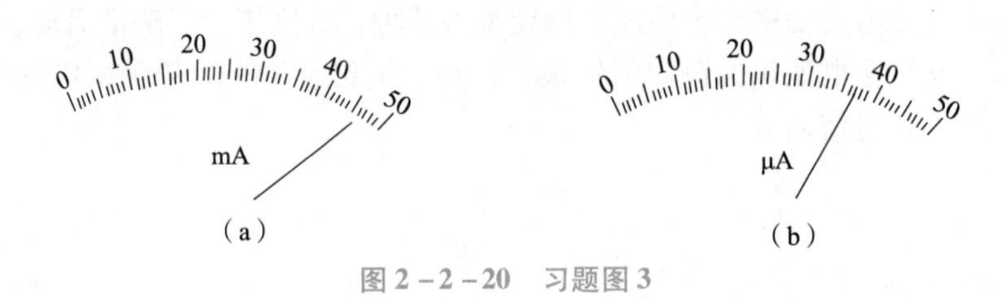

图 2－2－20　习题图 3

（3）用电压表测量真值为 220 V 的电压，其测量相对误差为 －5%，试求测量中的绝对误差和测得的电压值。

（4）欲测量的电压，要求测量中相对误差不大于 ±1%，若选用量限为 300 V 的电压

表，其准确度等级为多少合适？

（5）一个电流表的准确度为 0.5 级，有 1 A 和 0.5 A 两个量限，现分别用这两个量限测量 0.35 A 的电流，计算出它们的最大相对误差，并说明宜采用哪个量限测量为好。

（6）在图 2－2－21 所示电路中，当选 c 点为参考点时，已知 $\frac{U}{R}=-6$ V，$\frac{\omega_0 L}{R}U=-3$ V，$\frac{U}{R}=-2$ V，$V_e=-4$ V。求：

①$\frac{\omega_0 L}{R}$、$\frac{1}{\omega_0 CR}$、$\frac{f_0}{Q}$、U_{cd}、U_{de}各是多少？

②选 d 点为参考点时，求各点电位。

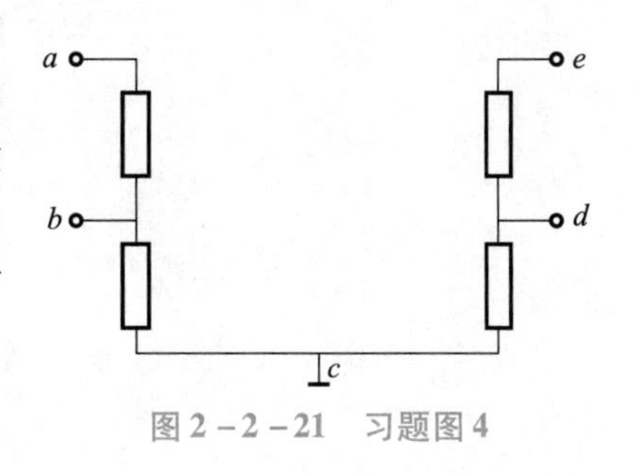

图 2－2－21　习题图 4

学习笔记

学习笔记

项目	比例	评价指标	评分标准	分值	自评得分	小组评分
6S管理	20%	整理	选用合适的工具和元器件，清理不需要使用的工具及仪器仪表	3		
		整顿	合理布置任务需要的工具、仪表和元器件，物品依规定位置摆放，放置整齐	3		
		清扫	清扫工作场所，保持工作场所干净	3		
		清洁	任务完成过程中，保持工具仪器元器件清洁，摆放有序，工位及周边环境整齐干净	3		
		素养	有团队协作意识，能分工协作共同完成工作任务	3		
		安全	规范着装，规范操作，杜绝安全事故，确保任务实施质量和安全	5		
项目实施情况	40%	检测电阻	色环电阻的识读	5		
		仪表使用	规范使用电压表、电流表及万用表	5		
		装配万用表	元器件识别与安装	5		
			正确焊接，无虚焊、假焊	10		
			安装调试后功能正常、测量准确	5		
		测量电路基本参数	正确使用电压表、电流表测量电路电压和电流	5		
			正确使用万用表测量电阻、电压、电流	5		
职业素养	20%	信息检索	能有效利用网络资源、教材等查找有效信息，将查到的信息应用于任务中	4		
		参与状态	承担任务及完成度	3		
			协作学习参与程度	3		
			线上线下提问、交流的积极性，积极发表个人见解	4		
		工作过程	是否熟悉工作岗位，工作计划、操作技能是否符合规范	3		
		学习思维	能否发现问题、提出问题和解决问题	3		
混合式学习	10%	线上任务	根据智慧学习平台数据统计结果	5		
		线下作业	根据老师作业批改结果	5		
启发创新	10%	收获	是否掌握所学知识点，是否掌握相关技能	4		
		启发	是否从完成任务过程中得到启发	3		
		创新	在学习和完成工作任务过程中是否有新方法、新问题，并查到新知识	3		
评价结果			优：85 分以上；良：84 ~ 70 分；中：69 ~ 60 分；不合格：低于 60 分			

学习笔记

项目三　直流电路的分析与检测

学习目标

知识目标

（1）掌握电阻串并联等效变换方法。

（2）掌握全电路欧姆定理的特点。

（3）掌握基尔霍夫定理及其应用。

（4）理解并掌握支路电流法、叠加定理和戴维南定理的应用。

（5）掌握复杂直流电路的典型分析方法。

能力目标

（1）能利用电路分析的基本方法分析复杂直流电路。

（2）能正确安装和检测手电筒电路。

（3）能利用万用表测量复杂直流电路中各部分的电阻、电位、电压和电流。

（4）能利用单双臂电桥精确测量电路电阻。

素质目标

（1）培养对科学的求知欲，提高安全用电的意识。

（2）初步培养学生的团队合作精神，强化安全意识。

（3）养成救死扶伤、爱护国家财产的良好美德。

项目导航

（1）掌握全电路欧姆定律及其应用。

（2）学习电阻的串并联、混联相关特性，能分析、计算及检测电路中的等效电阻，学会用单双臂电桥精确测量电路中的电阻。

（3）安装与检测手电筒电路。

（4）掌握应用电路分析的基本定律——基尔霍夫定律，掌握电路中的基本分析方法——支路电流法、叠加定理和戴维南定理分析复杂直流电路。

（5）学会测量复杂直流电路中的电压、电位、电流及电阻。

任务3.1　手电筒电路的安装与检测

任务场景

场景一：元旦到了，班上要举办元旦晚会，小明作为文艺委员买回了一些彩灯准备点缀会场。他把几个彩灯依次连接起来并接到电源上，发现灯光很暗。小明马上逐个检查彩灯，他发现单独一个彩灯接上电源时灯很亮，再串上一个彩灯就暗了下来，继续串接彩灯，越来越暗，这是什么原因呢？类似这样的电路有什么特点？

场景二：手电筒电路是最简单的直流电路，在电工学习中往往用手电筒电路来描述电路的模型。我们已经学习过电路的模型，那么，我们如何装配一个实际的手电筒电路呢？电路有故障时，我们该怎么检测呢？

任务导入

全电路欧姆定理是电路分析的基本依据，它反映了电路中电压、电流、电阻和电源之间的相互关系，所有的电路都可以利用全电路欧姆定律进行分析和简化，最终可以等效为基本电路模型。通过学习，我们将初步了解电路分析的基本方法，会测量电路中的等效总电阻，并通过安装一个简单的手电筒电路来熟悉全电路欧姆定理，深刻理解电路中的伏安特性关系。

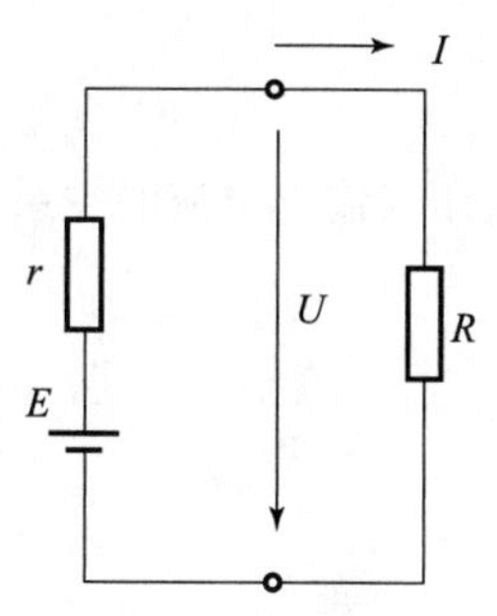

图 3-1-1 简单的全电路

3.1.1 全电路欧姆定律

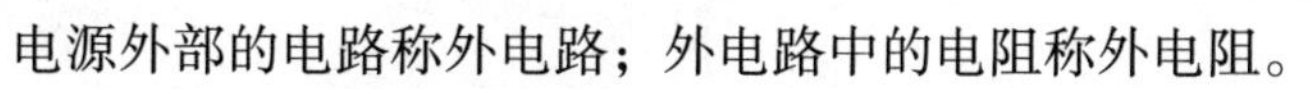

全电路是含有电源的闭合电路，如图 3-1-1 所示。

电源内部的电路称内电路；电源内部的电阻称内电阻，简称内阻。

电源外部的电路称外电路；外电路中的电阻称外电阻。

一、全电路欧姆定律

闭合电路中的电流与电源的电动势成正比，与电路的总电阻（内电路电阻与外电路电阻之和）成反比。

如图 3-1-2 所示，全电路欧姆定律又可表述为

$$I = \frac{E}{R + r}$$

电源电动势等于 $U_{外}$ 和 $U_{内}$ 之和。

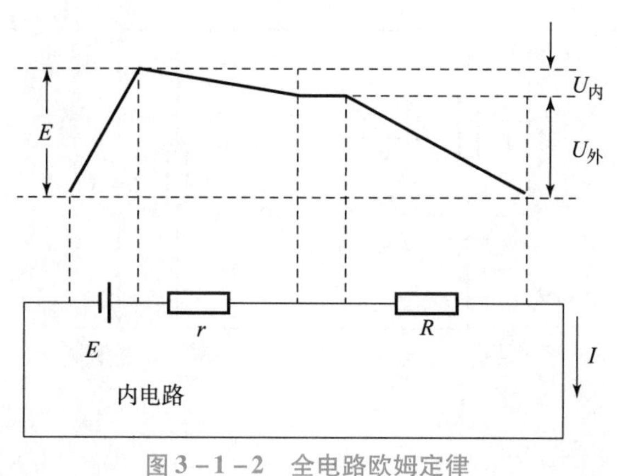

图 3-1-2 全电路欧姆定律

电源端电压 U 与电源电动势 E 的关系为

$$U = E - Ir$$

学习笔记

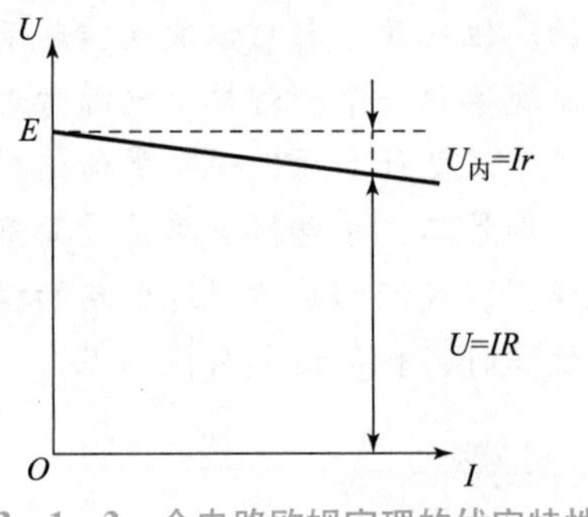

图 3-1-3 全电路欧姆定理的伏安特性

电源端电压随负载电流变化的关系特性称为电源的外特性，其关系特性曲线称为电源的外特性曲线。

电源端电压 U 随着电流 I 的增大而减小。电源内阻越大，直线倾斜得越厉害，直线与纵轴交点的纵坐标表示电源电动势的大小（$I=0$ 时，$U=E$）。

全电路欧姆定理的伏安特性如图 3-1-3 所示。

二、电路的三种状态

（一）有载

如图 3-1-4 所示，开关 SA 接到位置“3”时，电路处于有载状态，电路中电流为

$$I=\frac{E}{R+r}$$

端电压与输出电流的关系为

$$U_{外}=E-U_{内}=E-Ir$$

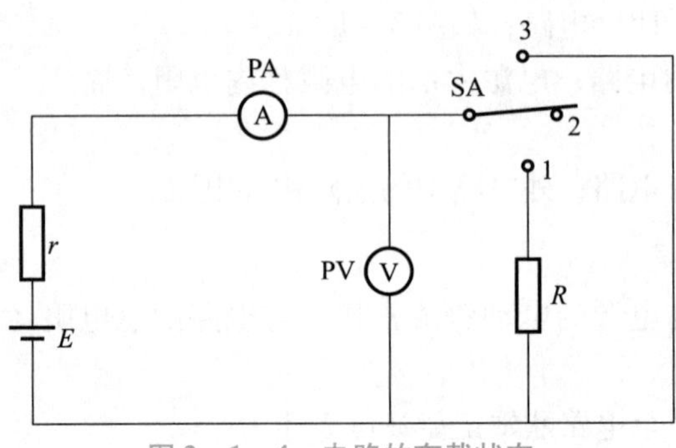

图 3-1-4 电路的有载状态

全电路欧姆定律有载状态的分析如图 3-1-5 所示。

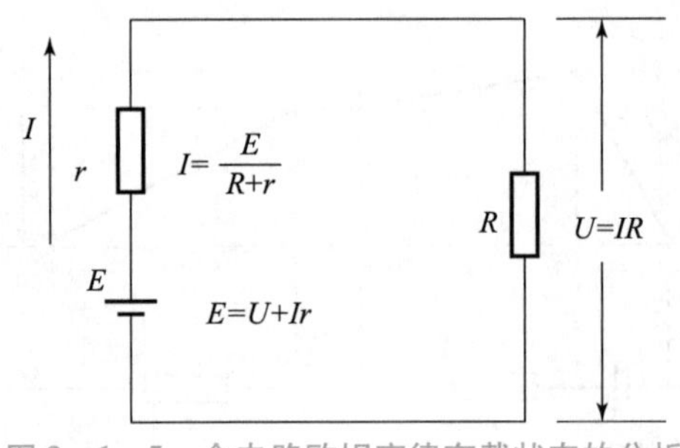

图 3-1-5 全电路欧姆定律有载状态的分析

3.1.2 电阻的串联

在电路中，把两个或两个以上的电阻元件一个接一个地顺次连接起来，并且当有电流流过时，它们流过同一电流，这样的连接方式称为电阻的串联，如图 3-1-6 所示。

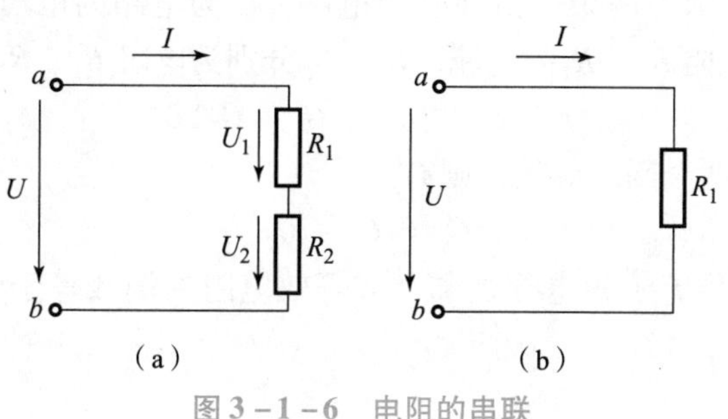

图 3-1-6 电阻的串联

(a) 两个电阻串联；(b) 等效电路

图 3-1-6 (a) 所示为两个电阻串联的电路。U 为电路的总电压，I 为流过电路的电流，U_1、U_2分别是电阻 R_1、R_2两端的电压，根据 KVL 有

$$U = U_1 + U_2 = (R_1 + R_2)I$$

在图 3-1-6 (b) 中，有

$$U = R_i I$$

比较以上两式可以看出，若图 3-1-6 所示两个网络等效，则有

$$R_i = R_1 + R_2$$

串联电阻的等效电阻等于各电阻之和。

电阻串联时，各电阻上的电压为

$$U_1 = IR_1 = \frac{R_1}{R_1 + R_2}U$$

$$U_2 = IR_2 = \frac{R_2}{R_1 + R_2}U$$

根据公式可知，串联电阻上的电压与电阻值成正比。

利用串联电阻的分压特性，可以在电路中串联一个可变电阻器，通过调节电阻的大小得到不同的输出电压。如图 3-1-7 所示。

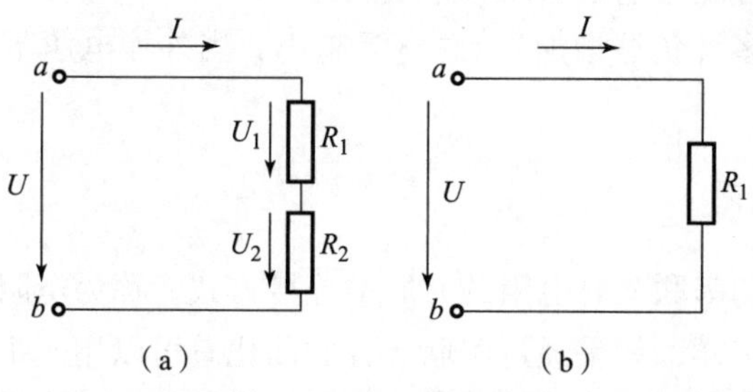

图 3-1-7 电阻的串联

(a) 两个电阻串联；(b) 等效电路

3.1.3 电阻的并联

在电路中，把两个或两个以上的电阻元件的首尾两端分别连接在两个节点上，这样的连接方式称为电阻的并联。各并联电阻元件的端电压相同。

学习笔记

图3-1-8（a）所示为两个电阻并联的电路，U为电路的电压，I为流过电路的总电流，I_1、I_2分别是流过电阻R_1、R_2的电流，G_1、G_2分别为电阻R_1、R_2的电导。根据KCL有

$$I = I_1 + I_2 = (G_1 + G_2)U$$

若图3-1-8所示两个网络等效，则有

$$G_i = G_1 + G_2 \tag{3-1-1}$$

并联电阻的等效电导等于各电导之和，或等效电阻的倒数等于各个并联电阻的倒数之和，即

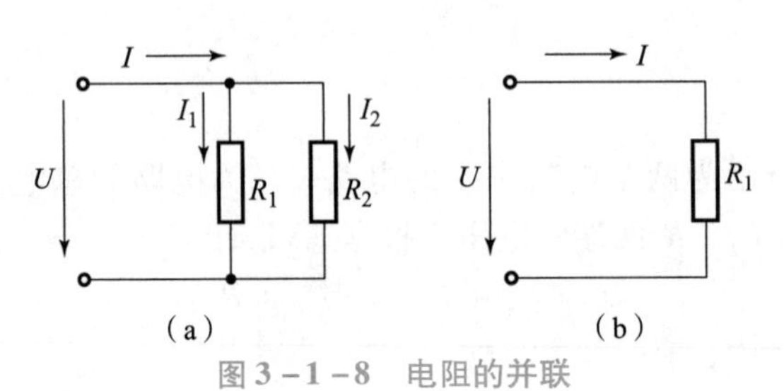

图3-1-8　电阻的并联

（a）两个电阻并联；（b）等效电路

$$\frac{1}{R} = \frac{1}{R_1} + \frac{1}{R_1} \tag{3-1-2}$$

若仅有两个电阻并联的情况，则根据式（3-1-2），其等效电阻为

$$R = \frac{R_1 R_2}{R_1 + R_2}$$

电阻并联时，总电流和流过各电阻的电流的关系为

$$I_1 = \frac{U}{R_1} = \frac{IR}{R_1} = \frac{R_2}{R_1 + R_2}$$

$$I_2 = \frac{U}{R_2} = \frac{IR}{R_2} = \frac{R_1}{R_1 + R_2}$$

并联电阻上的电流分配与电阻值的大小成反比。

并联的负载电阻越多（负载增加），总电阻越小，当外加电压不变时，电路中的总电流和总功率越大。

3.1.4　电阻的混联

电路中，既有电阻的串联又有电阻的并联的连接方式，称为电阻的混联或串、并联。电阻混联的电路形式多种多样，如果经过串联、并联简化总可以用一个等效电阻来代替，当这种电路只有一个电源作用时，则称为简单电路。若不能用串、并联简化为一个等效电阻的电路，则称为复杂电路。

要分析简单电路，首先将电阻逐步化简成一个总的等效电阻，计算出其总电流（或总电压），然后再利用分流、分压的方法逐步计算出原电路中各电阻的电流、电压。

分析混联电路的关键在于准确识别各电阻的串、并联关系，若电路中存在导线，则可将其缩成一点。对于等电位点间的电阻支路，因为无电流流过，故既可以把它看作开路，也可以看作短路。经以上处理，可使电路得以简化，从而有利于判断电阻的串、并联关系。

【例 3.1】图 3-1-9 所示电路为用变阻器调节负载电阻 R_L 两端电压的分压电路。$R_L=50\ \Omega$，电源电压 $U=220$ V，变阻器的额定值是 100 Ω、3 A，试求：

（1）当 $R_2=50\Omega$ 时，负载电压 U_2 为多少？

（2）当 $R_2=25\Omega$ 时，负载电压 U_2 为多少？

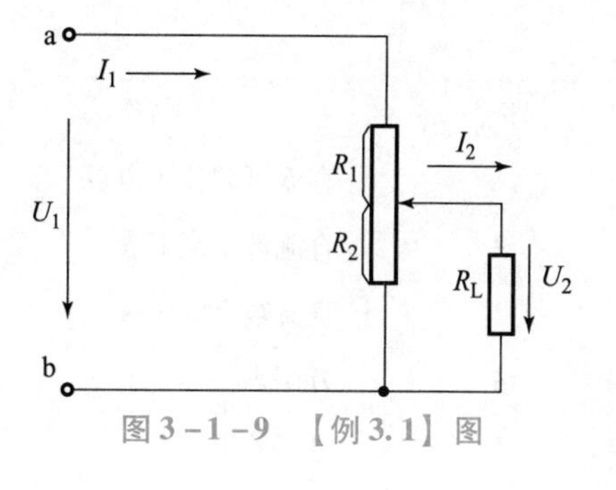

图 3-1-9 【例 3.1】图

解：电路中电阻的连接形式是 R_2 与 R_L 并联后与 R_1 串联而成，因此，负载电压就是 R_2 与 R_L 并联电阻上的电压。

（1）当 $R_2=50\ \Omega$ 时，有

$$R_{ab}=R_1+\frac{R_2R_L}{R_2+R_L}=50+\frac{50\times50}{50+50}=75\ (\Omega)$$

总电流为

$$I=\frac{U_1}{R_{ab}}=\frac{220}{75}=2.93\ (\mathrm{A})$$

负载 R_L 上流过的电流为

$$I_2=\frac{R_2}{R_2+R_L}I=\frac{50}{50+50}\times2.93=1.47\ (\mathrm{A})$$

$$U_2=R_2I_2=50\times1.47=73.5\ (\mathrm{V})$$

（2）当 $R_2=25\ \Omega$ 时，$R_{ab}=75+\frac{25\times50}{25+50}=75+16.67=91.67\ (\Omega)$

$$I=\frac{U_1}{R_{ab}}=\frac{220}{91.67}=2.4\ (\mathrm{A})$$

$$I_2=\frac{R_2}{R_2+R_L}I=\frac{50}{25+50}\times2.4=0.8\ (\mathrm{A})$$

$$U_2=R_2I_2=50\times0.8=40\ (\mathrm{V})$$

3.1.5 任务实施

一、工作目的

（1）验证电阻串并联的计算。

（2）熟悉电流表、电压表，了解其结构及使用要求。

（3）读懂电路原理图，掌握电路的安装方法。

（4）根据测量数据判断电路所处状态，会排除电路的简单故障。

二、工作原理

复习本节内容。

三、实训设备与器件

实训设备与器件见表 3-1-1。

学习笔记

表 3-1-1 实训设备与器件

序号	名称	型号与规格	数量	备注
1	直流可调稳压电源	0~30 V	1	
2	直流数字毫安表	0~2 000 mA	1	
3	直流数字电压表	0~200 V	1	
4	万用表		1	自备
5	电阻若干		1	R10

工作过程一 测量直流电路的等效电阻

一、工作内容

（一）电阻串联电路的测量

（1）按电路图连接实训原理电路，如图 3-1-10 所示。

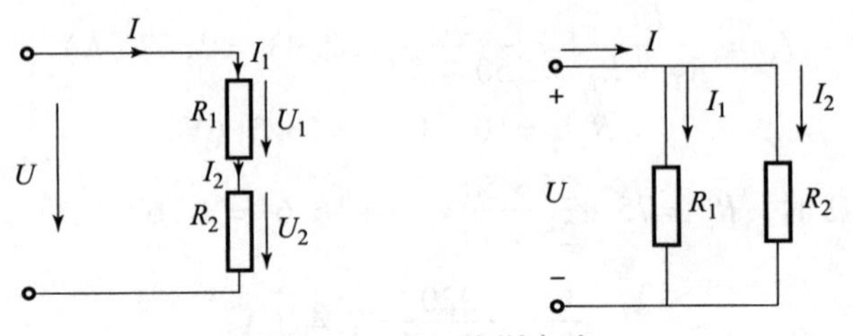

图 3-1-10 实训电路

（2）将直流稳压电源输出 6 V 电压接入电路。

（3）测量串联电路各电阻两端的电压、流过串联电路的总电流及等效电阻。自拟表格，将测量的各数据填入表格中。

（二）电阻并联电路的测量

（1）按电路图连接实训原理电路。

（2）将直流稳压电源输出 6 V 电压接入电路。

（3）测量并联电路流过各电阻的电流、并联电路的总电流及等效电阻。自拟表格，将测量的各数据填入表格中。

二、注意事项

（1）实训所需的电压源，在开启电源开关前，应将电压源的输出调节旋钮调至最小，接通电源后，再根据需要缓慢调节。

（2）电压表应与被测电路并联使用，电流表应与被测电路串联使用，并且都要注意极性与量程的合理选择。

三、记录测量数据

在表 3-1-2 中记录测量数据。

学习笔记

表 3-1-2　测量数据 1

项目	U_1	U_2	I_1	I_2	I	U
真实值						
测量值						

四、结论

电路中电压、电流和电阻直接的关系符合欧姆定律。

工作过程二　安装与检测手电筒电路

【看一看】在漆黑的楼梯口，或者突然停电，人们通常会拿出手电筒来照明，其实物图如图 3-1-11（a）所示，合上开关，电珠亮了，断开开关电珠就熄灭了。生活中的手电筒就是一种非常简单的电路，其电路模型如图 3-1-11（b）所示。

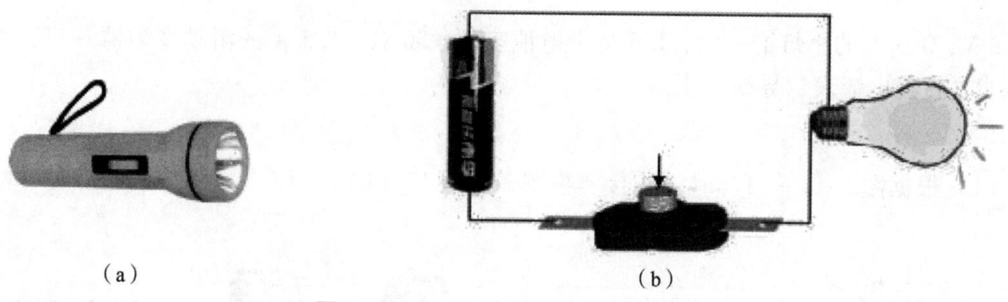

（a）　（b）

图 3-1-11　手电筒实物及电路模型

一、最简单的手电筒电路

【做一做】

（一）实验器材

3 V、0.3 A 的小灯泡一只，1.5 V 干电池两节，直流电压表、直流电流表和导线若干。

（二）步骤

（1）根据图 3-1-12（a），连接实物图 3-1-12（b）。

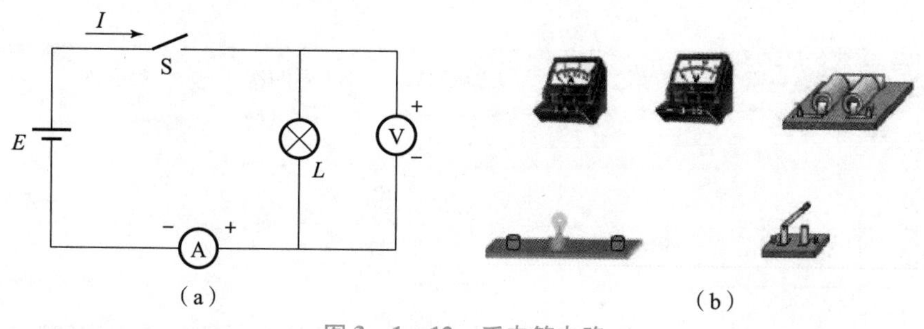

（a）　（b）

图 3-1-12　手电筒电路

学习笔记

（2）测量并记录小灯泡电压、电流的值，并与额定值进行比较，结果填写在表 3－1－3 中。

表 3－1－3 测量数据

项目	电压（U）	电流（I）	功率（P）
额定值			
实际测量值			

（3）根据表 3－1－3 中的数据，你能结合所学的内容分析产生误差的原因吗？

二、改进的手电筒电路

在图 3－1－12 中，电源直接和灯泡串联，在实际电路中，常在用电器和电源之间串联一个滑动变阻器，起限流保护的作用。

（一）实验器材

3 V、0.3 A 的小灯泡一只，1.5 V 干电池三节，50 Ω、1.5 A 的滑动变阻器一只，直流电压表、直流电流表、导线若干。

（二）步骤

（1）根据图 3－1－13（a），连接实物图 3－1－13（b）。

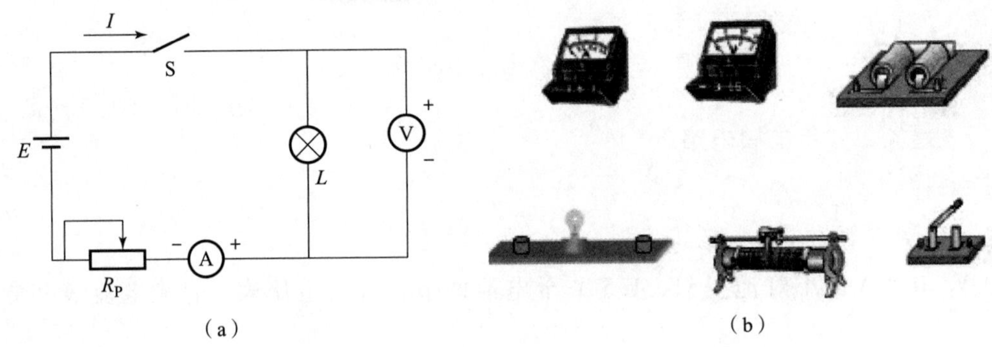

图 3－1－13 改进的手电筒电路

（2）测量并记录小灯泡的电压、电流的值，结果填写在表 3－1－4 中。

表 3－1－4 测量数据 3

项目	第一次	第二次	第三次	第四次	第五次	第六次
电压（U）						
电流（I）						
功率（P）						

（3）根据表 3－1－4 中的数据，你能结合所学的内容验证所学的欧姆定律吗？

学习笔记

（三）故障分析

（1）某同学连接的实验电路，合上开关，发现电压表的指针反偏，试分析原因。

答：电压表的“+”“-”接线柱接反。

（2）某同学连接的实验电路，合上开关，发现电流表的指针满偏，试分析原因。

答：电路中的实际电流超过电流表的量程，电流表换大量程的表。

（3）某同学连接的实验电路，合上开关，移动滑动变阻器的滑片，灯泡亮度变化明显，但电流表的指针变化很小，很难读出电流值，试分析原因。

答：电流表的量程选的太大，试选择小量程的电流表。

（4）某同学连接的实验电路，合上开关，发现灯泡特别亮，试分析原因。

答：有以下两个原因：

①一个原因是滑动变阻器的阻值在实验前没有调到最大，排除这个故障，只要把滑动变阻器的阻值调大，看看灯泡是否变暗，如还不变化，就是另一个原因。

②另一个原因就是滑动变阻器上面的两个接线柱同时接入电路。

（5）某同学连接的实验电路，合上开关，发现小灯泡不亮，电压表有读数，但电流表几乎不偏转，试分析原因。

答：有以下两个原因：

①一个原因是小灯泡开路，小灯泡的灯丝坏了或接线没有接好。

②另一个原因就是电流表和电压表的位置接反了。

【想一想】在实际的实验操作中，还出现了哪些故障，试着用所学的知识分析对应的故障原因。

任务评价

时间		学校		姓名		
指导教师			成绩			
任务	要求	分值	评分标准	自评	小组评	教师评
职业素质（30）	不迟到、早退	5分	每迟到或早退一次，扣5分			
	遵守实训场地纪律、操作规程，掌握技术要点	5分	每违反实训场地纪律一次，扣2~5分			
	团结合作，与他人良好的沟通能力，认真练习	10分	每遗漏一个知识点或技能点，扣5分			
	按照操作要求和动作要点认真完成练习	10分	每遗漏一个要点或技能点，扣5分			

续表

任务	要求	分值	评分标准	自评	小组评	教师评
任务实施过程考核（60）	复杂直流电路的分析	20分	能熟练应用电路分析方法综合分析复杂直流电路，10分； 能正确求出复杂直流电路的相关参数，10分			
	测量复杂直流电路的电压、电流和电阻	20分	能熟练使用万用表测量电路各部分的电压、电位、电流和电阻值，每有一处错误扣5分			
	用单双臂电桥精确测量电路电阻	20分	能正确使用单双臂电桥、能独立利用单双臂电桥测量电路电阻，否则每有一处错误扣5分			
任务总结（10）	1. 整理任务所有相关记录； 2. 编写任务总结	10分	总结全面、认真、深刻，有启发性，不扣分			
指导教师评定意见						

学习拓展　电源的连接与等效变换

一、电压源的串联和并联

（一）电压源的串联

图3-1-14表示两个电压源U_{S1}、U_{S2}串联，在图示参考极性下，根据KVL，有

$$U_S = U_{S1} + U_{S2}$$

即两个串联的电压源可以用一个等值的电压源来代替，这个等值电压源的电压等于原来两个电压源电压的代数和。若n个电压源相串联，则等效电压源的电压等于各电压源电压的代数和，即

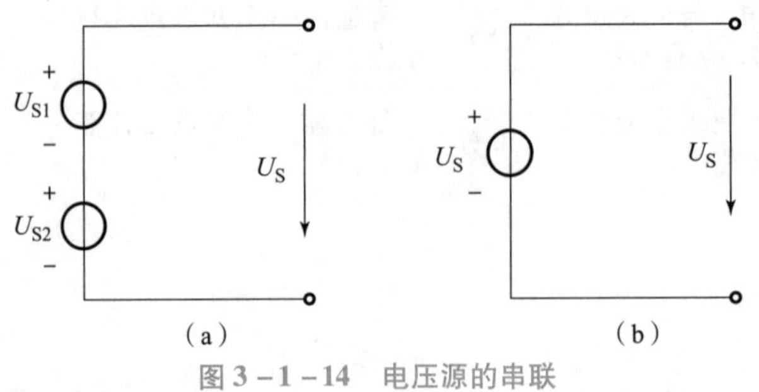

图3-1-14　电压源的串联

$$U_S = \sum_{i=1}^{n} U_{Si} \tag{3-1-3}$$

当 U_{Si} 与 U_S 的参考极性相同时为正，相反时为负。

如图 3－1－15 所示，表示两个相同电压的电压源 U_{S1}、U_{S2} 并联，可以用一个等值的电压源来代替，这个等值电压源的电压等于原来两个电压源的电压，即

$$U_S = U_{S1} = U_{S2} \tag{3-1-4}$$

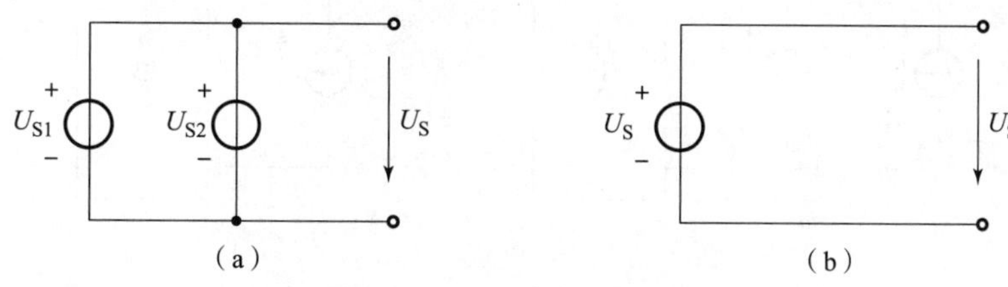

图 3－1－15　电压源的并联

（a）两个相同电压的电压源并联；（b）替代电路

（二）电压源与电阻或电流源的并联

图 3－1－16（a）表示一个电压源和一个电阻并联的电路，在图示参考方向下，输出电压等于电压源的电压，即

$$U = U_S \tag{3-1-5}$$

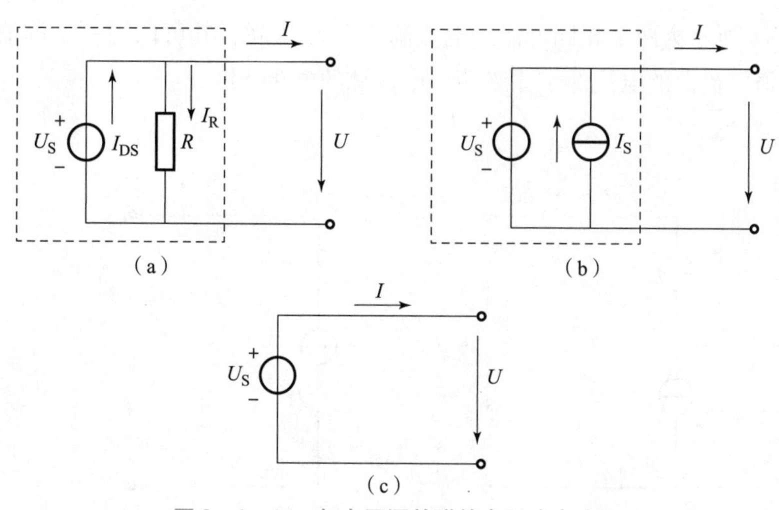

图 3－1－16　与电压源并联的电阻或电流源

（a）电压源与电阻并联；（b）电压源与电流源并联；（c）替代电路

其输出电流为

$$I = I_{U_S} - I_R \tag{3-1-6}$$

但电压源供出的电流是任意的，故电压源与电阻的并联电路对外电路来讲，可以用如图 3－1－16（c）所示的电压源来代替。

同理，电压源与电流源的并联如图 3－1－16（b）所示，就其对外电路的作用而言，也可以仅由如图 3－1－16（c）所示的电压源来代替。

学习笔记

二、电流源的串联和并联

（一）电流源的并联

图 3-1-17 所示为两个电流源 I_{S1}、I_{S2}并联，在图示参考方向下，根据 KCL，有

$$I_S = I_{S1} + I_{S2} \tag{3-1-7}$$

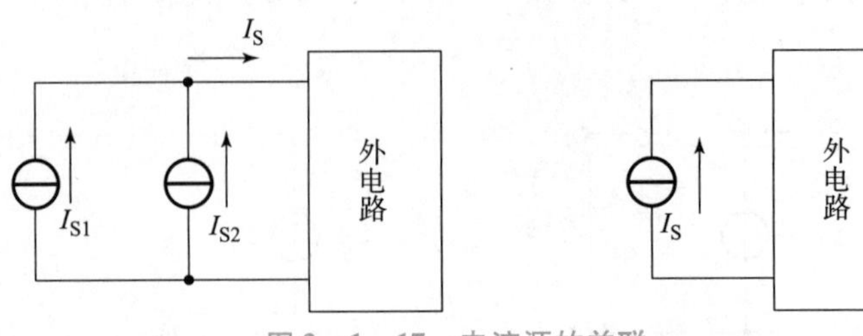

图 3-1-17 电流源的并联

即两个并联的电流源可以用一个等值的电流源来代替，这个等值电流源的电流等于原来两个电流源电流的代数和。若 n 个电流源相并联，则等效电流源的电流等于各电流源电流的代数和，即

$$I_S = \sum_{i=1}^{n} I_{Si} \tag{3-1-8}$$

当 I_{Si}与 I_S的参考极性相同时为正，相反时为负。

（二）电流源的串联

图 3-1-18 所示为两个相同电流的电流源 I_{S1}、I_{S2}串联，其可以用一个等值的电流源来代替，这个等值电流源的电流等于原来两个电流源的电流，即

$$I = I_{S1} = I_{S2} \tag{3-1-9}$$

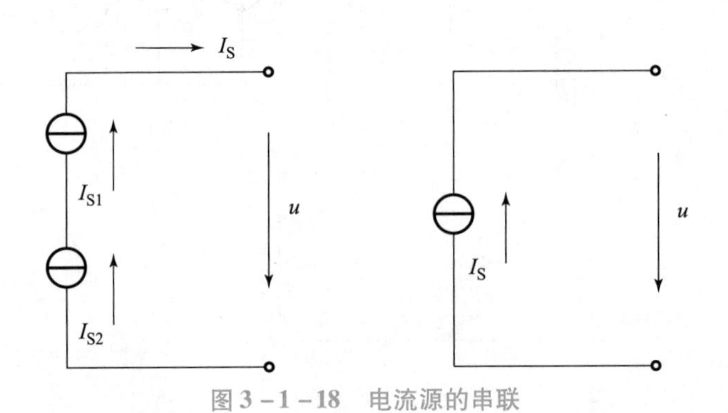

图 3-1-18 电流源的串联

两个电流不相等的电流源不允许串联。

（三）电流源与电阻或电压源的串联

图 3-1-19（a）所示为一个电流源和一个电阻串联的电路，在图示参考方向下，输出电流等于电流源的电流，即

$$I = I_S$$

对外电路来讲，可以只用电流源 I_S来等值代替该支路，如图 3-1-19（c）所示。

同理，电流源与电压源的串联，就其对外电路的作用而言，电压源的存在不能改变电流

学习笔记

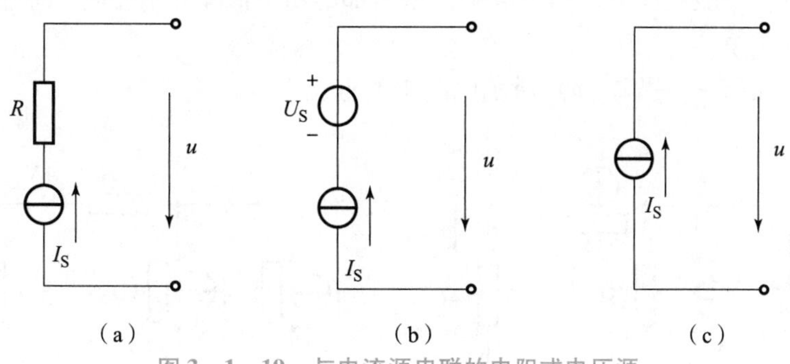

图 3-1-19　与电流源串联的电阻或电压源

(a) 电流源与电阻串联；(b) 电流源与电压源并联；(c) 替代电路

源的数值，因此，也可以仅由如图 3-1-19 (c) 所示的电流源来代替。

三、两种实际电源模型的等效变换

(一) 实际的电压源模型

一个实际的直流电压源在给电阻负载供电时，其端电压随负载电流的增大而下降，这是由于实际电压源内阻引起的内阻压降造成的。实际的直流电压源可以看成是由理想的电压源和电阻串联构成的，如图 3-1-20 所示。在图示参考方向下，其外特性方程为

$$U = U_S - RI \tag{3-1-10}$$

(二) 实际的电流源模型

实际的直流电流源可以看成是由理想的电流源和电导并联构成的，如图 3-1-21 所示，在图示参考方向下，其外特性方程为

$$I = I_S - GU \tag{3-1-11}$$

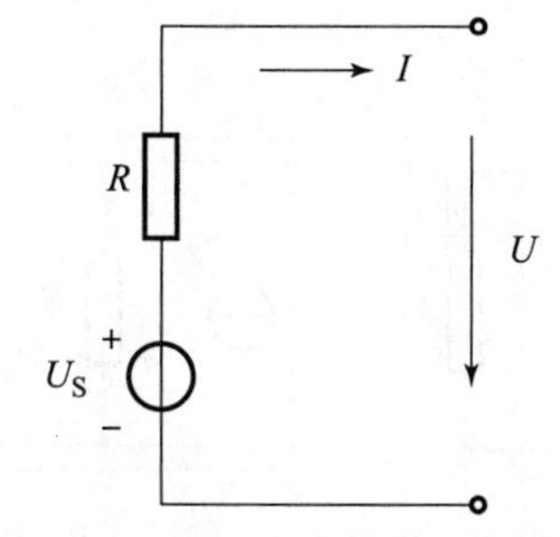

图 3-1-20　实际的电压源模型

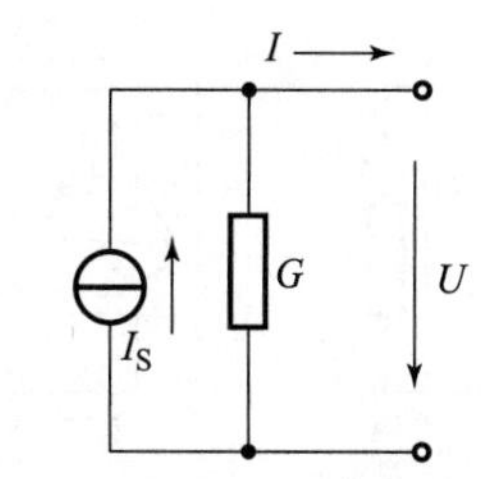

图 3-1-21　实际的电流源模型

(三) 两种实际电源模型的等效变换

等效变换的条件是，对外电路来讲，电流、电压对应相等，吸收或发出的功率相同，比较式 (3-1-10) 和式 (3-1-11)，只要满足

$$G = \frac{1}{R},\ I_S = GU_S \tag{3-1-12}$$

则式 (3-1-10) 和式 (3-1-11) 所表示的方程完全相同，图 3-1-20 和图 3-1-21 所示电路对外完全等效，也就是说，在满足式 (3-1-12) 的条件下，理想电压源、电阻的串联组合与理想电流源、电导的并联组合之间可互相等效变换。

学习笔记

但必须注意，一般情况下，两种电源模型内部的功率情况并不相同，理想电压源、电流源之间没有等效关系。

【例 3.2】求图 3-1-22（a）所示电路中的电流 I。

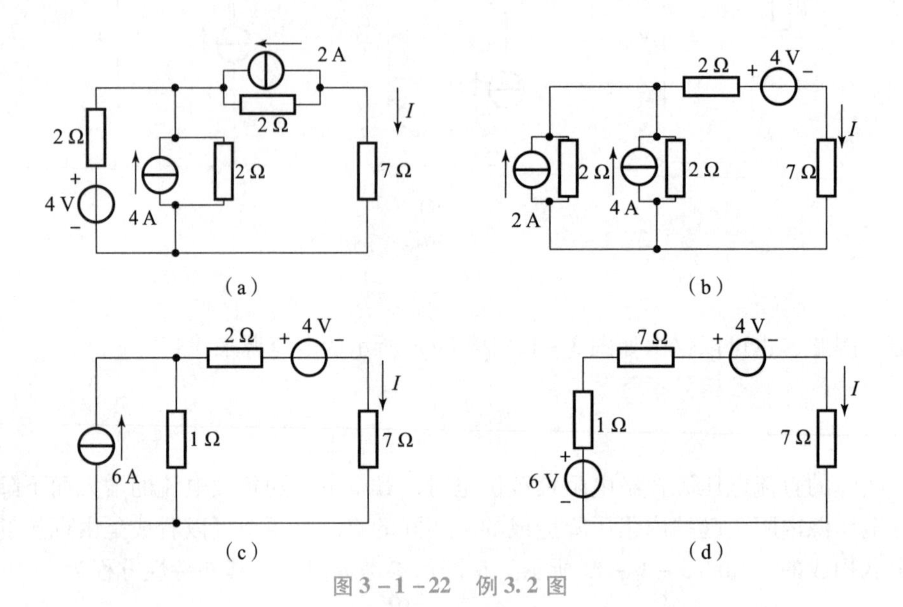

图 3-1-22　例 3.2 图

解：利用电源模型的等效变换，将图 3-1-22（a）的电路按图 3-1-22（b）~图 3-1-22（d）的化简过程，简化成图 3-1-22（d）所示的单回路电路，可求得电流为

$$I=\frac{6-4}{2+1+7}=0.2\ (\mathrm{A})$$

【例 3.3】图 3-1-23（a）所示电路中，已知 $E_1=12\ \mathrm{V}$，$E_2=24\ \mathrm{V}$，$R_1=R_2=20\ \Omega$，$R_3=50\ \Omega$，用电源等效变换求 R_3 支路电流。

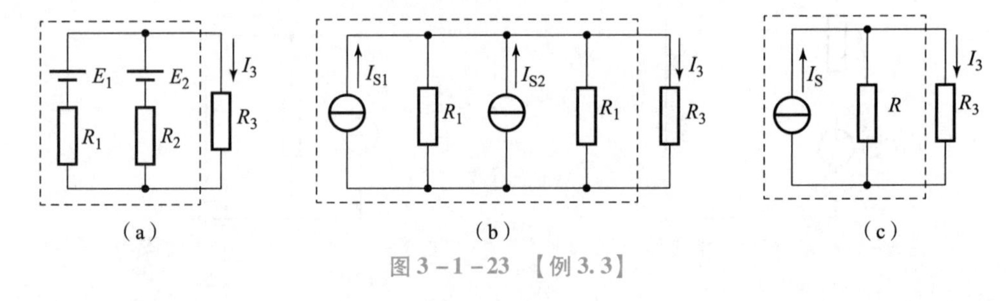

图 3-1-23　【例 3.3】

解：（1）将电压源 E_1、E_2 等效变换成电流源，如图 3-1-23（b）所示。由等效变换公式得

$$I_{S1}=\frac{E_1}{R_1}=\frac{12}{20}=0.6\ (\mathrm{A})$$

$$I_{S2}=\frac{E_2}{R_2}=\frac{24}{20}=1.2\ (\mathrm{A})$$

（2）将两个并联电流源合并成一个电流源，如图 3-1-23（c）所示。

$$I_S=I_{S1}+I_{S2}=0.6+1.2=1.8\ (\mathrm{A})$$

$$R = R_1 // R_2 = 20 // 20 = 10\ (\Omega)$$

（3）应用分流公式得 R_3 支路电流为

$$I_3 = \frac{R}{R + R_3} I_S = \frac{10}{10 + 50} \times 1.8 = 0.3\ (A)$$

（四）等效变换使用注意事项

（1）电压源与电流源的等效变换只对外电路等效，对内电路不等效。

（2）电压源与电流源等效变换后，电压源与电流源的极性必须一致。

（3）理想电压源与理想电流源之间不能进行等效变换。

任务3.2 复杂直流电路的分析与测量

场景一：在工作中，如果发现设备电路上有故障，那么我们将会通过测量电路中的电压、电流和电阻值，以及对复杂电路进行分析，来综合判断电路中的故障点，从而排除故障，使设备恢复正常。那么，如何测量复杂电路中的电压、电流和电阻呢？如何利用电路中的电压、电流和电阻值来综合分析复杂电路呢？

场景二：简单电路中的等效电阻值，我们可以通过测量电路中的电压和电流，利用欧姆定理间接计算电路中的等效总电阻，或者利用万用表直接测量电路中的总电阻，实际上这两种测量方法得到的数据有明显差异，为什么呢？要测量出精确的电阻值，我们一般用单双臂电桥进行测量。

任务导入

我们前面所分析的电路都能用串、并联分析方法化简为单回路电路。实际上许多电路不能简单地用串、并联分析方法化简成单回路电路，这类不能用串、并联分析方法化简成单回路的电路叫复杂电路。复杂电路是由多个电源和多个电阻连接而成的多回路电路，只用欧姆定律来计算这类电路是不够的，分析复杂电路要在全电路欧姆定律的基础上，应用基尔霍夫定律和常见的电路分析方法，如支路电流法、叠加定理、戴维南定理对复杂电路进行深入的分析和测量。

3.2.1 基尔霍夫定律

基尔霍夫定律是电路的基本定律，它包括电流定律和电压定律。下面先介绍与基尔霍夫定律有关的几个名词。

（1）支路：电路中流过同一电流且无分支的电路称为一条支路。图3-2-1中有3条支路。

（2）节点：三条或三条以上支路的连接点称为节点。图3-2-1中有 b、d 两个节点。

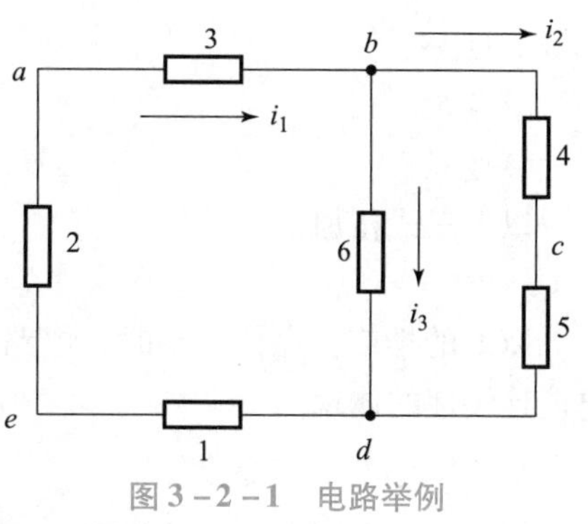

图3-2-1 电路举例

（3）回路：电路中由一条或多条支路组成的闭合路径称为回路。图3-2-1中有3条回路，即 *abdea*、*abcdea*、*bcdb*。

（4）网孔：网孔是回路的一种，画在平面上的电路中，在其内部不再含有其他支路的回路称为网孔。网孔是最小的回路，但回路不一定是网孔。

图3-2-1中有 *abdea*、*bcdb* 两个网孔。

一、基尔霍夫电流定律（KCL）

基尔霍夫电流定律简称KCL，是用来确定连接在同一节点上的各支路电流间的关系的。其内容为：在任一瞬时，流入（或流出）一个节点的所有支路电流的代数和恒等于零。

学习笔记

在图 3－2－1 所示电路中，若流出电流取“＋”号，流入电流取“－”号，对节点 b，应用 KCL 可以写出

$$-i_1+i_2+i_3=0$$

即

$$\sum I=0$$

或写成

$$i_1=i_2+i_3$$

上式表明，在电路中，任一瞬时，流入一个节点的电流之和等于流出该节点的电流之和。电流是流入节点还是流出节点均按电流的参考方向来确定。

KCL 通常用于节点，也可以把它推广应用于电路中任意假设的封闭面。如图 3－2－2 所示，封闭面 S 包围了 a、b、c 三个节点，分别写出这三个节点的 KCL 方程：

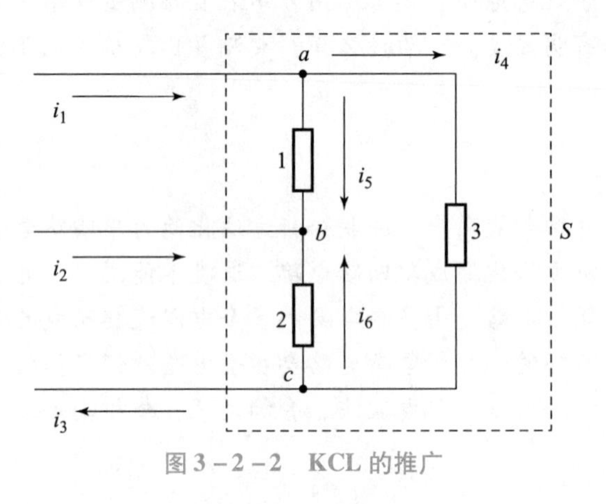

图 3－2－2　KCL 的推广

节点 a：　$-i_1+i_4+i_5=0$

节点 b：　$-i_2-i_5-i_6=0$

节点 c：　$i_3-i_4+i_6=0$

以上三式相加得

$$-i_1-i_2+i_3=0$$

KCL 的推广：在任一瞬时，电路中流入任意封闭面的电流的代数和也恒等于零，这是电流连续性的体现。

二、基尔霍夫电压定律

基尔霍夫电压定律简称 KVL，是用来确定回路中各段电压间的关系的。其内容为：在电路中，任一瞬时，沿着任一回路绕行一周，回路中各段电压的代数和恒等于零。数学表达式为

$$\sum U=0$$

应用上式时，必须先选定回路的绕行方向，可以是顺时针，也可以是逆时针，各段电压的参考方向也应选定，电压的参考方向和回路的绕行方向一致时取正号，反之取负号。回路的绕行方向可以在电路图中用箭头表示，也可以用表示回路的字母顺序来表示。

在图 3－2－1 中，对回路 $abcdea$ 应用 KVL，有

$$u_{ab}+u_{bc}+u_{cd}+u_{de}+u_{ea}=0$$

学习笔记

基尔霍夫电压定律实质上是电路中两点间电压与路径选择无关这一性质的体现。从电路中的任一点出发，沿某一回路绕行一周再回到这一点，所经回路中，所有电位升必定等于所有电位降，KVL 也可推广应用于假想回路。例如，求图 3-2-1 电路中的电压 u_{ad}，可以在假想回路 $abcda$ 中列出 KVL 方程，即

$$u_{ab}+u_{bc}+u_{cd}-u_{ad}=0$$

于是，有

$$u_{ad}=u_{ab}+u_{bc}+u_{cd}$$

用这种方法可以很方便地求出电路中任意两点的电压。

列 KVL 方程的原则：

（1）选定回路绕行方向（可以顺时针也可以逆时针）。

（2）标出各支路电流的参考方向（可任意）。

（3）电阻元件的电流方向：当电流 I 的参考方向与回路绕行方向一致时，选取“+”号；反之，选取“-”号。

（4）电源电动势方向：当电源电动势的标定方向（正极指向负极）与回路绕行方向一致时，选取“+”号；反之，应选取“-”号。

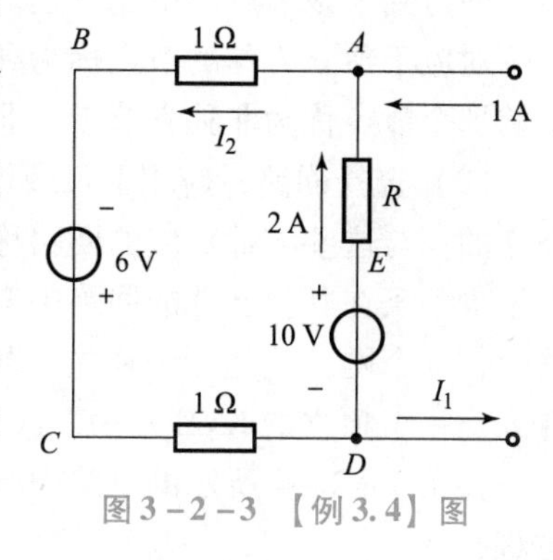

图 3-2-3 【例 3.4】图

【例 3.4】在图 3-2-3 所示电路中，A、D 两点与外电路相连，部分支路电流及元件的参数已在图中标出，求电流 I_1、I_2及未知参数 R。

解：对节点 A 应用 KCL，有

$$I_2-2-1=0,\ I_2=3\ (\text{A})$$

对节点 D 应用 KCL，有

$$I_1+2-I_2=0$$

$$I_1=-2+I_2=-2+3=1\ (\text{A})$$

在回路 $ABCDEA$ 中应用 KVL，得

$$U_{AB}+U_{BC}+U_{CD}+U_{DE}+U_{EA}=0$$

代入数值，得

$$3\times1-6+3\times1-10+2R=0$$

整理，得 $R=5\ \Omega$。

3.2.2 支路电流法

分析电路的一般方法是选择一些电路变量，根据 KCL、KVL 以及元件的特性方程，列出电路变量方程，从方程中解出电路变量，这类方法称为网络方程法。支路电流法是其中最基本的一种，是以支路电流为变量列写方程的方法。

设电路有 b 条支路，那么将有 b 个未知电流可选为变量，因而必须列出 b 个独立方程，然后解出未知的支路电流。

在图 3-2-4 所示电路中，支路数 $b=3$，节点数 $n=2$，以支路电流 I_1、I_2、I_3为变量，

学习笔记

共要列出3个独立方程。

(1) 指定各支路电流的参考方向，如图3-2-4所示。

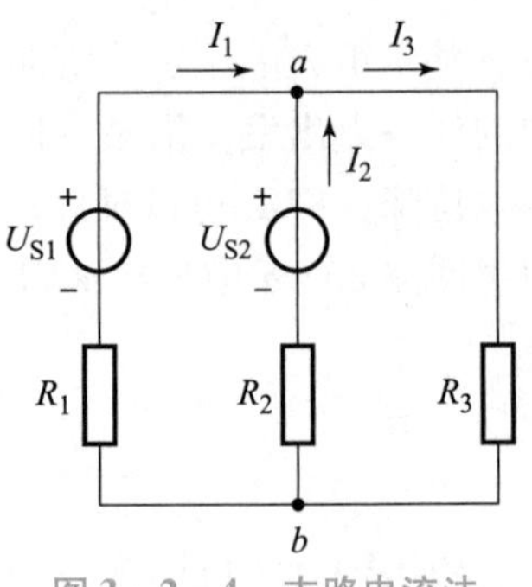

图3-2-4 支路电流法

根据KCL，可列出两个节点电流方程：

节点a：

$$-I_1-I_2+I_3=0$$

节点b：

$$I_1+I_2-I_3=0$$

观察以上两个方程，可以看出只有一个是独立的。一般的，具有n个节点的电路，只能列出$n-1$个独立的KCL方程。这是因为，每条支路总是接在两个节点之间，当一个支路电流在一个节点方程中取正时，在另一个节点方程中一定取负，把$n-1$个节点方程相加，所有出现两次的支路电流必然都被消去，而只留下了与剩余的那个节点相连的各支路电流项，即得到了该节点的电流方程。

对应于独立方程的节点称为独立节点，具有n个节点的电路只有$n-1$个独立节点，剩余的那个节点称为非独立节点。非独立节点是任意选定的。

(2) 选择回路，应用KVL列出其余$b-(n-1)$个方程。每次列出的KVL方程必须是独立的，与这些方程对应的回路称为独立回路。一般的，在选择回路时，只要这个回路中具有至少一条在其他已选的回路中未曾出现过的新支路，这个回路就一定是独立的。在平面电路中，一个网孔就是一个独立回路，网孔数就是独立回路数，因此，一般可以选取所有的网孔列出一组独立的KVL方程，这种以网孔为独立回路列写回路方程的方法，又称为网孔法。

如图3-2-4所示的电路中有两个网孔，对左侧的网孔，按顺时针方向绕行，列写KVL方程，有

$$R_1I_1-R_2I_2-U_{S1}+U_{S2}=0$$

同理，对右侧的网孔，按顺时针方向绕行，列写KVL方程，有

$$R_2I_2+R_3I_3-U_{S2}=0$$

应用KCL、KVL一共可列出$(n-1)+[b-(n-1)]=b$个以支路电流为变量的独立方程，联立求解这些方程，就可以解出b条支路的支路电流。

综上所述，对于有n个节点、b条支路的网络，用支路电流法求解的一般步骤如下：

(1) 以b条支路的支路电流为电路变量，并选定其参考方向。

(2) 列写$n-1$个独立节点的KCL方程。

(3) 选取独立回路（通常取网孔），列出$b-(n-1)$个KVL方程。

(4) 联立求解上述b个方程，变可求得各支路电流。

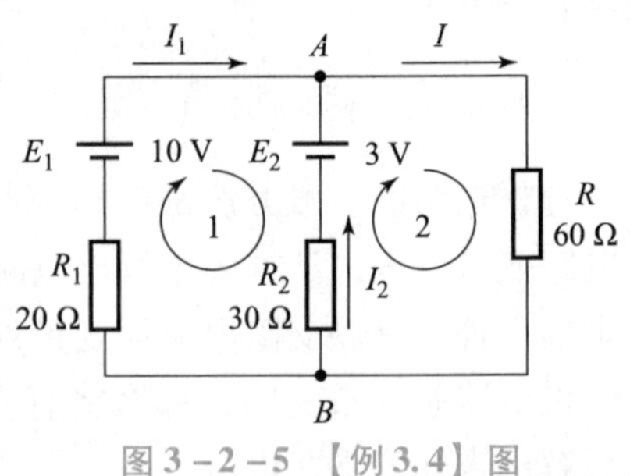

图3-2-5 【例3.4】图

【例3.5】在图3-2-5所示电路中，$U_{S1}=25$ V，$R_1=R_2=5$ Ω，$U_{S2}=10$ V，$I_3=15$ Ω，求各支路电流。

解：各支路电流的参考方向如图3-2-5所示，对a点应用KCL列节点电流方程，对两个网孔按顺时针方向绕行，应用KVL列回路电压方程，得方程组：

$$\begin{cases}-I_1-I_2+I_3=0\\5I_1+10-5I_2-25=0\\5I_2+15I_3-10=0\end{cases}$$

解方程组得

$$I_1=2\text{ A},\ I_2=-1\text{ A},\ I_3=1\text{ A}$$

此外，也可用支路电流法求各支路电流。

解：节点 A：

$$I_1+I_2-I=0$$

网孔 1：

$$3-30I_2+20I_1-10=0$$

网孔 2：

$$60I+30I_2-3=0$$

联立求解方程，得

$$\begin{cases}I_1=0.2\text{ A}\\I_2=-0.1\text{ A}\\I=0.1\text{ A}\end{cases}$$

【例 3.6】用支路电流法求各支路电流。

节点 A：

$$I_1+I_2-I=0$$

网孔 1：

$$3-30I_2+20I_1-10=0$$

网孔 2：

$$60I+30I_2-3=0$$

联立求解方程，得

$$I_1=0.2\text{ A}$$
$$I_2=-0.1\text{ A}$$
$$I_3=0.1\text{ A}$$

3.2.3 叠加定理

叠加定理是反映线性电路基本性质的一个重要定理。其基本内容是：在线性电路中，如果有两个或两个以上的独立电源（电压源或电流源）共同作用，则任意支路的电流或电压，应等于电路中各个独立电源单独作用时，在该支路上产生的电压或电流的代数和。所谓各独立电源单独作用，是指电路中仅一个独立电源作用而其他电源都取零值（电压源看作短路、电流源看作开路）。下面以图 3-2-6（a）中 R_2 支路上的电流 I 为例对叠加定理加以说明。

图 3-2-6（b）所示为电流源 I_S 单独作用下的情况。此情况下电压源的作用为零，零电压源相当于零电阻（即短路）。在 I_S 单独作用下 R_2 支路电流为 I'。

图中 3-2-6（c）所示为电压源 U_S 单独作用下的情况。此情况下电流源的作用为零，零电流源相当于无限大电阻（即开路）。在 U_S 单独作用下 R_2 支路电流为 I''。

求所有独立源单独作用下 R_2 支路电流的代数和，得 I。

学习笔记

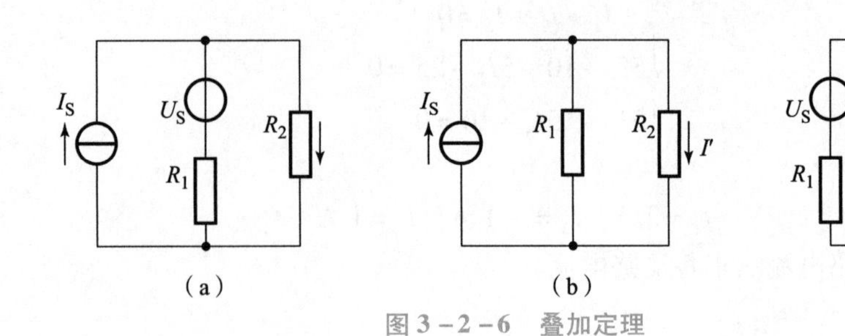

图 3-2-6 叠加定理

【例 3.7】用叠加法求各支路电流，如图 3-2-7 ~ 图 3-2-9 所示。

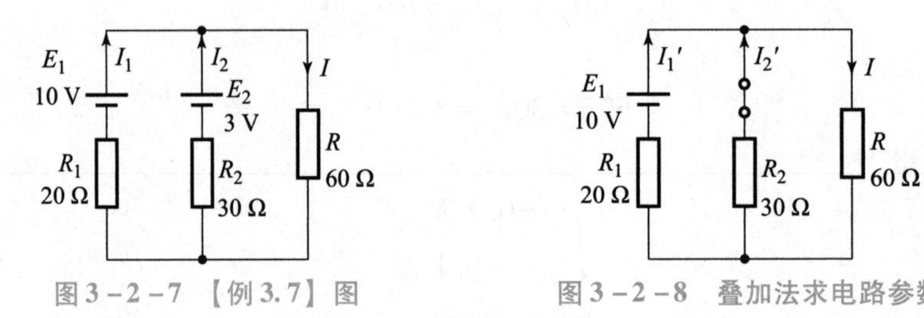

图 3-2-7 【例 3.7】图

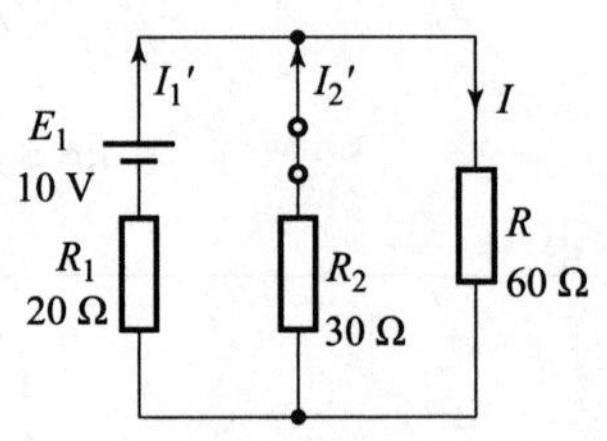

图 3-2-8 叠加法求电路参数

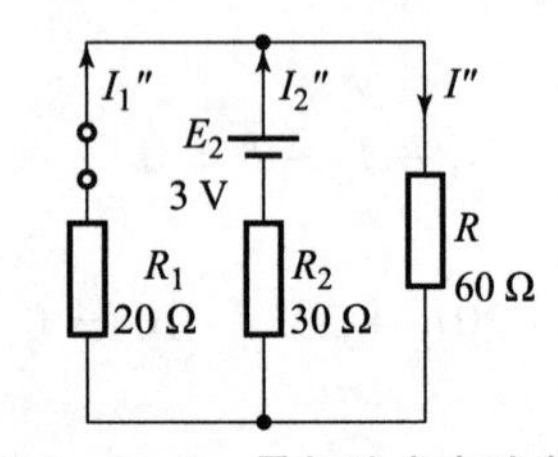

图 3-2-9 叠加法求电路参数

$$I_1 = I'_1 + I''_1 = 0.25 - 0.05 = 0.2 \text{ (A)}$$

$$I_2 = I'_2 + I''_2 = -0.167 + 0.067 = -0.1 \text{ (A)}$$

$$I = I' + I'' = 0.083 + 0.017 = 0.1 \text{ (A)}$$

$$I'_1 = \frac{10}{20 + \frac{30 \times 60}{30 + 60}} = 0.25 \text{ (A)}$$

$$I'_2 = -0.25 \times \frac{60}{30 + 60} = -0.167 \text{ (A)}$$

$$I' = 0.25 \times \frac{30}{30 + 60} = 0.083 \text{ (A)}$$

$$I''_2 = \frac{3}{30 + \frac{20 \times 60}{20 + 60}} = 0.067 \text{ (A)}$$

$$I''_1 = -0.067 \times \frac{60}{20 + 60} = -0.05 \text{ (A)}$$

$$I'' = 0.067 \times \frac{20}{20 + 60} = 0.017 \text{ (A)}$$

应用叠加定理的注意事项：

（1）叠加定理只能用来计算线性电路的电流和电压，对非线性电路不适用。

（2）在各个独立电源分别单独作用时，对那些暂不起作用的独立电源都应视为零值，即电压源用短路代替，电流源用开路代替，而其他元件的连接方式都不应有变动。

（3）各个电源单独作用下响应的参考方向应选择为与原电路中对应响应的参考方向相同，在叠加时应把各部分响应的代数值代入。

（4）功率不是电压和电流的一次函数，所以不能用叠加定理计算功率。

（5）叠加定理被用于含有受控源的电路时，由于受控源不直接起激励作用，故应把受控源当电路元件处理。当独立电源单独作用时，受控源应保留在每个分电路中，且其数值随每一独立源单独作用时控制量数值的变化而变化。

（6）叠加方式是任意的，可以一次一个独立源单独作用，也可以一次几个独立源同时作用，其选择取决于使分析计算简便。

【例3.8】用叠加定理求图3-2-10（a）所示电路中的电流 I_1 和 I_2。已知 $R_1=12\ \Omega$，$R_2=6\ \Omega$，$U_S=9\ V$，$I_S=3\ A$。

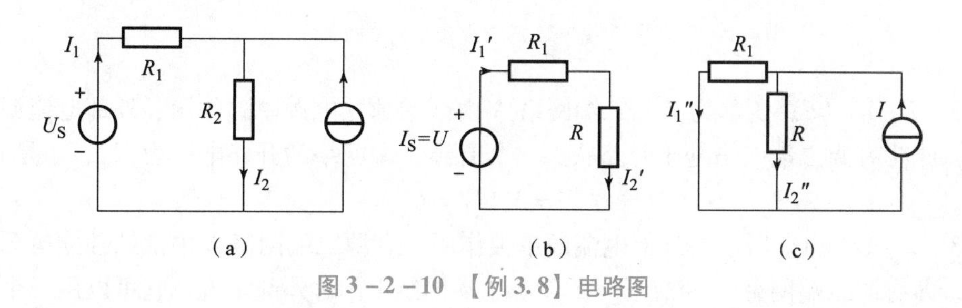

图3-2-10 【例3.8】电路图

解：电路由两个电源 U_S 和 I_S 共同作用。电压源 U_S 单独作用时，电流源 I_S 开路，电路如图3-2-10（b）所示，由此可求得

$$I_1'=I_2'=\frac{U_S}{R_1+R_2}=\frac{9}{12+6}=0.5\ (A)$$

$$I_1''=\frac{R_2}{R_1+R_2}I=\frac{6}{12+6}\times 3=1\ (A)$$

$$I_2''=\frac{R_1}{R_1+R_2}I=\frac{12}{12+6}\times 3=2\ (A)$$

$$I_1=I_1'+I_1''=1.5\ A$$

$$I_2=I_2'+I_2''=2.5\ A$$

3.2.4 戴维南定理

戴维南定理是描述线性有源二端网络外部性能的一个基本定理，它特别适合于分析计算线性网络某一部分或某条支路的电流或电压。

戴维南定理的内容是：含有独立电源的线性二端网络，就其对外作用来讲，可用一个实际的电压源模型来代替，该电压源的电压等于网络的开路电压，其串联内阻等于网络内部独立电源全部取零之后该网络的等效电阻。

下面是戴维南定理的一般证明。

学习笔记

学习笔记

在图 3-2-11（a）所示电路中，线性有源二端网络 A 通过端子 a、b 与负载相连。设端口处的电压、电流分别为 U、I，将负载用一个电流为 I 的电流源代替，如图 3-2-11（b）所示，网络端口的电流、电压仍分别为 U、I。

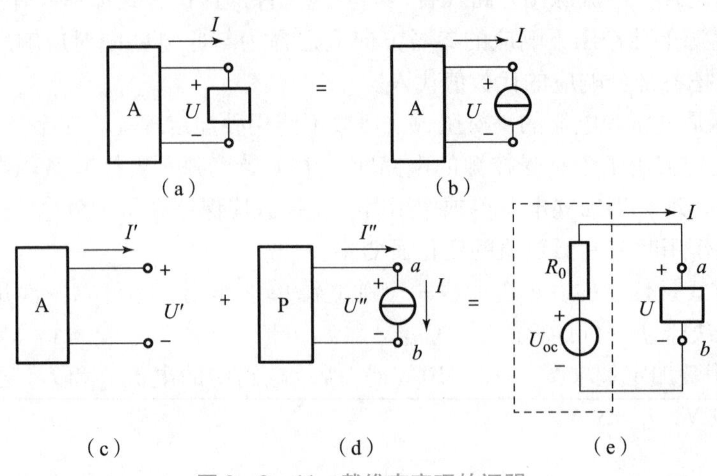

图 3-2-11　戴维南定理的证明

图 3-2-11（c）所示为有源二端网络 A 内部的独立电源单独作用、外部电流源不作用的情况，此时有源二端网络处于开路状态。令有源二端网络的开路电压为 U_{oc}，于是有

$$I'=0,\ U'=U_{oc}$$

图 3-2-11（d）所示为外部电流源单独作用、有源二端网络 A 内部的独立电源不作用的情况，即有源二端网络 A 变成了一个无源二端网络 P，对外部来说，它可以用一个等效电阻 R_0 来代替。此时有

$$I''=I,\ U''=-R_0I''=-R_1I$$

将图 3-2-11（c）和图 3-2-11（d）叠加得

$$I=I'+I''=I''$$

$$U=U'+U''=U_{oc}-R_0I$$

由上式得出的等效电路正好是一个实际电压源的模型，如图 3-2-11（e）所示。

从以上的论证可知，图 3-2-11（e）和图 3-2-11（a）所示电路对外部电路来说是等效的。

戴维南定理常用来分析电路中某一支路的电压和电流。分析的思路是：先将该支路从电路中断开移去，电路剩余部分是一有源二端网络，用戴维南定理求出其等效电路，然后接上待求支路，即可解得待求量。其关键是求开路电压 U_{oc} 和等效电阻 R_0。

戴维南定理在应用时，对负载并无特殊要求，它可以是线性的也可以是非线性的，可以是有源的也可以是无源的，可以是一个元件也可以是一个网络。在选定某一部分有源二端网络为内部电路时，可以用任何一种求解线性网络的方法求得其开路电压。

戴维南等效电路中电压源电压等于将待求支路断开时的开路电压 U_{oc}，电压源方向与所求开路电压方向一致。

计算 U_{oc} 的方法是根据电路形式选择前面学过的任意方法，使其易于计算：

（1）利用 KCL、KVL 列方程。

（2）利用等效变换方法（分压、分流、电源等效变换法）。

（3）利用电路一般分析方法（支路电流法、回路电流法、节点电压法）。

（4）利用叠加定理和替代定理。

等效内阻 R_0 的计算方法可以采用以下三种：

（1）设网络内所有电源为零，用电阻串并联或星形三角形变换的方法化简，求得等效电阻 R_0。

（2）把网络内所有的电源取零值，在端口处施以电压 U，计算或测量输入端口的电流 I，用公式 $R_0=U/I$ 求得等效电阻。

（3）若电路允许，可以用实验的方法测得其开路电压和短路电流，然后用公式 $R_0=U_{oc}/I_{sc}$ 计算等效电阻。

给定一个线性有源二端网络，接在其两端的负载电阻不同，从网络传输给负载的功率也不同。当外接电阻等于二端网络的戴维南等效内阻时，外接电阻获得的功率最大，此时称为负载和电源的功率匹配。

【例 3.9】用戴维南定理求图 3-2-12（a）所示电路中电阻 R 上的电流 I。

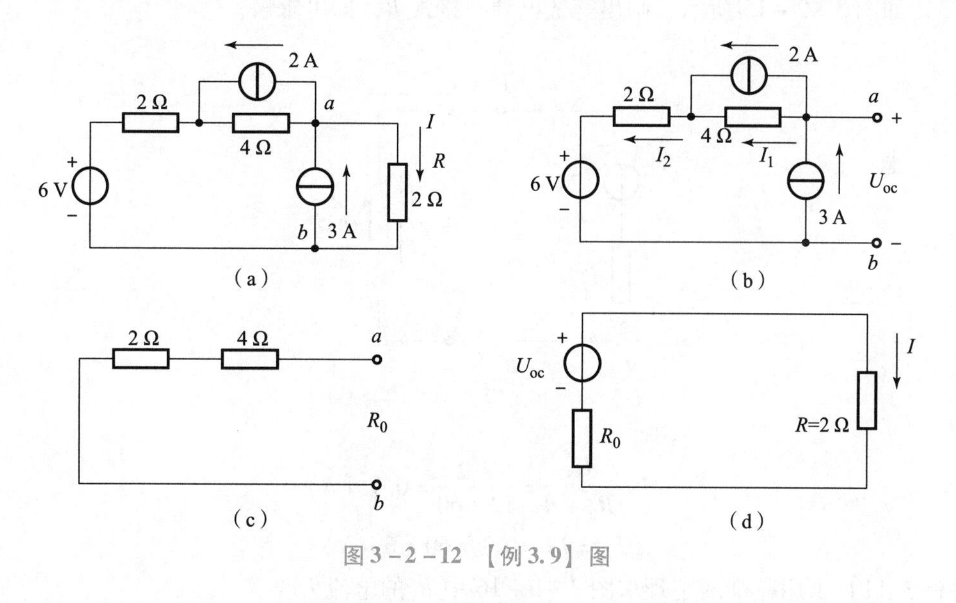

图 3-2-12 【例 3.9】图

解：将待求支路作为外电路，其余电路作为有源二端网络（内电路），在图 3-2-12（b）中求开路电压 U_{oc}，即

$$I_1=3-2=1\ (\mathrm{A})$$

$$I_2=3\ \mathrm{A}$$

$$U_{oc}=1\times4+3\times2+6=16\ (\mathrm{V})$$

当把内电路的独立电源取零时，得到相应的无源二端网络，如图 3-2-12（c）所示，其等效电阻为 $R_0=6\ \Omega$。

画出戴维南等效电路图，如图 3-2-12（d）所示，最后求得

$$I=\frac{U_{oc}}{R_0+R}=\frac{16}{6+2}=2\ (\mathrm{A})$$

【例 3.10】如图 3-2-13 所示，求流过 R 的电流及其两端的电压 U_{AB}。

学习笔记

解：(1) 断开 R，求等效电源 U_S（即开路电压 U_{ABO}），如图 3－2－14 所示。

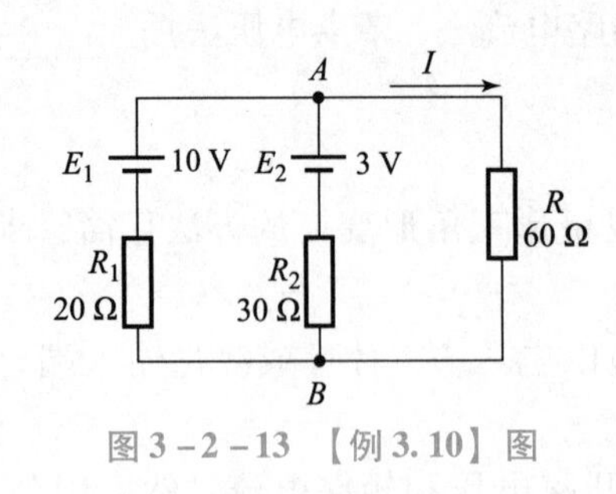

图 3－2－13 【例 3.10】图

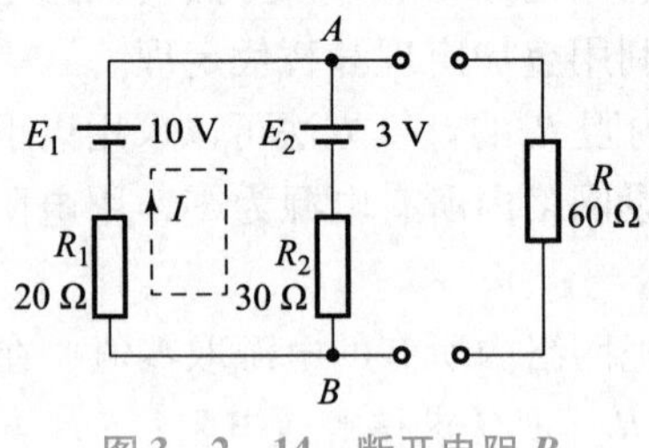

图 3－2－14 断开电阻 R

$$U_{ABO}=3+\frac{10-3}{20+30}\times 30=7.2\ (\text{V})$$

(2) 求等效电源的内阻 R_0（即除源电阻）。

$$R_0=\frac{30\times 20}{30+20}=12\ (\Omega)$$

(3) 如图 3－2－15 所示，画出等效电源，接入 R，即可求解。

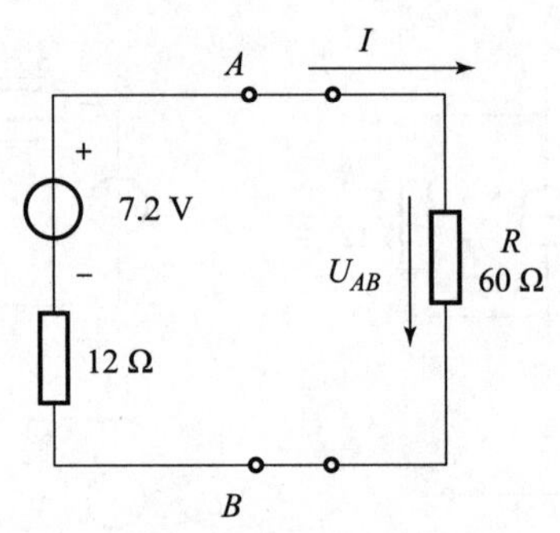

图 3－2－15 等效电源（接入 R）

$$I=\frac{U_S}{R_0+R}=\frac{7.2}{12+60}=0.1\ (\text{A})$$

$$U_{AB}=IR=0.1\times 60=6\ (\text{V})$$

【例 3.11】试用戴维南定理求图 3－2－16 中 R_L 的电流 I。

解：(1) 求 U_{oc}（断开 R_L）。

$$U_{oc}=U_{ab}=U_{ac}+U_{cb}=\frac{R_1}{R_1+R_2}U_S-\frac{R_3}{R_3+R_4}U_S$$

$$=\frac{U_S(R_1R_4-R_2R_3)}{(R_1+R_2)(R_3+R_4)}$$

(2) 求 R_{eq}（将电压源置零）。

$$R_{eq}=R_1 // R_2+R_3 // R_4$$

(3) 求 R_L 的电流 I。

$$I=\frac{U_{oc}}{R_{eq}+R_L}$$

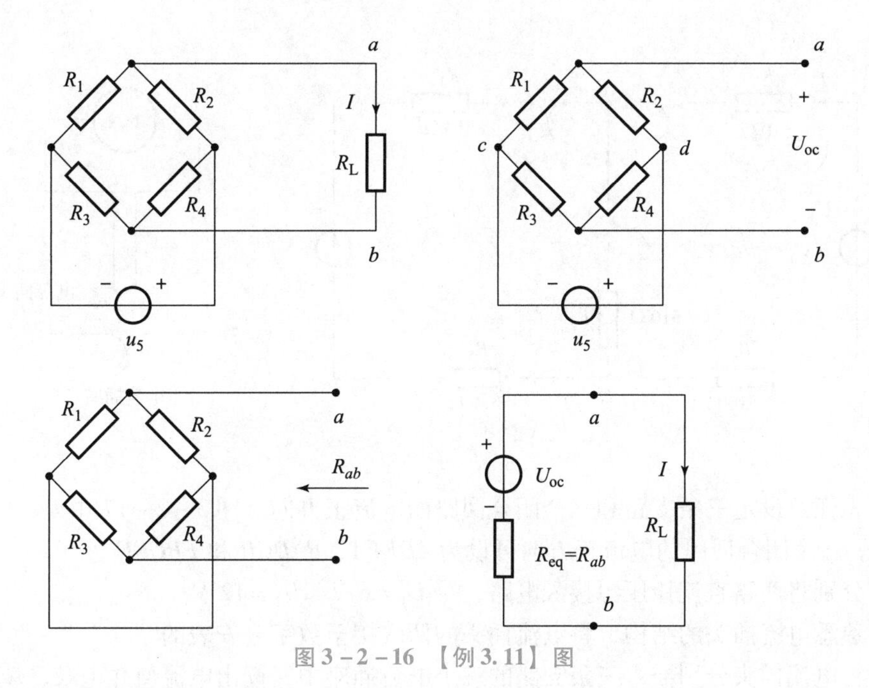

图 3-2-16 【例 3.11】图

3.2.5 任务实施

一、工作目的

(1) 学会测量复杂电路中的基本参数。

(2) 学会利用单双臂电桥精确测量电路中的电阻，了解电桥的结构及使用要求。

(3) 读懂电路原理图，并根据测量数据判断电路所处状态，会排除电路的简单故障。

二、工作原理

复习本节内容。

三、实训设备与器件

实训设备与器件见表 3-2-1。

表 3-2-1 实训设备与器件

序号	名称	型号与规格	数量	备注
1	直流可调稳压电源	0~30 V	1	
2	直流数字毫安表	0~2 000 mA	1	
3	直流数字电压表	0~200 V	1	
4	万用表		1	自备
5	电阻若干		1	

工作过程一 测量复杂电路中的电压、电流及电位

一、工作步骤

实训线路如图 3-2-17 所示，即采用电工实训台装置配置的基尔霍夫定律电路实验板。

学习笔记

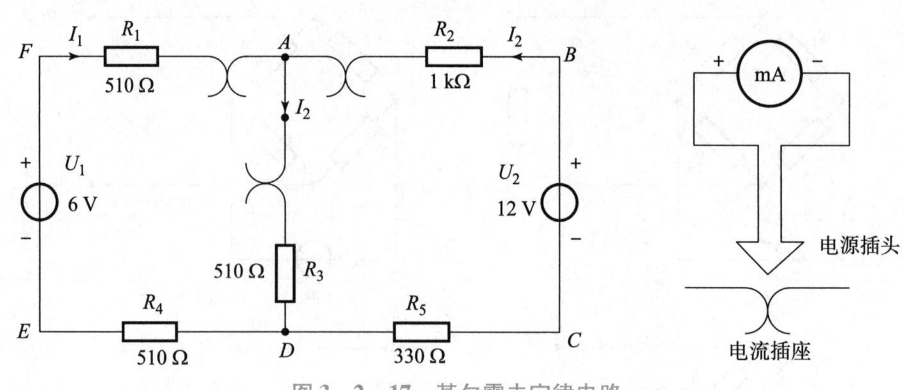

图 3-2-17　基尔霍夫定律电路

（1）先任意设定三条支路和三个闭合回路的电流正方向。图 3-2-17 中 I_1、I_2、I_3的方向已设定。三个闭合回路的电流正方向可设为 *ADEFA*、*BADCB* 和 *FBCEF*。

（2）分别将两路直流稳压源接入电路，令 $U_1=6$ V，$U_2=12$ V。

（3）熟悉电流插头的结构，将电流插头的两端接至数字毫安表的“+”“−”两端。

（4）将电流插头分别插入三条支路的三个电流插座中，读出电流值并记录，填入表 3-2-2 中。

（5）以 *A* 点为参考点，用直流数字电压表分别测量两路电压源和各电阻元件上的电压值以及各点的电位值，记录并填入表 3-2-2 中。

（6）将 U_1调为 10 V，U_2 调为 15 V，以 *D* 点为参考点，重复上述步骤，并将测量结果分别填入表 3-2-2 中。

（7）依据接线图所给参数，计算各支路电流值和电压值并将数据填入表 3-2-2 中。

（8）验证基尔霍夫定律。

表 3-2-2　测量结果

被测量	I_1	I_2	I_3	V_A	V_B	V_C	V_D	V_E	V_F	U_1	U_2	U_{FA}	U_{AB}	U_{AD}	U_{CD}	U
计算值																
A 为参考点																
D 为参考点																

二、操作注意事项

（1）所有需要测量的电压值，均以电压表测量的读数为准。U_1、U_2也需测量，不应取电源本身的显示值。

（2）所读得的电压或电流值的正、负号应根据设定的电压或电流参考方向来判断。

三、思考与训练

实验中，若用指针式万用表直流毫安挡测各支路电流，在什么情况下可能出现指针反偏？应如何处理？在记录数据时应注意什么？若用直流数字毫安表进行测量，则会有什么显示？

学习笔记

工作过程二　用单双臂电桥测量电路电阻

一、工作目标

（1）了解惠斯通电桥的结构，掌握惠斯通电桥的工作原理；

（2）掌握使用箱式直流单臂电桥测量电阻。

二、实训仪器

QJ24 型箱式直流单臂电桥，直流稳压电源，待测电阻三个。

三、箱式直流单臂电桥器简介

如果将图 3－2－18 所示的三只电阻（R_0、R_1 及 R_2）、电源、检流计和开关等元件组装在一个箱子里，就成为便于携带、使用方便的箱式惠斯通电桥。一般的电桥都大同小异，直流单臂电桥是广泛使用的一种箱式惠斯通电桥，它的原理与图 3－2－18 类同。为了在测量电阻时读数方便，左上方设置比率臂旋钮（量程变换器），比率臂 R_1/R_2 的比值设计成以下七个 10 进位的数值，即 0. 001、0. 01、0. 1、1、10、100、1 000，旋转比率臂旋钮即可改变 R_1/R_2 的比值；面板右边是比较臂 R_0（测量盘），是一只有 4 个旋钮的电阻箱，最大阻值为 9 999 Ω；检流计 G 安装在比率臂旋钮的下方，其上有一个零点调整旋钮；待测电阻 R_X 接在 X_1 和 X_2 接线柱之间。

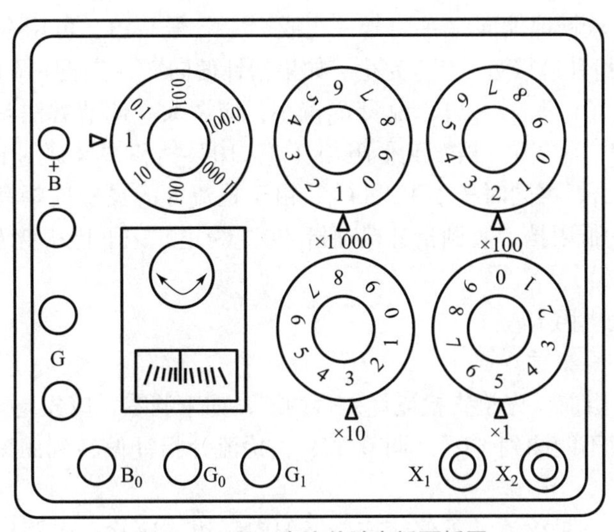

图 3－2－18　直流单臂电桥面板图

当电桥平衡时，待测电阻为

$$R_X = \frac{R_1}{R_2}R_0$$

B_0 是仪器内部电源 E（4. 5 V）的按钮开关，G_0 和 G_1 是检流计的按钮开关，B 旁边的两个接线柱用来接外接电源，G 旁边的两个接线柱用来接外接检流计。当外接 9 V 电源和高灵敏度检流计时，可提高测量的精确度。本实验不用这四个接线柱。

按下 G_1 时，由于检流计并联有保护电阻 R_D，灵敏度降低，但可允许通过较大的电流。开始测量时，电桥处于很不平衡的状态，通过检流计的电流较大，所以只能使用 G_1 开关。

学习笔记

随着电桥逐步接近平衡状态，应改用 G_0 开关，此时检流计直接接入电路，灵敏度提高。

应避免按钮开关长时间锁住，如电流长时间流过电阻，则会使电阻元件发热，从而影响测量准确性。

四、实训步骤（用 QJ24 型箱式直流单臂电桥测电阻）

（1）检查仪器上检流计的指针是否指"0"，如不指"0"，可旋转零点调整旋钮，使指针准确指"0"。

（2）用万用表测出待测电阻 R_X 的大概数值，然后将 R_X 接在 X_1 和 X_2 两个接线柱之间。

（3）根据 R_X 的粗测，R_0 应采取 4 位有效数字的原则（使电阻箱的 4 个旋钮全部利用），参照表 3－2－3 确定比率臂旋钮的指示值。

表 3－2－3　比率臂旋钮示值

R_X 的粗测值/Ω	0～10	10～10^2	10^2～10^3	10^3～10^4	10^4～10^5	10^5～10^6	10^6～10^7
电桥比率臂	0.001	0.01	0.1	1	10	100	1 000

（4）调节 R_0 的千位数与 R_X 粗测值的第一位数字相同，其余各旋钮旋到"0"。用左手两手指同时按下按钮 B_0 和 G_1，眼睛密切注视检流计，如果指针迅速偏转，说明电桥很不平衡，通过检流计的电流很大，应迅速松开两手指，使按钮弹起，以免烧坏检流计。然后检查比率臂和比较臂的指示值，如有错置，应立即改正。

如果检流计指针较慢地偏向"＋"号一边或"－"号一边，可用右手调节 R_0，使指针向"0"移动，直到指针最接近"0"为止。如果指针偏向"＋"号一边，说明 R_0 偏大，应调小；如果指针偏向"－"号一边，说明 R_0 偏小，应调大。调节方法是：由电阻箱的高阻挡（"×1000"挡和"×100"挡）到低阻挡（"×10"挡和"×1"挡）逐个仔细地调节。

（5）松开 B_0 和 G_1，再同时按下 B_0 和 G_0，由于检流计的灵敏度提高了，指针一般又会偏离，仔细调节 R_0 的低阻挡，直到指针精确指"0"为止。记下比率臂 R_1/R_2 和比较臂 R_0 的指示值。

（6）计算出待测电阻 R_X。

（7）电桥使用注意事项。

①在用电桥测电阻前，先检查检流计是否调零，如未调零，应先调零后再开始测量。R_0 的"×1000"挡绝对不能调到"0"。调节 R_0，当检流计指针偏转到满刻度时，应立即松开按钮开关 B_0 和 G_1。

②在调节 R_0 时，如果检流计不偏转或始终偏向一边，应检查电路连接是否正确，各处接线特别是电源 B 和检流计 G 接线是否旋紧。为保护检流计，在使用按钮开关时，应用手指压紧开关而不要"旋死"，按下开关 G_0、G_1 和 B_0 的时间不能长。

③待测电阻与接线柱的连接导线电阻应小于 0.005 Ω。

④实验完毕后，应检查各按钮开关是否均已松开，再关闭电源，否则将会损坏电源。请学生切记。

五、测量记录和数据处理

用 QJ24 型箱式直流单臂电桥测电阻记录于表 3－2－4 中。

表 3-2-4 数据记录

R_X标称值/Ω	R_1/R_2	R_0/Ω	R_X实验值/Ω
100.0			
470.0			
500.0			

六、测量误差分析

(1) 检流计的灵敏度越高，实验结果的误差越小，因此实验中要尽量选择灵敏度高、内阻低的检流计。

(2) 电阻箱的实验仪器发热以后也可能会给实验带来一定的误差。

班级		姓名		学号		组别	
项目	考核要求		配分	评分标准		自评分	互评分
稳压电源的使用	掌握稳压电源的使用方法，正确操作电源上的开关旋钮		10	不知怎样接线扣 3 分，不知怎样调压扣 3 分，不按操作顺序操作扣 3 分，连成输出端短路扣 3 分			
万用表的使用	掌握万用表的使用方法，特别是挡位的选择		15	测量高电压选择低挡位每个扣 2 分，测量电压错选电阻挡每个扣 8 分，表笔的握法不对扣 4 分，烧坏万用表扣 15 分			
箱式直流单臂电桥器的使用	掌握箱式电桥器的接线、调试及读数		20	接线错误扣 5 分，不能正确读数扣 5 分，调试不正确扣 2 分			
实验电路的连接	要求正确接线，电路接点牢固，表头极性连接正确		15	电路接点不牢固每个扣 2 分，表头极性接错每个扣 2 分，电路每个错接点扣 2 分			
电路测量	要求正确测量，测量数据准确，记录准确		20	测量方法不正确扣 2 分，每个错误数据扣 2 分，不当时记录每个扣 1 分，整个实验不做记录不得分			
整理	1. 实训结束应及时整理器材，清洁实训岗位和场所； 2. 认真完成实训报告		10	一项不符合要求扣 5 分			

学习笔记

学习笔记

续表

项目	考核要求	配分	评分标准	自评分	互评分
安全文明操作	工作台上工具排放整齐，严格遵守安全操作规程，符合“6S”管理要求	10	违反安全操作、工作台上脏乱、不符合“6S”管理要求，酌情扣3～10分		
合计		100			
指导教师评价：					

学习拓展　受控源

在电路理论中，电源有独立和非独立之分，电源输出的电压或电流由其本身确定，不受外电路的影响，这类电源称为独立电源，如前面讲到的电流源和电压源都是独立电源。

在电子电路中，常会遇到另一种性质的电源，它们有着电源的一些特性，但它们的电压或电流又不像独立电源那样是给定的时间函数，而是受电路中某个电压或电流的控制。这种电源称为受控源，也称为非独立源。KCL、KVL同样适用于含受控源的电路。

受控源可用一个具有两对端子的电路模型来表示，一对输入端和一对输出端。输入端是控制量所在的支路，称为控制支路，控制量可以是电压或电流；输出端是受控源所在的支路，它输出被控制的电压或电流。

受控源在电路中用菱形符号来表示。根据控制量和受控量的不同，受控源可分为以下四种类型：

（1）电压控制电压源，简称VCVS，如图3－2－19（a）所示。

（2）电压控制电流源，简称VCCS，如图3－2－19（b）所示。

（3）电流控制电压源，简称CCVS，如图3－2－19（c）所示。

（4）电流控制电流源，简称CCCS，如图3－2－19（d）所示。

在含有受控源的电路的分析中，前面讲过的各种方法和定理都可以应用。在分析过程中，一般可以把受控源当作独立电源来看待，同时还要考虑其非独立的特点。

受控源和独立源在电路中的作用是不同的，当受控源的控制量不存在时，受控源的输出电压或电流也就为零，它不可能在电路中单独起作用。它只是用来反映电路中某处的电压或电流可以控制另一处的电压或电流这一现象。

与独立电源等效变换类似，受控电压源和受控电流源之间也可以进行等效变换，变换的方法与独立电源相同。但在变换时，必须注意不要把受控源的控制量消除掉，一般应保留控制量所在支路。

关于受控源的分析和计算，我们将在电子技术课程的电路分析中进行学习。

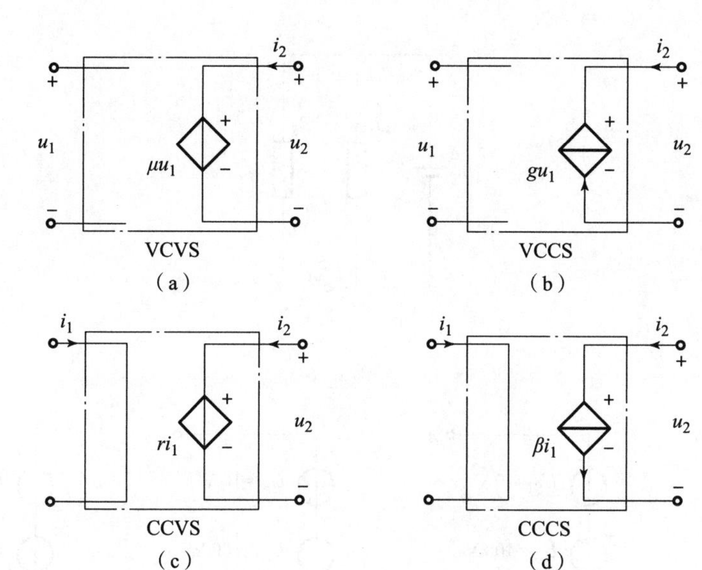

图 3-2-19　受控源的类型

练习与思考

一、填空题

1. 如图 3-2-20 所示，电阻 R_1 和电阻 R_2 组成串联电路，串联电路两端的电压为 U，电阻 R_1 两端的电压为 U_1，电阻 R_2 两端的电压为 U_2，串联电路中的电流为 I，由图 3-2-20 所示串联电路可知

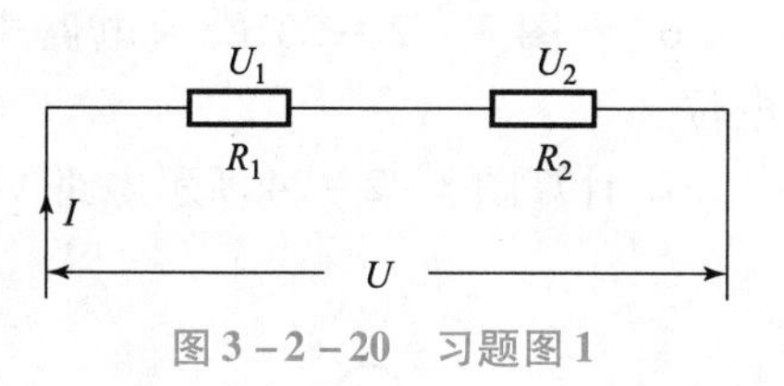

图 3-2-20　习题图 1

$$U=U_1+U_2$$

设串联电路的总电阻为 R，则 $U=IR$，$U_1=$________，$U_2=$________。

把 U、U_l、U_2代入 $U=U_1+U_2$，可以得到：

$IR=$________+________；$R=$________。

2. 把 $R_1=5\Omega$，$R_2=10\Omega$ 两个电阻连成串联电路，串联电路的总电阻 R 为________ Ω。

3. 串联电路的总电阻等于________。

二、计算题

1. 一个电灯的电阻是 5 Ω，另一个电灯的电阻是 20 Ω，将它们并联在电源电压是 6 V 的电路上，求流过各个电灯的电流、电路总电流和电路总电阻。

2. 有一台电阻为 120 Ω 的仪器，允许通过的最大电流为 0.4 A，现在把它接入电流为 2 A 的电路中，需要配接一个多大的电阻？应怎样连接？

3. 某电路外电阻是 8 Ω，电路中的电流是 0.2 A，当把电源短路时短路电流是 1.8 A，求电源电动势和内电阻。

4. 如图 3-2-21 所示，电源电动势 $E=6$ V，内电阻 $r=2$ Ω，$R_1=R_2=4$ Ω，当 S 断开、闭合时，电源的输出电压和输出功率分别是多少？

5. 求图 3-2-22 所示电路中的 U_{AB}。

学习笔记

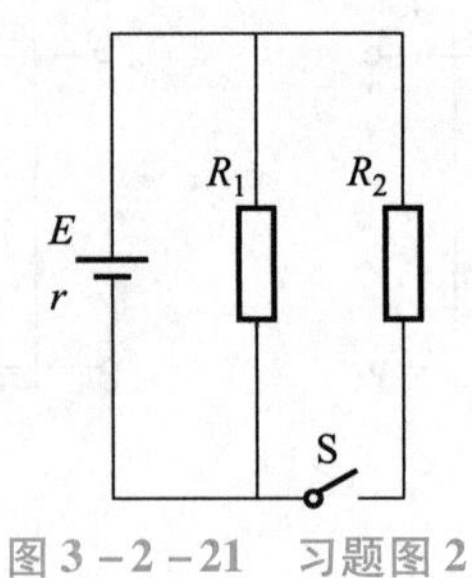

图 3-2-21　习题图 2

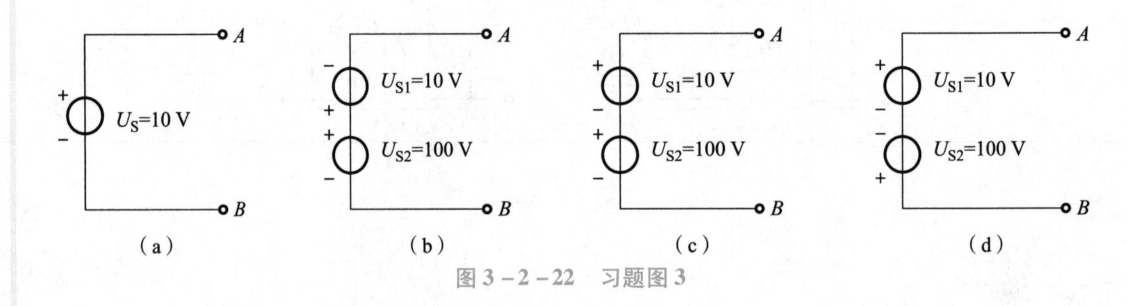

图 3-2-22　习题图 3

6. 在图 3-2-23 所示电路中，当分别选择 O 点和 A 点为参考点时，求各点的电位。

7. 计算图 3-2-24 所示电路吸收或发出的功率。

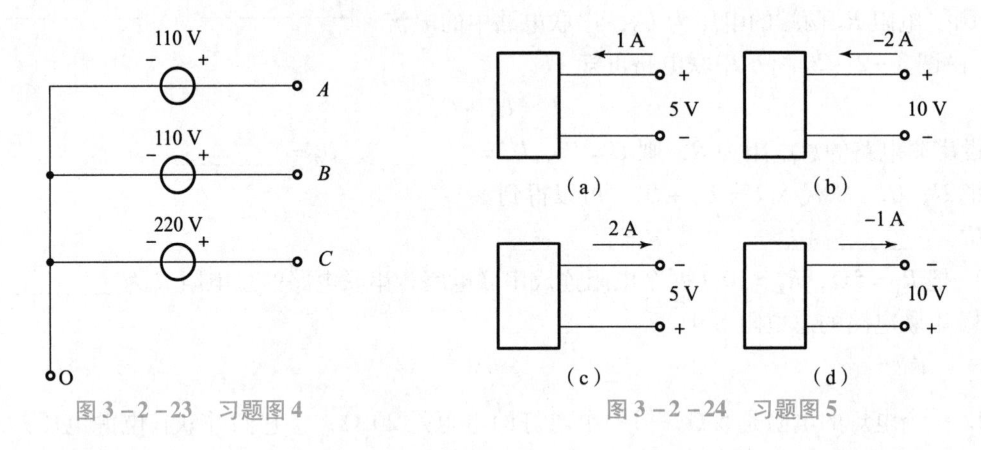

图 3-2-23　习题图 4

图 3-2-24　习题图 5

8. 已知图 3-2-25（a）中，$I_2=3$ A，$I_3=10$ A，$I_4=-5$ A，$I_6=10$ A，$I_7=-2$ A。图 3-2-25（b）中，$I_1=20$ A，$I_2=-4$ A，$I_3=9$ A，$I_5=-30$ A，试求电路中的未知电流。

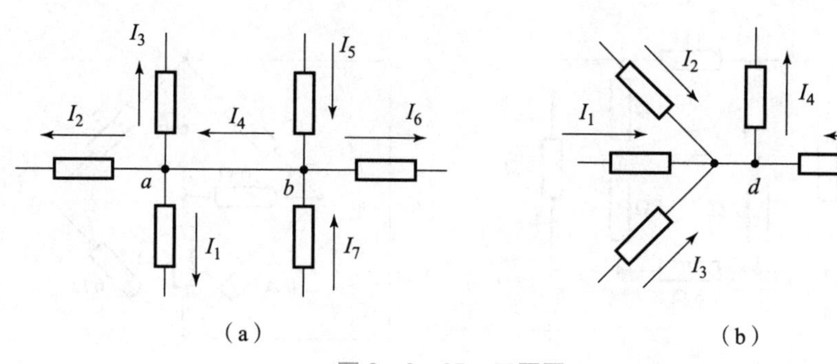

图 3-2-25　习题图 6

9. 列出图 3-2-26 中所有节点的 KCL 方程和所有回路的 KVL 方程。

10. 求图 3-2-27 所示电压 U_{AB}。

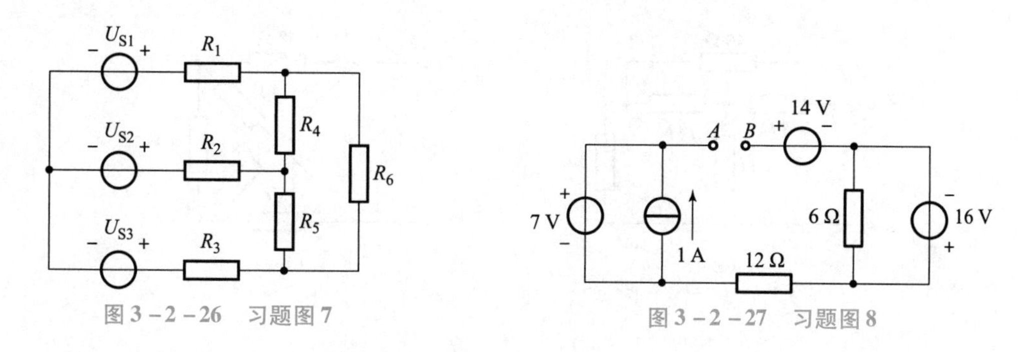

图 3-2-26　习题图 7　　　　图 3-2-27　习题图 8

11. 试求图 3-2-28 所示电路中的 U_{ab}。

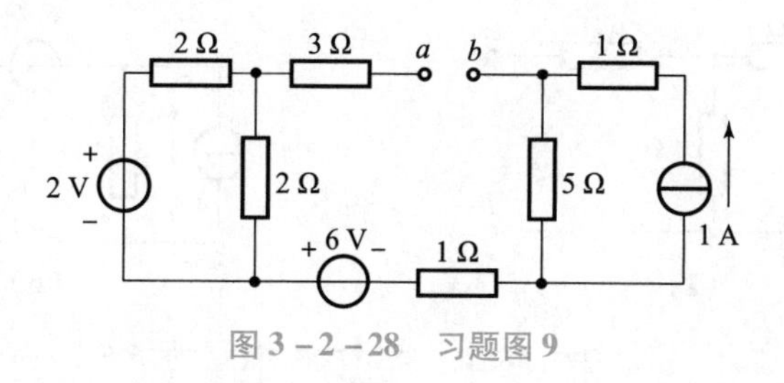

图 3-2-28　习题图 9

12. 求图 3-2-29 所示电路的等效电阻 R_{ab}。

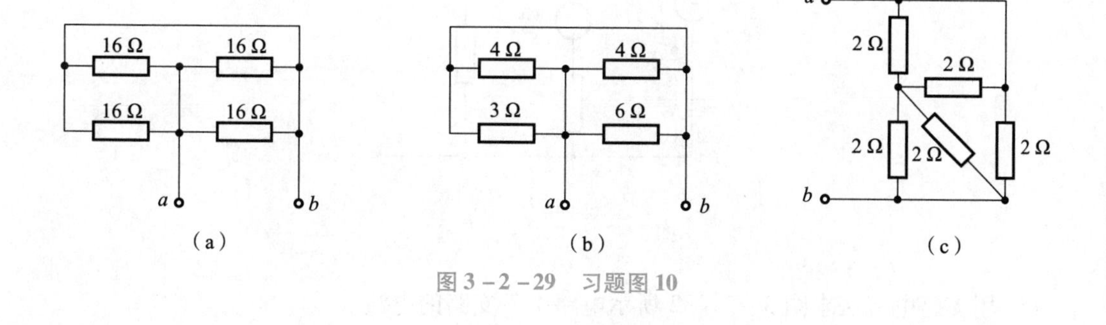

图 3-2-29　习题图 10

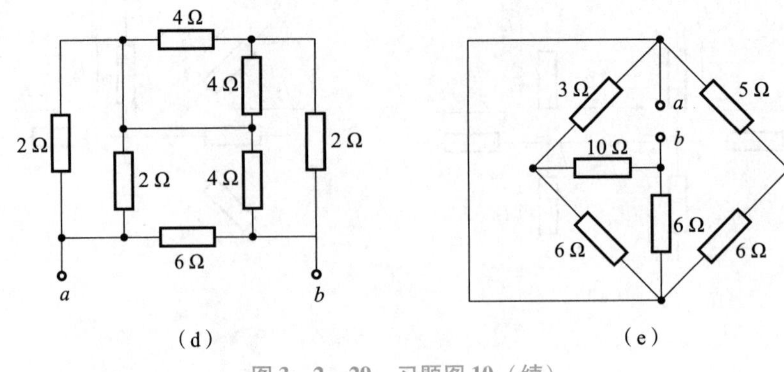

图 3－2－29　习题图 10（续）

13. 求图 3－2－30 所示电路中的等效电阻 R_{ab}。

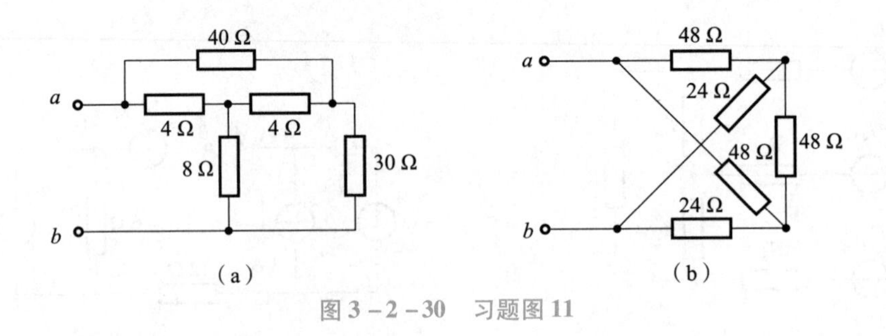

图 3－2－30　习题图 11

14. 试等效简化图 3－2－31 所示各网络。

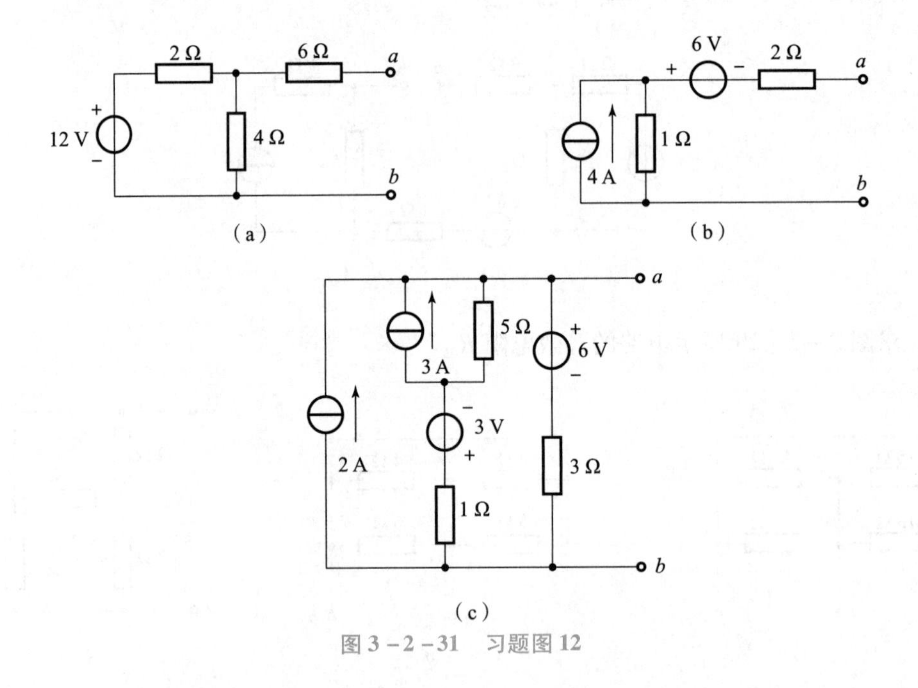

图 3－2－31　习题图 12

15. 用支路电流法求图 3－2－32 所示电路中各支路的电流。

学习笔记

16. 用支路电流法求图 3－2－33 所示电路各支路电流及电流源电压 U。

17. 用叠加定理求图 3－2－34 所示电路中的 U。

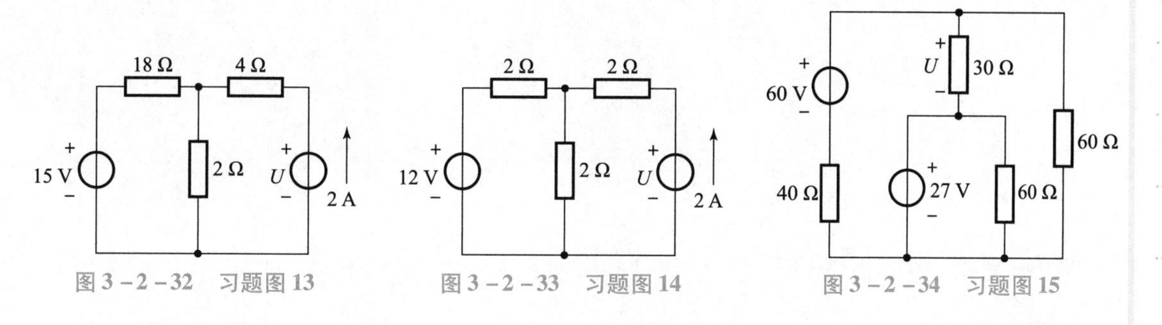

图 3－2－32　习题图 13　　图 3－2－33　习题图 14　　图 3－2－34　习题图 15

18. 用戴维南定理求图 3－2－35 所示电路中的电流 I 或电压 U。

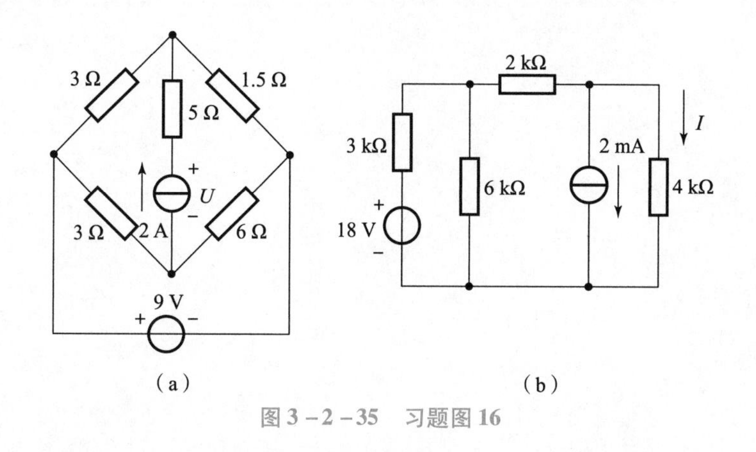

图 3－2－35　习题图 16

19. 求图 3－2－36 所示电路的戴维南等效电路。

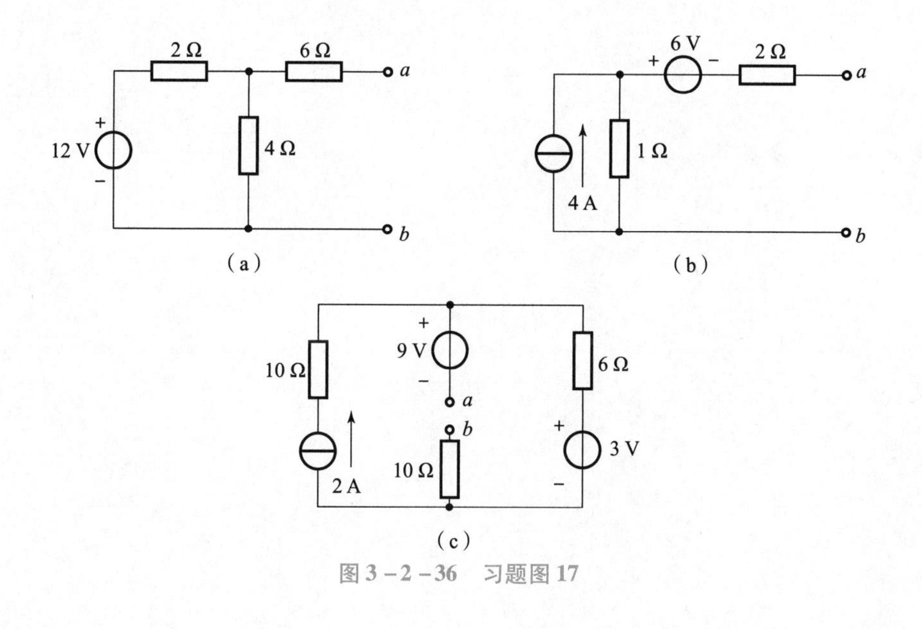

图 3－2－36　习题图 17

学习笔记

项目评价

评价项目	比例	评价指标	评分标准	分值	自评得分	小组评分
6S管理	20%	整理	选用合适的工具和元器件，清理不需要使用的工具及仪器仪表	3		
		整顿	合理布置任务需要的工具、仪表和元器件，物品依规定位置摆放，放置整齐	3		
		清扫	清扫工作场所，保持工作场所干净	3		
		清洁	任务完成过程中，保持工具仪器元器件清洁，摆放有序，工位及周边环境整齐、干净	3		
		素养	有团队协作意识，能分工协作共同完成工作任务	3		
		安全	规范着装，规范操作，杜绝安全事故，确保任务实施质量和安全	5		
项目实施情况	40%	安装手电筒电路	正确装配手电筒电路	5		
			准确测量直流电路中的电压电流和电阻值	5		
			能应用全电路欧姆定理验证电路中电压、电流和电阻的关系	5		
		分析测量复杂直流电路	掌握常用电路分析方法	10		
			测量复杂电路中的电压、电流和电阻	5		
			利用单双臂电桥精确测量电路电阻	5		
			能应用常用方法分析复杂电路	5		
职业素养	20%	信息检索	能有效利用网络资源、教材等查找有效信息，将查到的信息应用于任务中	4		
		参与状态	承担任务及完成度	3		
			协作学习参与程度	3		
			线上线下提问交流积极性，积极发表个人见解	4		
		工作过程	是否熟悉工作岗位，工作计划、操作技能是否符合规范	3		
		学习思维	能否发现问题、提出问题、解决问题	3		
混合式学习	10%	线上任务	根据智慧学习平台数据统计结果	5		
		线下作业	根据老师作业批改结果	5		

续表

评价项目	比例	评价指标	评分标准	分值	自评得分	小组评分
启发创新	10%	收获	是否掌握所学知识点，是否掌握相关技能	4		
		启发	是否从完成任务过程中得到启发	3		
		创新	在学习和完成工作任务过程中是否有新方法、新问题，并查到新知识	3		
评价结果			优：85 分以上；良：84 ~ 70 分；中：69 ~ 60 分；不合格：低于60 分			

学习笔记

项目四　安装与测试室内照明电路

本项目是安装室内照明电路需要掌握的基础理论知识，是后续进行电工电子技术等相关学习所需的必要内容，学生通过学习和掌握交流电路的基础知识（正弦量及三要素、正弦交流电路的分析方法、电感与电容元件的识别与检测、三相负载及其连接）等内容，可对单相正弦交流电路和三相正弦交流电路有系统的学习，通过对荧光灯电路的安装与检修的相关技能进行实际操作，结合交流电的抽象理论与实际的照面电路，对相关知识有明确清晰的了解。

学习目标

知识目标

(1) 掌握正弦量及其三要素。
(2) 掌握正弦交流电的功率与功率因数及谐振。
(3) 掌握正弦交流电路的分析方法。
(4) 掌握三相正弦交流电源及负载的连接。
(5) 掌握三相电路的功率及对称三相电路的计算。

能力目标

(1) 能利用电路分析的基本方法分析正弦量三要素及其电路。
(2) 能利用三相交流电的原理进行荧光灯电路的安装与检修。
(3) 能进行单相电度表和三相电度表的安装操作。

素质目标

(1) 培养科学的分析方法，培养学生理论联系实际的学习习惯。
(2) 初步培养学生的团队合作精神以及逻辑分析的能力。
(3) 养成严谨认真、实事求是的良好美德。

项目导航

(1) 了解单相正弦交流电路。
(2) 了解三相正弦交流电路。
(3) 掌握荧光灯电路的安装与检修。
(4) 掌握单相电度表和三相电度表的安装。

任务 4.1　一灯一插照明电路的安装和测试

任务场景

家庭电路用的都是交流电，只是电压等级有差别，220 V/50 Hz 交流电是我国的供电标

学习笔记

准，所以很多人都以为家用电器用的都是交流电。交流电（Alternating Current）简称为AC。交流电也称“交变电流”，简称“交流”。电流方向随时间做周期性变化的为交流电，它的最基本的形式是正弦电流。当法拉第发现了电磁感应后，产生交流电流的方法则被法拉第同时发现，因此法拉第被誉为“交流电之父”。

任务导入

通过本任务的学习，掌握单相正弦交流电路的基本知识，掌握正弦交流电路的谐振以及正弦交流电路的分析方法等方面的内容。

4.1.1 正弦量及其三要素

一、正弦交流电的产生

我们平时看到的荧光灯（又称日光灯）、电饭锅、洗衣机等家用电器用到的都是单相220 V正弦交流电（又称市电）。正弦交流电是由交流发电机产生的，也可由振荡器产生。交流发电机主要用于提供电能，振荡器一般用于产生各种交流信号。

交流发电机主要由磁极和电枢（按一定规则镶嵌在硅钢片制成的铁芯上的线圈）组成。电枢转动而磁极不动的发电机叫作旋转电枢式发电机，这时磁极也可称作定子，电枢称作转子，当电枢在原动力作用下，开始以角速度 ω 逆时针转动切割定子产生的磁力线时，线圈中的感应电动势大小为

$$u = U_{\mathrm{m}}\sin(\omega t + \theta_{\mathrm{u}})$$
$$e = E_{\mathrm{m}}\sin(\omega t + \theta_{\mathrm{e}})$$
$$i = I_{\mathrm{m}}\sin(\omega t + \theta_{\mathrm{i}})$$

由于线圈经电刷与外电路负载接通，形成闭合回路，所以外电路中也产生的相应的正弦电压与正弦电流。正弦交流电的符号、电路和波形分别如图4-1-1（a）~图4-1-1（c）所示。

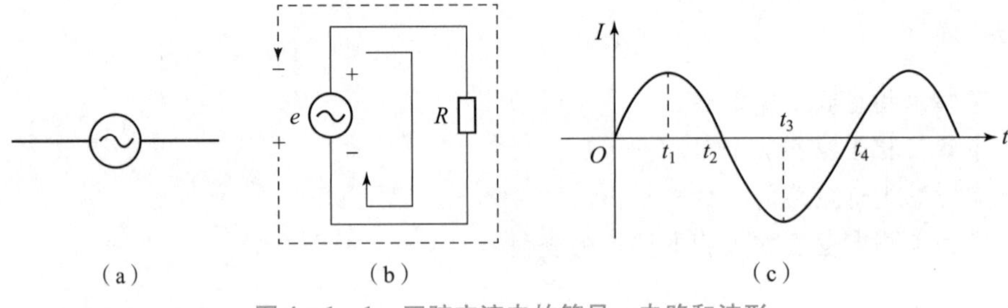

图4-1-1 正弦交流电的符号、电路和波形

（a）符号；（b）电路；（c）波形

周期和频率是正弦交流电最常用的两个概念，下面用图4-1-2所示的正弦交流电波形图形来说明。

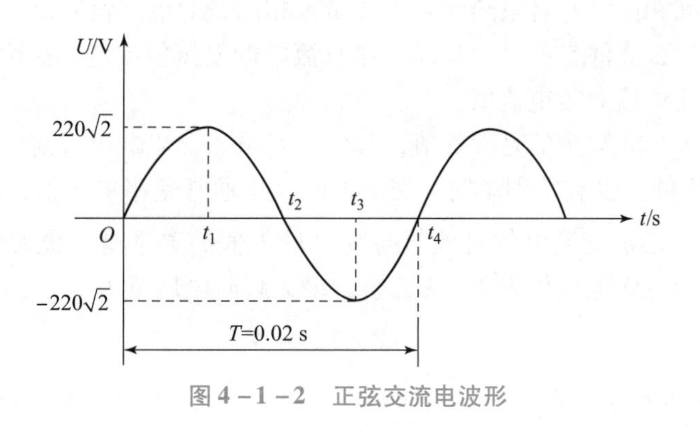

图 4－1－2　正弦交流电波形

（一）周期

从图 4－1－2 中可以看出，交流电变化过程是不断重复的，交流电重复变化一次所需的时间称为周期，周期用 T 表示，单位是秒（s）。如图 4－1－2 所示交流电的周期为 $T=0.02$ s，说明该交流电每隔 0.02 s 就会重复变化一次。

（二）频率

交流电在每秒钟内重复变化的次数称为频率，用 f 表示，它是周期的倒数，即 $f=1/T$，频率的单位是 Hz。

图 4－1－2 所示交流电的周期为 $T=0.02$ s，那么它的频率为 50 Hz，说明在 1 s 内交流电能重复 $0\sim t_4$ 这个过程 50 次，交流电变化越快，变化一次所需要的时间越短，周期就越短，频率越高。

（三）瞬时值和有效值

1. 瞬时值

交流电的大小和方向是不断变化的，交流电在某一时刻的值称为交流电在该时刻的瞬时值。以图 4－1－2 所示的交流电压为例，它在 t_1 时刻的瞬时值为 $220\sqrt{2}$V（约为 311 V），该值为最大瞬时值；在 t_2 时刻瞬时值为 0 V，该值为最小瞬时值。

2. 有效值

交流电的大小和方向是不断变化的，这给电路计算和测量带来不便，为此引入有效值的概念，以图 4－1－3 所示电路来说明有效值的含义。

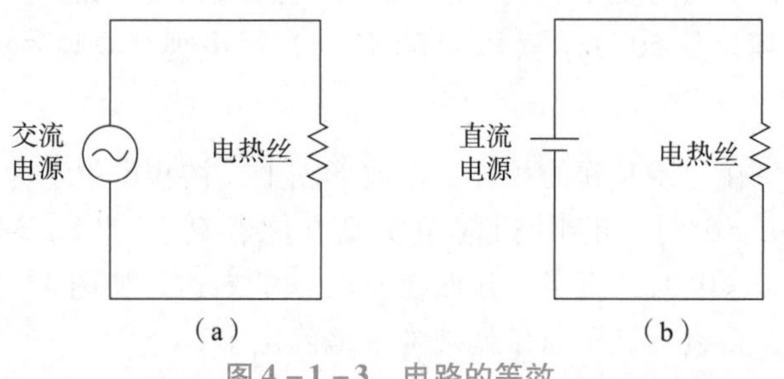

图 4－1－3　电路的等效

如图 4－1－3 所示两个电路中的电热丝完全一样，现分别给电热丝通交流电和直流电，

学习笔记

如果两电路通电时间相同，并且电热丝发出热量也相同，对电热丝来说，这里的交流电和直流电也是等效的，那么就将图 4-1-3（b）中直流电的电压值或电流值称为图 4-1-3（a）中交流电的有效电压值或有效电流值。

交流市电电压为 220 V 指的是有效值，其含义是虽然交流电压时刻变化，但它的效果与 220 V 直流电是一样的。没有特别说明，交流电的大小通常是指有效值，测量仪表的测量值一般也是指有效值。正弦交流电的有效值与瞬时最大值的关系是：最大瞬时值 $=\sqrt{2}\times$ 有效值。例如交流市电的有效电压值为 220 V，它的最大瞬时电压值为

$$\sqrt{2}\times 220=311\ (\text{V})$$

二、正弦交流电的三要素

下面以电流为例介绍正弦量的三要素。依据正弦量的概念，设某支路中正弦电流 i 在选定参考方向下的瞬时值表达式为

$$i = I_m \cdot \sin(\omega t + \varphi) \tag{4-1-1}$$

式中，I_m，ωt，φ——振幅、角频率和初相，称为正弦量的三要素。

已知这三个要素，则该正弦量就可以完全地描述出来了，其波形如图 4-1-4 所示。

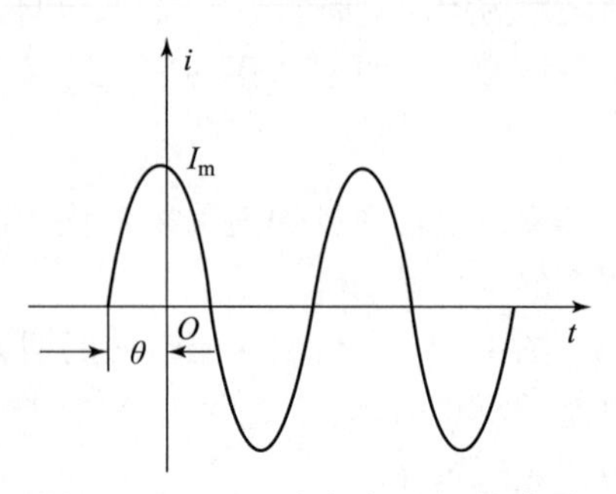

图 4-1-4　正弦电流 $i(t)$ 的波形

（一）振幅

正弦量是一个等幅振荡的、正负交替变化的周期函数，振幅是正弦量在整个振荡过程中达到的最大值。I_m 为电流 i 的振幅。同样称 $u = U_m \cdot \sin(\omega t + \varphi)$ 中的 U_m 为电压 u 的振幅，振幅为正值。

（二）角频率

随时间变化的角度（$\omega t+\varphi$）称为正弦量的相位。如果已知正弦量在某一时刻的相位，就可以确定这个正弦量在该时刻的数值、方向及变化趋势，因此相位表示了正弦量在某时刻的状态。不同的相位对应正弦量的不同状态。

角频率 $\omega=2\pi f$，通常把正弦交流电在任一瞬间所处的角度称为电角度，每变化一周的电角度为 360°，也称为 2π 弧度（rad）。角频率是正弦交流电在秒钟内变化的弧度，单位为弧度/秒，用符号 rad/s 表示。

在工程实际中各种不同的交流电频率使用在不同的场合。例如我国电力系统使用的交流电频率标准（简称工频）是 50 Hz，美国为 60 Hz，广播电视载波频率为 30～300 MHz。

（三）初相

初相位就是正弦量在起始时间的相位。在波形图上，初相位规定为正半波的起点与坐标原点之间的夹角。当 $\varphi=0°$时，正半波起点正好落在原点 O 上；当 $\varphi>0°$时，则正半波起点在原点 O 的左边；当 $\varphi<0°$时，正半波起点在原点 O 的右边。如图 4-1-5 所示。

已知某正弦量的三要素，该正弦量就被唯一地确定了。

【例 4.1.1】已知选定参考方向下正弦量的波形图如图 4-1-6 所示，写出正弦量的表达式。

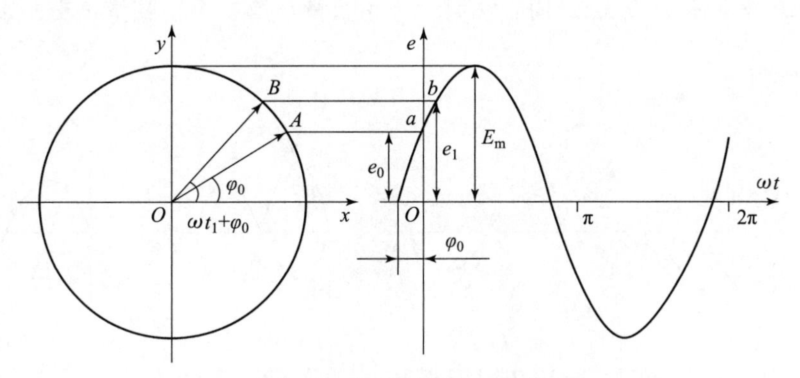

图 4-1-5　正弦量的初相位

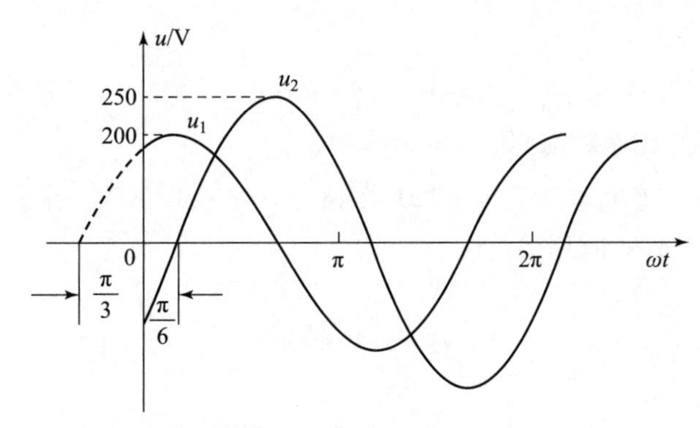

图 4-1-6　正弦量的波形图

解：

$$u_1 = 200\sin\left(\omega t + \frac{\pi}{3}\right)\ (\text{V})$$

$$u_2 = 250\sin\left(\omega t - \frac{\pi}{6}\right)\ (\text{V})$$

三、相位差

两个同频率正弦量的相位之差，称为相位差，用字母 φ_{12} 表示。有两个正弦量：

$$u_1 = U_{m1}\sin(\omega t + \varphi_1)$$
$$u_2 = U_{m2}\sin(\omega t + \varphi_2)$$

其相位差为

$$\varphi_{12} = (\omega t + \varphi_1) - (\omega t + \varphi_2)$$

即两个同频率正弦量的相位差等于它们的初相之差。

下面分别加以讨论：

（1）当 $\varphi_{12} > 0°$ 时，称第一个正弦量比第二个正弦量的相位超前；当 $\varphi_{12} < 0°$ 时，称第一个正弦量比第二个正弦量的相位滞后，如图 4-1-7（a）所示，u_1 达到零值或振幅值后，u_2 需经过一段时间才能达到零值或振幅值。因此，u_1 超前于 u_2，或称 u_2 滞后于 u_1。

（3）当 $\varphi_{12} = 0°$ 时，称第一个正弦量与第二个正弦量同相，如图 4-1-7（b）所示。

（4）当 $\varphi_{12} = \pm\pi$ 或 $\pm 180°$ 时，称第一个正弦量与第二个正弦量反相，如图 4-1-7（c）所示。

学习笔记

（5）当 $\varphi_{12} = \pm\pi/2$ 或 $\pm 90°$ 时，称第一个正弦量与第二个正弦量正交，如图 4-1-7（d）所示。

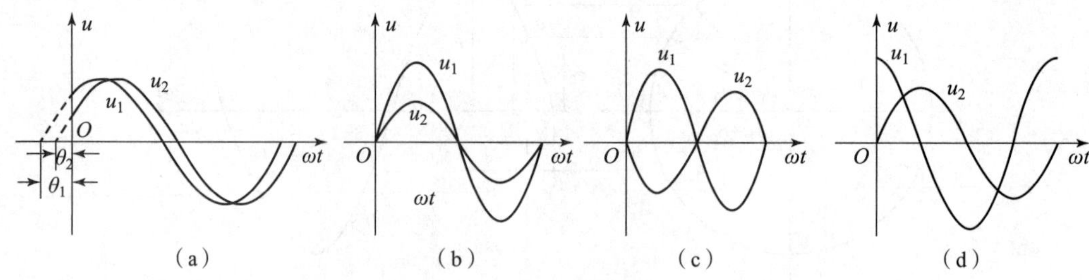

图 4-1-7　同频率正弦量的几种相位关系

【例 4.1.2】已知 $u = 311\sin(314t - 30°)$ V，$i = 5\sin(314t + 60°)$ A，求二者的相位差。

解：
$$\varphi_{ui} = (-30°) - (+60°) = -90°$$
即 u 比 i 滞后 90°，或 i 比 u 超前 90°。

【例 4.1.3】已知交流电电压为 $u = 220\sqrt{2}\sin(314t + 30°)$ V，求该交流电的周期、频率、角频率、最大值、有效值和初相位。

解：角频率：
$$\omega = 314 \text{ rad/s}$$

周期：
$$T = \frac{2\pi}{\omega} = \frac{2 \times 3.14}{314} = 0.02 \text{ (s)}$$

频率：
$$f = \frac{1}{T} = \frac{0}{0.02} = 50 \text{ (Hz)}$$

最大值：
$$U_m = 220\sqrt{2} = 31 \text{ (V)}$$

有效值：
$$U = \frac{U_m}{\sqrt{2}} = \frac{220\sqrt{2}}{\sqrt{2}} = 220 \text{ (V)}$$

初相位：
$$\varphi = 30°$$

【例 4.1.4】已知电路中某条支路的电压 u 和电流 i 为工频正弦量，它们的最大值分别为 311 V、5 A，初相分别为 $\frac{\pi}{6}$ 和 $-\frac{\pi}{3}$。

（1）试写出它们的解析式；

（2）试求 u 与 i 的相位差，并说明它们之间的相位关系。

解：
$$\omega = 2\pi f = 2\pi \times 50 = 100\pi \text{ (rad/s)}$$
$$U_m = 311 \text{ V}$$
$$I_m = 5 \text{ A}$$

$$\varphi_u = \frac{\pi}{6},\ \varphi_i = -\frac{\pi}{3}$$

$$u = U_m\sin(\omega t + \varphi_u) = 311\sin\left(100\pi t + \frac{\pi}{6}\right)$$

$$i = I_m\sin(\omega t + \varphi_i) = 5\sin\left(100\pi t - \frac{\pi}{3}\right)$$

$$\varphi = \varphi_u - \varphi_i = \frac{\pi}{6} - \left(-\frac{\pi}{3}\right) = \frac{\pi}{2}$$

在相位上，u 超前 $i\left(\frac{\pi}{2}\right)$，或者说，$i$ 滞后 $u\left(\frac{\pi}{2}\right)$。

4.1.2 复阻抗、复阻抗的串并联及等效应用

一、复数及其运算

（一）复数的定义

数集拓展到实数范围内，仍有些运算无法进行，比如判别式小于 0 的一元二次方程仍无解，因此将数集再次扩充，达到复数范围。

复数 A 可用复平面上的有向线段来表示。该有向线段的长度 a 称为复数 A 的模，模总是取正值；该有向线段与实轴正方向的夹角 θ 称为复数 A 的辐角。如图 4-1-8 所示。

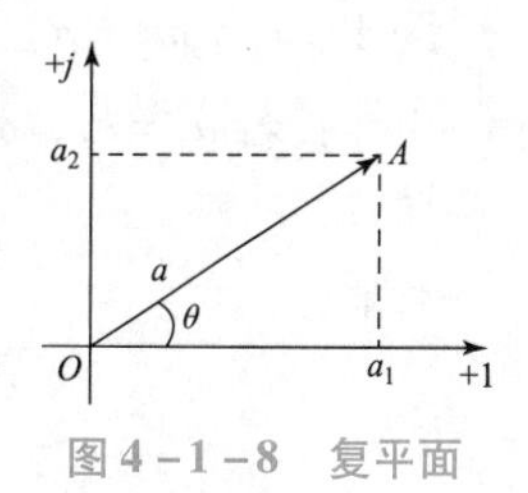

图 4-1-8　复平面

复数的定义：形如 $z = a_1 + a_2\mathrm{i}$ 的数称为复数，其中规定 i 为虚数单位，且 $\mathrm{i}^2 = \mathrm{i}\times\mathrm{i} = -1$（$a_1$，$a_2$是任意实数）。我们将复数 $z = a_1 + a_2\mathrm{i}$ 中的实数 a_1称为虚数 z 的实部，实数 a_2称为虚数 z 的虚部。

易知：当 $a_2 = 0$ 时，$z = a_1$，这时复数成为实数；

当 $a_1 = 0$ 且 $a_2 \neq 0$ 时，$z = a_2\mathrm{i}$，我们就将其称为纯虚数。

定义：对于复数 $z = a_1 + a_2\mathrm{i}$，称复数 $z = a_1 - a_2\mathrm{i}$ 为 z 的共轭复数。

定义：将复数的实部与虚部的平方和的正的平方根的值称为该复数的模，记作 $|z|$，即对于复数 $z = a_1 + a_2\mathrm{i}$，它的模为

$$|z| = \sqrt{a_1^2 + a_2^2}$$

复数的集合用 C 表示，显然，R 是 C 的真子集。

复数集是无序集，不能建立大小顺序。

（二）复数的其他表达

复数有多种表示形式，常用形式 $z = a + b\mathrm{i}$ 叫作代数形式。

下面介绍另外几种复数的表达形式。

1. 代数形式

$$\dot{A} = a + \mathrm{j}b(\mathrm{j} = \sqrt{-1},\text{为虚数单位})$$

2. 三角函数式

令复数 $\dot{A}$ 的模等于 $r = \sqrt{a^2 + b^2}$，幅角为 φ，先计算 $|\varphi| = \arctan\left|\frac{b}{a}\right|$，再由虚部和实部的正、负号判断对应的相量所在的象限，保证 φ 的绝对值小于 π。

学习笔记

学习笔记

若 $a>0,b>0$，向量在第一象限，$\varphi=\arctan\frac{b}{a}$；若 $a<0,b>0$，向量在第二象限，$\varphi=\pi-\arctan\left|\frac{b}{a}\right|$；若 $a<0,b<0$，向量在第三象限，$\varphi=-\left(\pi-\arctan\left|\frac{b}{a}\right|\right)$；若 $a>0,b<0$，向量在第四象限，$\varphi=-\arctan\left|\frac{b}{a}\right|$。

3. 指数形式

根据欧拉公式有

$$e^{j\varphi}=\cos\varphi+j\sin\varphi$$

复数可以写成 $\dot{A}=re^{j\varphi}$

4. 极坐标式

极坐标式是复数指数的简写，即 $\dot{A}=r\angle\varphi$

同一个相量 $\dot{A}$（或正弦量）可用上述四种复数形式来表示，这四种形式可以相互转换。

$$a=r\cos\varphi,b=r\sin\varphi$$

$$\dot{A}=a+jb=r\cos\varphi+jr\sin\varphi=r(\cos\varphi+j\sin\varphi)=re^{j\varphi}=r\angle\varphi$$

（三）复数的四则运算

设 $A=a_1+ja_2=a\angle\theta_1$，$B=b_1+jb_2=b\angle\theta_2$，则有以下法则：

相等：若 $a_1=b_1$，$a_2=b_2$，则 $A=B$。

加减：
$$A\pm B=(a_1\pm b_1)+j(a_2\pm b_2)$$

数乘：

$$A\cdot B=ae^{j\theta_1}\cdot be^{j\theta_2}=abe^{j(\theta_1+\theta_2)}=ab\angle(\theta_1+\theta_2)$$

$$\frac{A}{B}=\frac{ae^{j\theta_1}}{be^{j\theta_2}}=\frac{a}{b}e^{j(\theta_1-\theta_2)}=\frac{a}{b}\angle(\theta_1-\theta_2)$$

复数 A 的实部 a_1 及虚部 a_2 与模 a 及辐角 θ 的关系为

$$a_1=a\sin\theta,\ a_2=a\cos\theta,$$

$$a=\sqrt{a_1^2+a_2^2},\ \theta=\arctan\frac{a^2}{a_1}$$

根据以上关系式及欧拉公式，有

$$e^{j\theta}=\cos\theta+j\sin\theta$$

可将复数 A 表示成代数型、三角函数型、指数型和极坐标型 4 种形式。

$$A=a_1+ja_2=a\cos\theta+ja\sin\theta=ae^{j\theta}=a\angle\theta$$

代数型　三角函数型　指数型　极坐标型

二、RLC 串联电路及复阻抗

许多实际电路是由两个或三个不同参数的元件组成，如电动机、继电器等设备都含有线圈，而线圈的电阻往往不可忽略；又如一些电子设备，放大器、信号源等的电路内含有电阻、电容或电感等元件。所以分析含有三种参数的交流电路具有实际意义。

电阻、电感和电容串联的交流电路如图 4-1-9（a）所示，各元件在外加正弦电压 u 的作用下，流过同一电流 i，其相量模型如图 4-1-9（b）所示。

学习笔记

设 i 为参考正弦量，令 $i = I_m \sin\omega t$，则其相量：

$$i = I\angle 0°$$

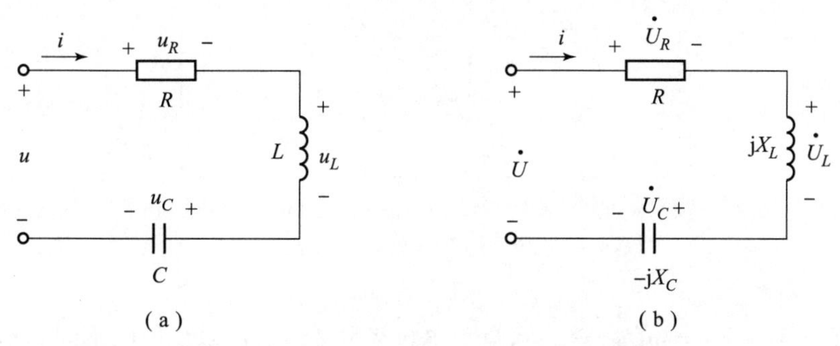

图 4-1-9　R-L-C 串联电路图、相量图

其各个元件上的电压为

$$\dot{U}_R = \dot{I}_R,\ \dot{U}_L = \mathrm{j}\dot{I}X_\mathrm{L},\ \dot{U}_L = -\mathrm{j}\dot{I}X_C$$

根据基尔霍夫电压定律（KVL），有

$$\begin{aligned}\dot{U} &= \dot{U}_R + \dot{U}_L + \dot{U}_C = \dot{I}R + \mathrm{j}\dot{I}X_\mathrm{L} + (-\mathrm{j}\dot{I}X_\mathrm{c}) \\ &= \dot{I}[R + \mathrm{j}(X_\mathrm{L} - X_C)]\end{aligned}$$

即

$$\dot{U} = \dot{I}Z$$

上式为 RLC 串联电路伏安关系的相量表示式，也叫作相量形式的欧姆定律。阻抗是一个复数，上式中的 $R + \mathrm{j}(X_\mathrm{L} - X_\mathrm{C})$ 称为电路的复阻抗，用大写字母 Z 表示，即

$$Z = R + \mathrm{j}(X_\mathrm{L} - X_C) = R + \mathrm{j}X = |Z|\angle\varphi_Z$$

上式中实部为电阻，虚部 $X = X_L - X_\mathrm{C}$ 称为电抗；φ_Z 称为阻抗角，φ_Z 的大小是由电路负载的参数决定的；$|Z|$ 称为阻抗的模，$|Z|$ 的单位是 Ω 。它们之间的关系为

$$\left.\begin{aligned}|Z| &= \sqrt{R^2 + X^2}\varphi \\ \varphi_Z &= \arctan\frac{X}{R}\end{aligned}\right\}$$

$$\left.\begin{aligned}R &= |Z|\cos\varphi_Z \\ X &= |Z|\sin\varphi_Z\end{aligned}\right\}$$

根据阻抗的定义，有

$$Z = \frac{U}{I} = \frac{U\angle\varphi_u}{I\angle\varphi_\mathrm{i}} = \frac{U}{I}\angle(\varphi_u - \varphi_\mathrm{i}) = |Z|\angle\varphi_Z$$

式中，$|Z| = \dfrac{U}{I}$；

$\varphi_Z = \varphi_U - \varphi_\mathrm{i}$。

复阻抗 Z 的模 $|Z|$ 反映了总电压与电流之间的大小关系，复阻抗的阻抗角 φ_Z 表示了 u 与 i 两者的相位关系。由此可见，在正弦交流电路中，对于一个无源二端网络，阻抗的模等于其端口的正弦电压与正弦电流的有效值（或振幅）之比，阻抗角等于电压超前电流的相位角。

由电压 $\dot{U}_R$、$\dot{U}_L$ 和 $\dot{U}$ 组成的直角三角形，称为电压三角形，如图 4 - 1 - 10（a）所示。由 R、X、$|Z|$ 组成的直角三角形，称为阻抗三角形，如图 4 - 1 - 10（b）所示。其中 $X = X_L - X_C$，$\dot{U}_X = \dot{U}_L + \dot{U}_C$（注意：因为 $\dot{U}_L$ 与 $\dot{U}_C$ 反向，故 $\dot{U}_X = \dot{U}_L - \dot{U}_C$）

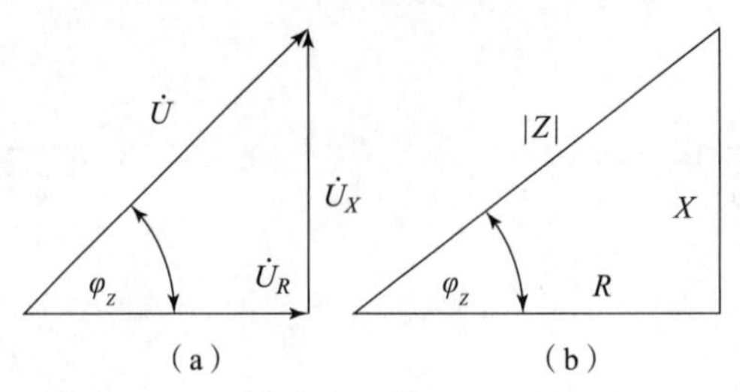

图 4 - 1 - 10　电压三角形、阻抗三角形

令电抗 $X = X_L - X_C = \omega L - \dfrac{1}{\omega C}$，可见，电抗 X 随着 ω、L 和 C 值的不同而不同，其电路有三种不同情况。

①当 $X_L > X_C$ 时，$X = X_L - X_C > 0$，电路中 $U_L > U_C$，$\varphi_Z > 0$，表示电压超前电流，电路呈电感性，其电压相量图如图 4 - 1 - 11（a）所示。

②当 $X_L < X_C$ 时，$X = X_L - X_C < 0$，电路中 $U_L < U_C$，$\varphi_Z < 0$，表示电压滞后于电流，电路呈电容性，其电压相量图如图 4 - 1 - 11（b）所示。

③当 $X_L = X_C$ 时，$X = X_L - X_C = 0$，电路中 $U_L = U_C$，$\varphi_Z = 0$，若 $\varphi_Z = 0$，则表示电压与电流同相，此电路为电阻性电路，其电压相量图如图 4 - 1 - 11（c）所示。

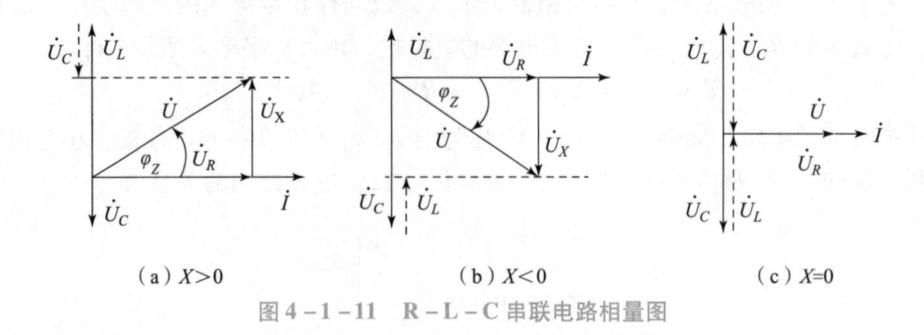

图 4 - 1 - 11　R - L - C 串联电路相量图

【例 4.1.5】有一 RC 电路，如图 4 - 1 - 12（a）所示。已知：$U_i = 10$ V，$f = 500$ Hz，$C = 0.1$ μF，为了使输出电压 U_o 对输入电压 U_i 移相（相位差）60°。试计算 R 的值。

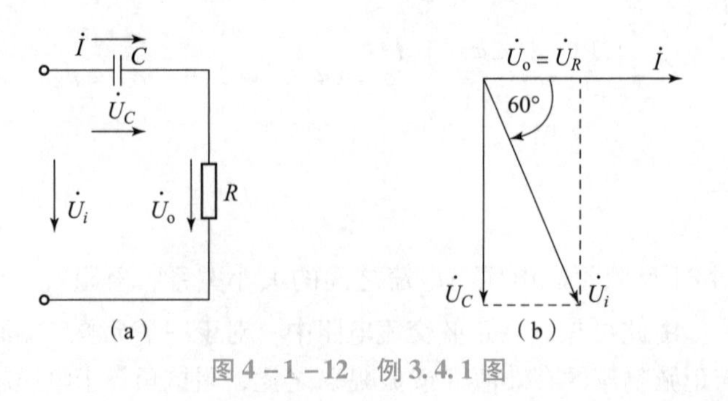

图 4 - 1 - 12　例 3.4.1 图

解：该电路为 RC 串联电路，U_o 即 U_R，以 I 为参考相量作相量图，如图 4－1－12（b）所示。

由相量图得

$$U_o = U_R = U_i\cos60° = 10 \times \frac{1}{2} = 5\ (\text{V})$$

而
$$U_C = U_i\cos60° = 10 \times \frac{\sqrt{3}}{2} = 5\sqrt{3}\ (\text{V})$$

因
$$\frac{U_C}{U_R} = \frac{LX_C}{IR} = \frac{X_C}{R}$$

所以
$$R = X_C\frac{U_R}{U_C} = \frac{1}{\omega C} \times \frac{U_o}{U_C} = \frac{1}{2 \times 3.14 \times 500 \times 0.1 \times 10^{-6}} \times \frac{5}{5\sqrt{3}} = 18.4\ (\text{k}\Omega)$$

［例 4.1.6］RLC 串联电路如图 4－1－12（a）所示。已知：$R = 5\ \text{k}\Omega$，$L = 6\ \text{mH}$，$C = 0.001\ \text{mF}$。

$$u = 5\sin10^6 t\ \text{V}$$

（1）求电流和各元件上的电压，并画出相量图；

（2）当角频率变为 $\omega = 2 \times 10^5\ \text{rad/s}$ 时，电路的性质有无改变。

解：（1）按相量法的 3 个步骤求解。

①写出已知正弦量的相量：

$$\dot{U} = 5\angle0°\text{V}$$

②根据相量关系进行计算：

$$X_L = \omega L = 10^6 \times 6 \times 10^{-3} = 6\ (\text{k}\Omega)$$

$$X_C = \frac{1}{\omega_C} = \frac{1}{10^6 \times 0.001 \times 10^6} = 1\ (\text{k}\Omega)$$

$$Z = R + \text{j}(X_L - X_C) = 5 + \text{j}(6 - 1) = 5 + \text{j}5 = 5\sqrt{2}\angle45°\text{k}\Omega$$

由阻抗角 $\varphi_Z = 45°$，则该电路为电感性。

电流相量为

$$\dot{I} = \frac{\dot{U}}{Z} = \frac{5\angle0°}{5\sqrt{2}\angle45°} = 0.5\sqrt{2}\angle -45°\ (\text{mA})$$

三、RLC 并联电路及复阻抗

（一）复阻抗

二端网络的复阻抗如图 4－1－13 所示。

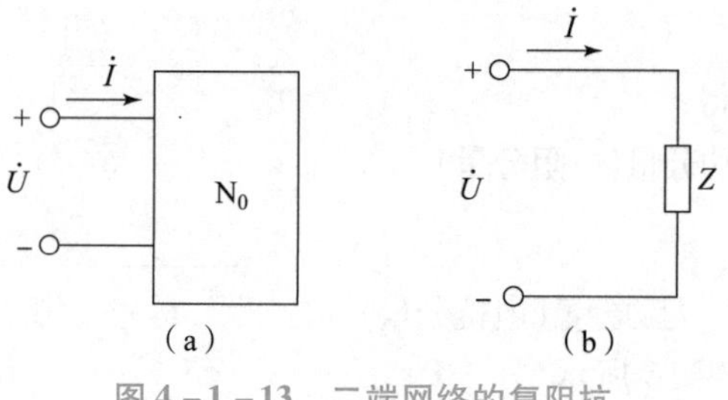

图 4－1－13　二端网络的复阻抗

学习笔记

端口电压相量：

$$\dot{U}=U\angle\psi_u$$

端口电流相量：

$$\dot{I}=I\angle\psi_i$$

输入复阻抗（复阻抗）：

$$Z=\frac{\dot{U}}{\dot{I}}=|Z|\angle\varphi$$

$$\begin{cases}\text{输入复阻抗的模：}|Z|=\dfrac{U}{I}\\ \text{输入复阻抗的辐角：}\varphi=\psi_{\mathrm{u}}-\psi_{\mathrm{i}}\\ \text{输入复阻抗}\rightarrow\text{输入阻抗}\\ \text{阻抗模}\rightarrow\text{阻抗}\end{cases}$$

如图 4－1－14 所示，复阻抗 Z 的代数式：

$$Z=R+\mathrm{j}X$$

实部 R，即电阻分量：

$$R=|Z|\cos\varphi$$

虚部 X，即电抗分量：

$$X=|Z|\sin\varphi$$

$$|Z|=\sqrt{R^2+X^2},$$

$$\varphi=\arctan\frac{X}{R}$$

图 4－1－14　阻抗三角形

在正弦交流电路中，RLC 元件的复阻抗：

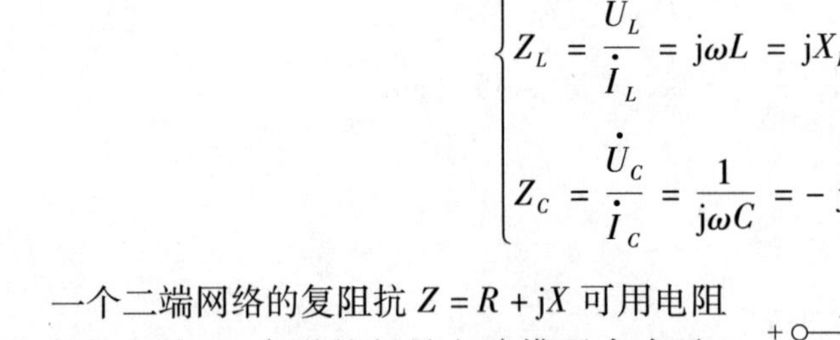

$$\begin{cases}Z_R=\dfrac{\dot{U}_R}{\dot{I}_R}=R\\ Z_L=\dfrac{\dot{U}_L}{\dot{I}_L}=\mathrm{j}\omega L=\mathrm{j}X_L\\ Z_C=\dfrac{\dot{U}_C}{\dot{I}_C}=\dfrac{1}{\mathrm{j}\omega C}=-\mathrm{j}X_C\end{cases}$$

一个二端网络的复阻抗 $Z=R+\mathrm{j}X$ 可用电阻 R 与复数电抗 $\mathrm{j}X$ 串联的相量电路模型来表示，如图 4－1－15 所示。

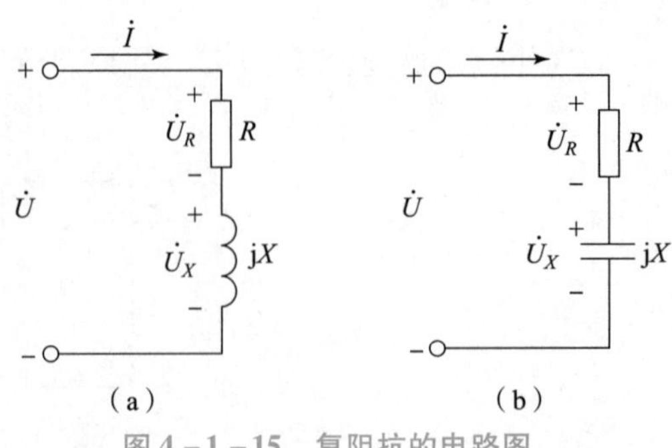

图 4－1－15　复阻抗的电路图

(a) $X>0$；(b) $X<0$

由复阻抗的定义式可得

$$\dot{U}=Z\dot{I}=R\dot{I}+\mathrm{j}X\dot{I}=\dot{U}_{\mathrm{a}}+\dot{U}_{\mathrm{r}}$$

$\dot{U}_{\mathrm{a}}$ → 有功分量（电阻分量）

$\dot{U}_{\mathrm{r}}$ → 无功分量（电抗分量）

电压三角形如图 4－1－16 所示。

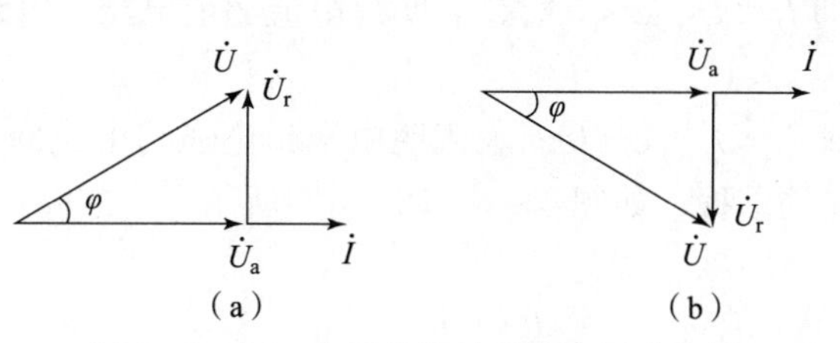

图 4-1-16 电压的有功分量和无功分量

（二）复导纳

图 4-1-17（a）所示为 RLC 并联电路，图 4-1-17（b）所示为它的相量图，按图中选取的电流、电压关联参考方向，并设电压为

$$u = \sqrt{2}U\sin(\omega t + \Psi_u)$$

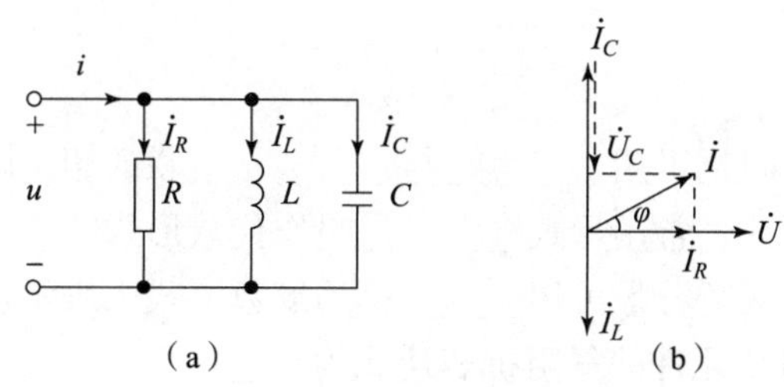

图 4-1-17 *RLC* 并联电路及相量图

则根据 KCL 可写出：

$$i = i_R + i_C + i_L$$

$$U = U\angle\Psi_u$$

$$I = \dot{I}_R + \dot{I}_C + \dot{I}_L$$

根据各元件的电压电流的相量关系，可改写成：

$$\dot{I} = \frac{\dot{U}}{R} + \frac{\dot{U}}{\mathrm{j}\omega L} + \frac{\dot{U}}{\frac{1}{\mathrm{j}\omega C}} = \left[\frac{1}{R} + \mathrm{j}\left(-\frac{1}{\omega L} + \omega C\right)\right]\dot{U} = Y\dot{U}$$

其也称为欧姆定律的相量形式，复数 Y 称为复导纳。

复导纳的计算。

RLC 并联电路的复导纳为

$$Y = \frac{1}{R} + \mathrm{j}\left(\omega C + \frac{1}{\omega L}\right) = G + \mathrm{j}(B_C - B_L) = G + \mathrm{j}B$$

或

$$Y = \frac{I}{U} = |Y|\angle\varphi$$

式中，Y——电路的复导纳，单位是西门子（S）。

四、电路中的三种情况及相量图

电路元件参数的不同，电路所呈现的状态不同。对 RLC 并联电路可分为下列三种情况。

（1）当 $B_L > B_C$，即 $I_L > I_C$，$\varphi < 0$ 时，表明总电流滞后电压，电路呈感性，如图 4-1-18（a）所示。

学习笔记

(2) 当 $B_L < B_C$，即 $I_L < I_C$，$\varphi < 0$ 时，表明总电流超前电压，电路呈容性，如图 4－1－18 (b) 所示。

(3) 当 $B_L = B_C$，即 $I_L = I_C$，$\varphi = 0$ 时，表明电端口电压与电流同相，电路呈阻性，这种情况称为 RLC 并联电路的谐振，如图 4－1－18 (c) 所示。

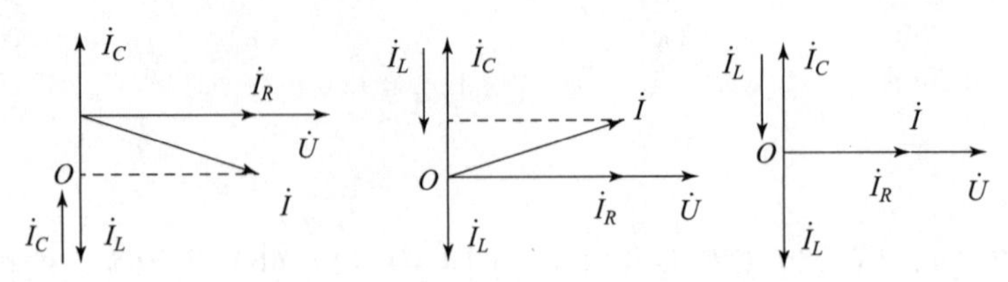

图 4－1－18　RLC 并联电路三种情况相量图

知识测试

一、填空题

1. 一个二端网络的复阻抗可用________与________串联的相量电路模型来表示。
2. 复数有多种表示形式，常用形式________叫作代数形式
3. 电压的有功分量和无功分量可用________的复数形式来表示。
4. 正弦交流电路，RLC 元件的复阻抗表达式为________。

二、简答题

1. 什么是 RLC 串联电路?
2. RLC 电路中，复阻抗的计算方法是什么?

4.1.3　正弦交流电的功率与功率因数

在正弦交流电路中，有以下几种功率，分别是有功功率、无功功率和视在功率，我们先来学习一下它们的概念。

一、三相电路的功率

(一) 三相电路的有功功率

在交流电路中，凡是消耗在电阻元件上、功率不可逆转换的那部分功率 (如转变为热能、光能或机械能) 称为有功功率，简称“有功”，用 P 表示，单位是瓦 (W) 或千瓦 (kW)。它反映了交流电源在电阻元件上做功的能力大小，或单位时间内转变为其他能量形式的电能数值。实际上它是交流电在一个周期内瞬时功率的平均值，故又称平均功率。它的大小等于瞬时功率最大值的 1/2，即等于电阻元件两端电压有效值与通过电阻元件中电流有效值的乘积。

三相电路的有功功率等于各相有功功率的总和，即

$$P = P_1 + P_2 + P_3$$

当三相负载对称时，各相有功功率相等，总有功功率为一相有功功率的 3 倍，即

$$P = 3P_P = 3U_PI_P\cos\varphi_P$$

当负载星形连接时有

$$U_{YP} = \frac{U_L}{\sqrt{3}}, I_{YP} = I_{YL}$$

所以

$$P_Y = 3U_{YP}I_{YP}\cos\varphi_P = 3\frac{U_L}{\sqrt{3}}I_{YL}\cos\varphi_P = \sqrt{3}U_{YL}I_{YL}\cos\varphi_P$$

当负载三角形连接时有

$$U_{\triangle P} = U_L, I_{\triangle P} = \frac{I_{\triangle L}}{\sqrt{3}}$$

所以

$$P_{\triangle} = 3U_{\triangle P}I_{\triangle P}\cos\varphi_P = 3U_L\frac{I_{\triangle L}}{\sqrt{3}}\cos\varphi_P = \sqrt{3}U_LI_{\triangle L}\cos\varphi_P$$

因此，三相对称负载不论是作星形还是三角形连接，总的有功功率的公式可统一写成：

$$P = \sqrt{3}U_LI_L\cos\varphi_P$$

【例 4.1.7】有一对称三相负载，每相的电阻为 60 Ω，电抗为 80 Ω，电源线电压为 380 V，试计算负载星形连接和三角形连接时的有功功率。

解：每相负载的阻抗为

$$|Z| = \sqrt{R^2 + X^2} = \sqrt{60^2 + 80^2}\ \Omega = 100\ \Omega$$

星形连接时，有

$$U_{YP} = \frac{U_L}{\sqrt{3}} = \frac{380}{\sqrt{3}}\ \text{V} = 220\ \text{V}$$

$$I_{YL} = I_{YP} = \frac{U_{YP}}{|Z|} = \frac{220}{100}\ \text{A} = 2.2\ \text{A}$$

$$\cos\varphi_P = \frac{R}{|Z|} = \frac{60}{100} = 0.6$$

所以，有功功率为

$$P_Y = \sqrt{3}U_LI_L\cos\varphi_P = \sqrt{3}\times380\times2.2\times0.6\ \text{W} \approx 870\ \text{W}$$

三角形连接时

$$U_{\triangle P} = U_L = 380\ \text{V}$$

$$I_{\triangle P} = \frac{U_{\triangle P}}{|Z|} = \frac{380}{100}\ \text{A} = 3.8\ \text{A}$$

$$I_{\triangle L} = \sqrt{3}I_{\triangle P} = \sqrt{3}\times38\text{A} \approx 6.6\ \text{A}$$

负载的功率因数不变，所以有功功率为

$$P_{\triangle} = \sqrt{3}U_LI_L\cos\varphi_P = \sqrt{3}\times380\times6.6\times0.6\ \text{W} \approx 2.6\ \text{kW}$$

可见，在相同的线电压下，负载作三角形连接的有功功率是星形连接的有功功率的 3 倍，这是因为三角形连接时的线电流是星形连接时的 3 倍。

（二）三相电路的无功功率

在交流电路中，凡是具有电感性或电容性的元件，在通过后便会建立起电感线圈的磁场或电容器极板间的电场。因此，在交流电每个周期前半段（瞬时功率为正值）时间内，它

学习笔记

学习笔记

们将会从电源吸收能量用于建立磁场或电场；而后半段（瞬时功率为负值）的时间内，其建立的磁场或电场能量又返回电源。因此，在整个周期内这种功率的平均值等于零。就是说，电源的能量与磁场能量或电场能量在进行着可逆的能量转换，而并不消耗功率。

通常将电感或电容元件与交流电源往复交换的功率称为无功功率，简称“无功”，用“Q”表示，单位是乏（var）或千乏（kvar）。

无功功率是交流电路中由于电抗性元件（指纯电感或纯电容）的存在，而进行可逆性转换的那部分电功率，它表达了交流电源能量与磁场或电场能量交换的最大速率。实际工作中，凡是有线圈和铁芯的感性负载，它们在工作时建立磁场所消耗的功率即为无功功率。如果没有无功功率，则电动机和变压器就不能建立工作磁场。

三相电路的有功功率等于各相有功功率的总和，即

$$Q = Q_1 + Q_2 + Q_3$$

当三相负载对称时，各相无功功率相等，则总无功功率为一相无功功率的 3 倍，即

$$Q = 3Q_P = 3U_P I_P \sin\varphi_P = \sqrt{3} U_L I_L \sin\varphi_P$$

（三）三相电路的视在功率

交流电源所能提供的总功率，称为视在功率或表现功率，在数值上是交流电路中电压与电流的乘积。视在功率用 S 表示，单位为伏安（V·A）或千伏安（kV·A），其通常用来表示交流电源设备（如变压器）的容量大小。

视在功率既不等于有功功率，又不等于无功功率，但它既包括有功功率，又包括无功功率。能否使视在功率 100 kV·A 的变压器输出 100 kW 的有功功率，主要取决于负载的功率因数。

三相电路的视在功率为

$$S = \sqrt{P^2 + Q^2}$$

二、功率因数的提高

（一）功率因数的概念

功率因数是指交流电路有功功率与视在功率的比值。常见的电器设备在一定电压和功率下，功率因数的值越高效益越好，发电设备越能被充分利用。功率因数的大小与电路的负荷性质有关，如白炽灯泡、电阻炉等电阻负荷的功率因数为 1。功率因数是衡量电器设备效率高低的一个系数，功率因数低，说明电路用于交变磁场转换的无功功率大，从而降低了设备的利用率，增加了线路供电损失。在交流电路中，电压与电流之间的相位差（Φ）的余弦叫作功率因数，用符号 $\cos\Phi$ 表示，即

$$\cos\Phi = P/S$$

知识测试

一、填空题

1. 在正弦交流电路中，有以下几种功率，分别是________、________、________。
2. 三相对称负载无论是作星形还是三角形连接，总的有功功率的公式为________。
3. ________是交流电路中由于电抗性的存在，而进行可逆性转换的电功率。
4. 交流电源所能提供的总功率，称为________。

学习笔记

二、判断题

1. 视在功率既不等于有功功率，又不等于无功功率，它既包括有功功率，又包括无功功率。 (　　)

2. 功率因数是指交流电路有功功率对视在功率的比值。常见的电器设备在一定电压和功率下，该值越低效益越好。 (　　)

3. 采用电容补偿柜等无功补偿装置，可适当降低系统的功率因数。 (　　)

三、简单题

1. 提高功率因素，有哪些常用的措施?

2. 有一对称三相负载，每相的电阻为 40 Ω，电抗为 60 Ω，电源线电压为 380 V，试计算负载星形连接和三角形连接时的有功功率。

4.1.4　正弦交流电路的谐振

谐振是正弦交流电的基本知识，认识这种客观现象，并在生产、生活上充分利用谐振的特点，同时又要预防它所产生的危害。所以，对谐振电路的研究，无论是从利用方面，还是从限制其危害方面来看，都有重要意义。

一、RLC 串联谐振电路

【想一想】空间中有很多的电波，如何接收某一电台的电波，如图 4－1－19 所示。

(a)　　(b)

图 4－1－19　电波电路及设备

（一）谐振电路

1. 电谐振

当接收电路的固有频率与接收到的电磁波的频率相同时，接收电路中产生的振荡电流最强，这种现象叫作电谐振，相当于机械振动中的共振。

2. 谐振电路

在正弦交流电路中，若端电压和电流同相，则电路呈电阻性，称为谐振。所以谐振电路的特点为阻抗角为 0，电路中的有功功率和视在功率相等，无功功率为 0。这些是谐振电路共有的特点，不同的谐振电路还有自己的特点。

（二）RLC 串联谐振电路

【做一做】将三个元件 R、L 和 C 与灯泡串联，接在频率可调的正弦交流电源上，并保

学习笔记

持电源电压不变。如图 4-1-20 所示，实验时，将电源频率逐渐由小调大，发现灯泡亮度慢慢由暗变亮，当达到某一频率时，灯泡最亮，当频率继续增加时，会发现灯泡亮度又慢慢由亮变暗。

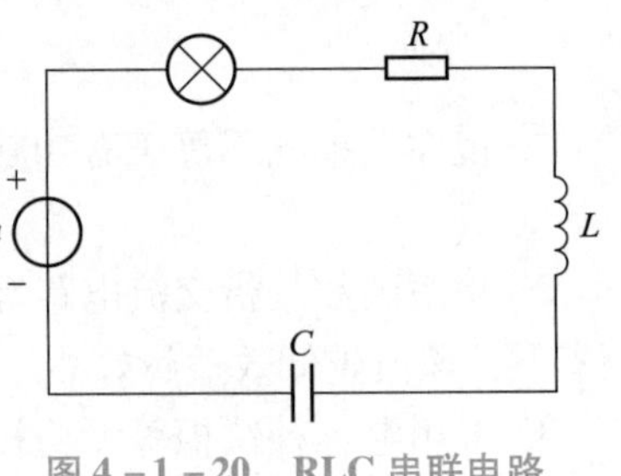

图 4-1-20　RLC 串联电路

【想一想】灯泡何时最亮，怎么解释这种现象？

（1）串联谐振产生的条件：

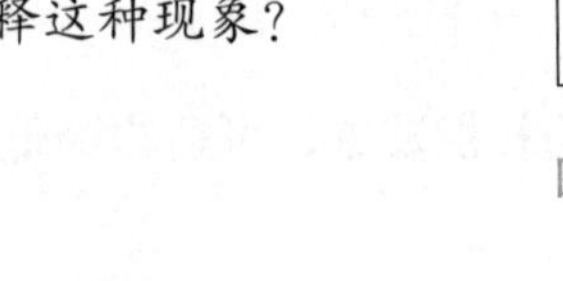

$$X_L = X_C = \omega_0 L = \frac{1}{\omega_0 C}$$

（2）谐振频率：

$$\omega_0 = \frac{1}{\sqrt{LC}} \quad f_0 = \frac{1}{2\pi\sqrt{LC}}$$

【做一做】按图 4-1-21 所示选择元器件并设置参数，连接电路，接入示波器，改变电感和电容参数，使电路谐振，通过示波器读出电阻、电感、电容端电压及电路总电压，记录数据并填入表 4-1-1 中，计算电路的品质因数。（电压表的读数应为最大值。）

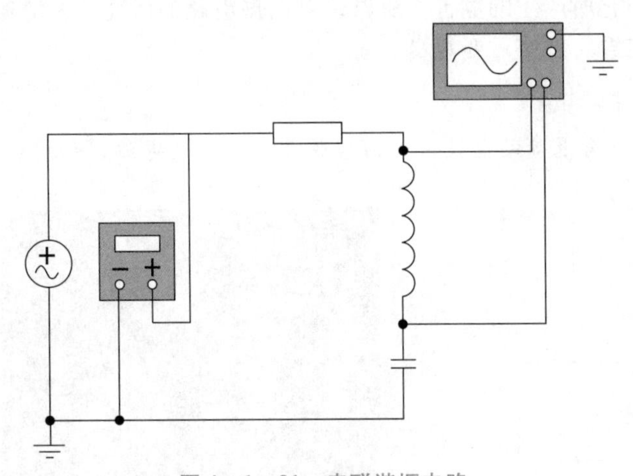
图 4-1-21　串联谐振电路

表 4-1-1　电路参数

参数	频率	品质因数 Q	U_{RM}	U_{LM}	U_{CM}	U_M

【想一想】通过数据分析，谐振电路有何特点？

（三）串联谐振的特点

（1）串联谐振时，$X_L = X_C$，所以谐振时电路的复阻抗 $Z = R$，呈电阻性，其阻抗值最小。

（2）因阻抗最小，所以在电压一定时，电路中谐振电流最大，即

$$I_0 = \frac{U}{|Z_0|} = \frac{U}{R}$$

（3）谐振时电阻端电压为 $U_R = I_0 R = U$，而电容和电感的端电压大小相等、相位相反，即

$$U_L = U_C = I_0X_L = I_0X_C = \frac{U}{R}X_L = \frac{U}{R}X_C = \frac{\omega_0 L}{R}U = \frac{1}{\omega_0 CR}U = QU$$

式中，$Q = \frac{\omega_0 L}{R} = \frac{1}{\omega_0 CR}$，即电路的品质因数。

实用的串联谐振回路 Q 的值一般在几十至几百之间，使得谐振时电感电压和电容电压远远超过了电源电压。根据这一特性，串联谐振又称为电压谐振。

谐振时，电路的无功功率为零，电源只提供能量给电阻元件消耗，而电路内部电感的磁场能和电容的电场能正好完全相互转换。

（四）电路实现谐振的方法

（1）当信号源的频率一定时，可调节 L 或 C 的大小来实现谐振。

（2）当电路参数 L、C 一定时，可调节信号源的频率使回路谐振。

（五）串联谐振的应用

在无线电技术中，传输的电压信号往往很弱，为此可利用电压谐振现象，获得较高的电压。如收音机中的输入回路，在某一波段内，便是调节可变电容器的电容量，使回路的固有频率与所要收听电台的谐振频率一致而发生谐振，以达到选择信号的目的，如图 4－1－22 所示。而在电力系统中，电源电压本身较高，如果电路在电压谐振的情况下工作，就会产生过高的电压，使电感和电容的绝缘被击穿而损坏某些电气设备，甚至发生危险，这就要求尽量避免电压谐振发生。

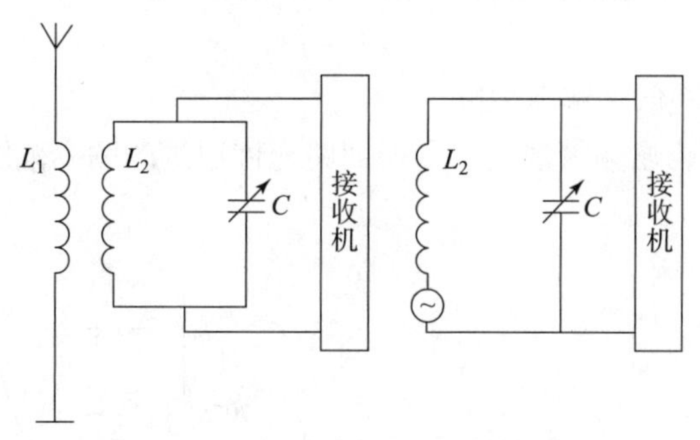

图 4－1－22　收音机的串联谐振电路

（六）串联谐振回路的谐振曲线和选择性

当电源频率发生变化时，谐振回路中的电压、电流、阻抗等都随之而变化，对于串联谐振回路，人们较为关心的是电流的振幅随角频率 ω（或 f）变化的关系，即电流的谐振曲线。如图 4－1－23 所示，由图可见，不论 ω 从哪一侧偏离 ω_0，电流的幅值都从最大值下来，失谐越大（即 ω 偏离 ω_0 越远），电流就越小。这表明串联谐振回路具有选择接近于谐振频率附近电流的性能。也就是说，串联谐振回路能够有效地从一定频率范围的信号中，选择所需要频率的信号，而对于其他频率的信号有很强的抑制能力，串联谐振回路的这种特性称为选择性（或称选频特性）。显然，谐振曲线越陡，选择性越好；反之，曲线越平坦，选择性就越差。而谐振曲线的尖锐和平坦与 Q 值有关。设电路的 L 和 C 值不变，只改变电阻值，电阻值越小，Q 值越大，则谐振曲线越陡，如图 4－1－24 所示，也就是选择性越好。在电子技术中，常用 Q 值的高低来体现选择性的好坏。

学习笔记

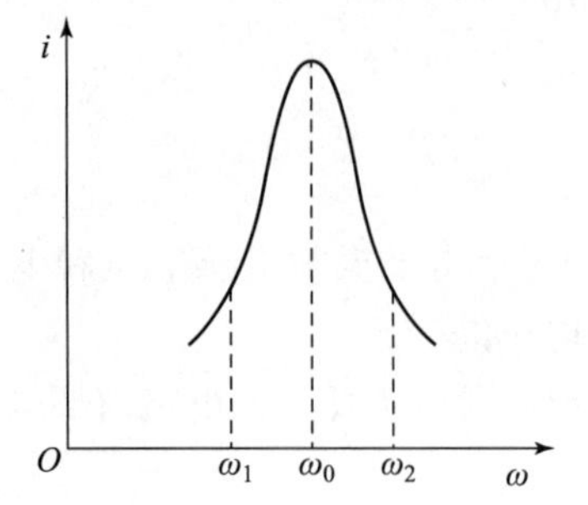

图 4－1－23　电流的谐振曲线（一）

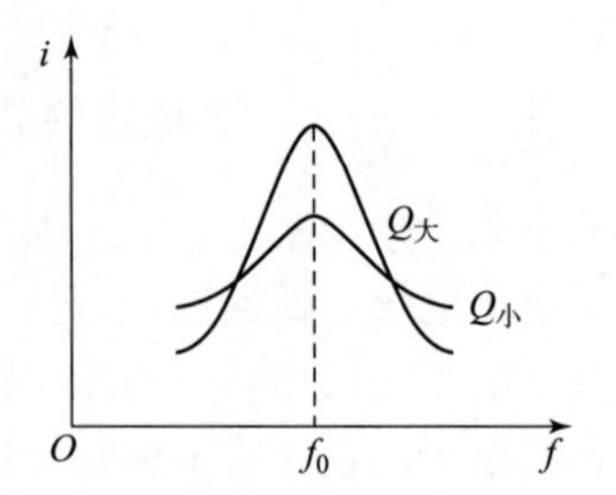

图 4－1－24　电流的谐振曲线（二）

（七）通频带

【想一想】在谐振电路中，Q 值是不是越高越好呢？

在电子技术中，所传输的信号往往不是单一频率的，而是占有一定的频率范围，简称带宽。例如，广播电台为了保证不失真地传送频带范围较宽的音乐节目，带宽可达十几 kHz 甚至几百 kHz。为了使所要传输的信号顺利通过电路而不产生失真，且不受其他信号的干扰，要求在信号占有的频带内回路的幅频特性尽量平坦，在频带外则尽量陡峭。其理想的谐振曲线如图 4－1－25 所示，事实上，要想在规定的频带内使信号电流都等于谐振电流 I_0 是不可能的。在电子技术中规定，当回路外加电压的幅值不变时，回路中产生的电流不小于谐振值的 0.707 倍的一段频率范围，简称带宽，用 B 表示，即

$$B = f_2 - f_1$$

式中，f_1，f_2——通频带的低端和高端频率。

如图 4－1－26 所示，通频带规定了谐振回路允许通过的频率范围。

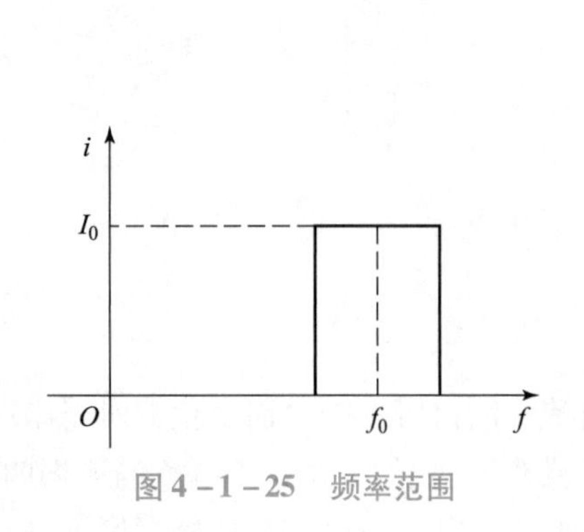

图 4－1－25　频率范围

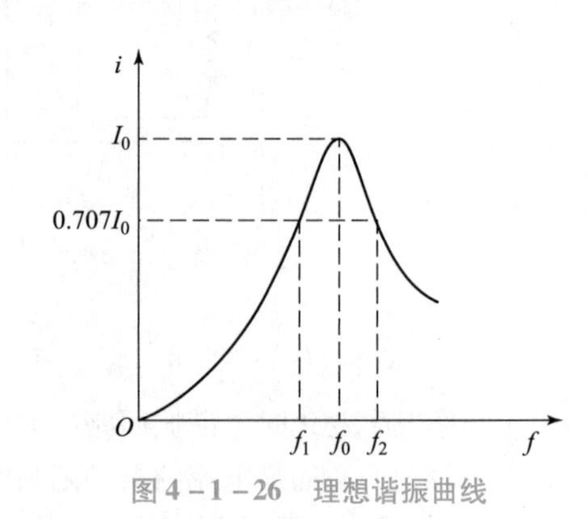

图 4－1－26　理想谐振曲线

可以证明：

$$B = \frac{f_0}{Q} \tag{4-1-2}$$

式（4－1－2）表明，通频带带宽与 Q 值成反比。Q 值越大，通频带越窄；反之，Q 值越小，通频带越宽。

通过以上分析可知，串联谐振回路的选择性和通频带均受 Q 值影响，但两者之间是相互矛盾的。Q 值越高，谐振曲线越尖锐，选择性越好，但通频带越窄；反之，Q 值越小，曲

线越平坦，选择性越差，但通频带越宽。在实际应用中，如何处理这两者关系：应依照具体情况，选取适当的 Q 值，以兼顾两方面的需求。

学习笔记

二、并联谐振电路

串联谐振回路适用于信号源内阻等于零或很小的情况，如果信号源内阻很大，采用串联谐振回路将严重降低回路的品质因数，使串联谐振回路的选择性显著变坏，在这种情况下该怎么办呢？

（一）电感线圈和电容器的并联电路

1. 并联谐振产生的条件

组成：图 4－1－27 所示为电感线圈和电容器并联的电路模型。设电容器的电阻损耗很小，可以忽略不计，看成一个纯电容；而线圈电阻损耗是不可忽略的，可以看成是 R 和 L 的串联电路。

2. 回路电流分析

由于两并联支路的端电压相等，故电路的总电流等于流过两个支路的电流的矢量和。电感支路中的电流滞后于端电压一个小于的角度，电容支路中的电流则超前端电压。取端电压为参考矢量，画出矢量图，如图 4－1－28 所示。

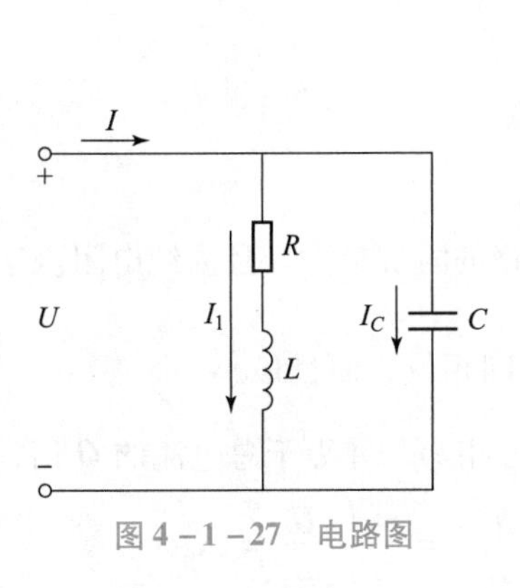

图 4－1－27　电路图

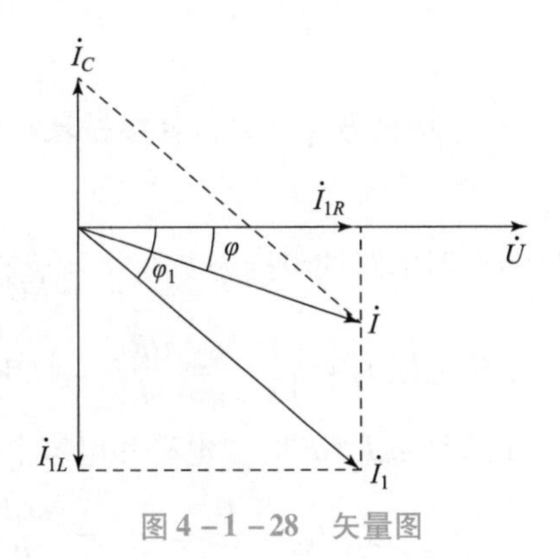

图 4－1－28　矢量图

（1）电感支路的电流有效值：

$$I_1 = \frac{U}{|Z|} = \frac{U}{\sqrt{R^2 + X_L^2}}$$

它可用两个分量 I_{1R} 和 I_{1L} 代替，即

$$I_1 = \sqrt{I_{1R}^2 + I_{1L}^2}$$

（2）电容支路的电流有效值：

$$I_C = \frac{U}{X_C} = \omega CU$$

（3）电路上的总电流：

$$I = \sqrt{I_{1R}^2 + (I_{1L} - I_C)^2}$$

（4）总电流和端电压的相位差：

$$\varphi = \arctan\frac{I_{1L} - I_C}{I_{1R}}$$

学习笔记

3. 谐振条件

$$X_L \approx X_C$$

$$\omega_0 = \sqrt{\frac{1}{LC} - \frac{R^2}{L^2}}$$

当电路满足 $\omega_0 L \gg R$ 时，谐振角频率近似为

$$\omega_0 \approx \frac{1}{\sqrt{LC}}$$

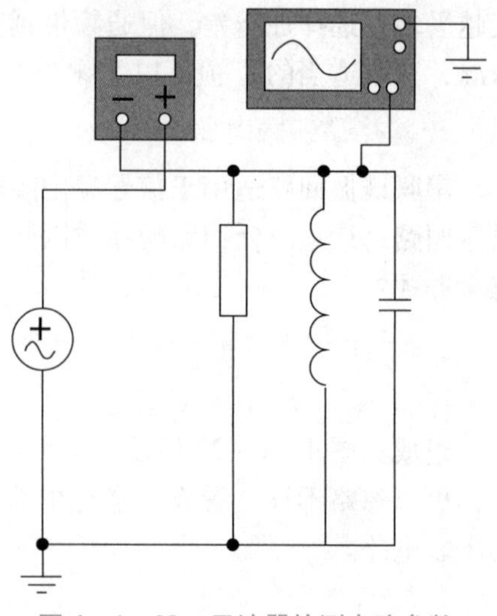

图 4－1－29　示波器检测电路参数

【做一做】按图 4－1－29 选择元器件并设置参数，连接电路，接入示波器，改变电感和电容参数，使电路谐振，通过示波器读出电阻、电感、电容上的电流及电路总电流，记录数据并填入表 4－1－2 中，计算电路的品质因数 Q。（电流表的读数应为最大值。）

表 4－1－2　实验数据表

参数	频率	品质因数 Q	I_{RM}	I_{LM}	I_{CM}	I_M

【想一想】通过数据分析，并联谐振电路有何特点？

4. 并联谐振的特点

（1）谐振时电路的阻抗为 $|Z_0| = \frac{L}{RC}$，此时电路的阻抗最大，且为纯电阻。

（2）谐振电流 $I_0 = \frac{U}{|Z_0|} = \frac{URC}{L}$，该电流与电压同相位，而且最小。

（3）在满足 $\omega_0 L \gg R$ 时，电感和电容上的电流近似相等，并等于总电流的 Q 倍，且

$$I_C \approx I_{RL} \approx \frac{U}{X_L} = \frac{U}{\omega_0{}^2 L^2}\frac{\omega_0 L}{R}R = \frac{\omega_0 L}{R}\frac{U}{\frac{L^2}{LCR}} = \frac{\omega_0 L}{R}\frac{U}{\frac{L}{RC}} = QI_0$$

式中，电路的品质因数 $Q = \frac{\omega_0 L}{R}$，所以 RLC 并联谐振也叫电流谐振。

（4）谐振时，电路的无功功率为零，电源只提供能量给电阻元件消耗，而电路内部电感和电容元件的磁场能与电场能正好完全相互转换。

【练一练】在图 4－1－29 所示的并联谐振电路中，已知电阻为 50 Ω，电感为 0.25 mH，电容为 10 pF，求电路的谐振频率、谐振时阻抗和品质因数。

（二）并联谐振回路的频率特性

（1）当 $\omega < \omega_0$ 时，感抗减小，阻抗随之减小，于是电感支路电流和总电流均增大。因总电流的性质主要由电流较大的支路来决定，故总电流呈感性，回路亦呈感性。

（2）当 $\omega > \omega_0$ 时，容抗减小，阻抗也随之减小，于是电容支路电流和总电流均增大。此时总电流呈容性，回路亦呈容性。

可以看出，失谐时并联谐振回路的阻抗性质与串联谐振回路正好相反。

图 4－1－30 所示为并联谐振回路的阻抗频率特性曲线。

如图 4－1－31 所示，不同的 Q 值有不同的阻抗频率特性。

在电压保持不变的情况下，由电流与阻抗的反比关系可推知电流谐振曲线的形状如图 4－1－32 所示，阻抗越小，曲线越尖锐，电路的选择性越好，即 Q 值越大。

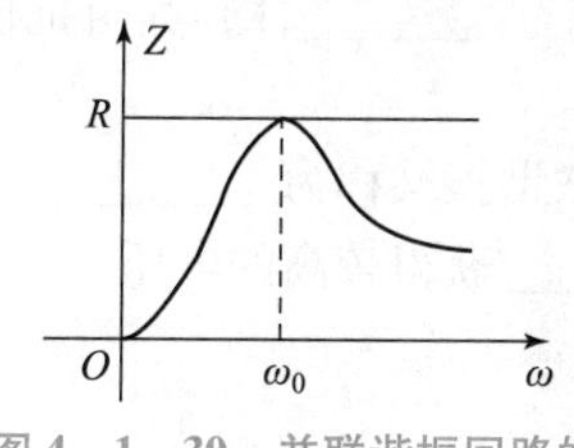

图 4－1－30　并联谐振回路的阻抗频率特性

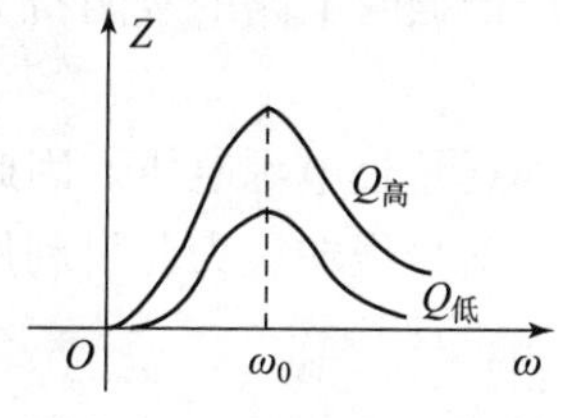

图 4－1－31　不同 Q 值的阻抗频率特性

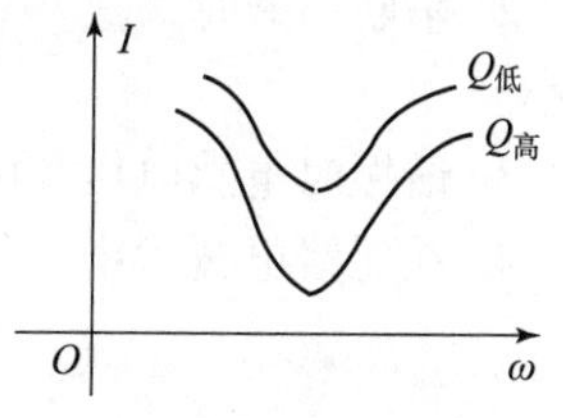

图 4－1－32　电流谐振曲线

（三）实用的并联谐振回路

在无线电技术中，有时需要使并联谐振回路与不同内阻的信号源匹配并满足通频带所要求的 Q 值。在这种情况下常常采用将信号源部分接入并联谐振回路的方法。

1. 电感抽头式并联谐振回路

电感抽头式并联谐振回路又称双电感电路，如图 4－1－33 所示。这种电路在线圈上适当处引出一接线端，将电感 L 分成 L_1 和 L_2 两部分。由于总的电感量未改变，因而回路的 Q 值与未抽头时相同。

2. 电容抽头式并联谐振回路

电容抽头式并联谐振回路又称为双电容电路，如图 4－1－34 所示。若改变抽头位置，双电容电路的谐振阻抗亦随之变化，但是由于在 C_1、C_2 电容量改变的同时要保持回路的固有频率不变是很难做到的，因此在多数情况下采用双电感回路。

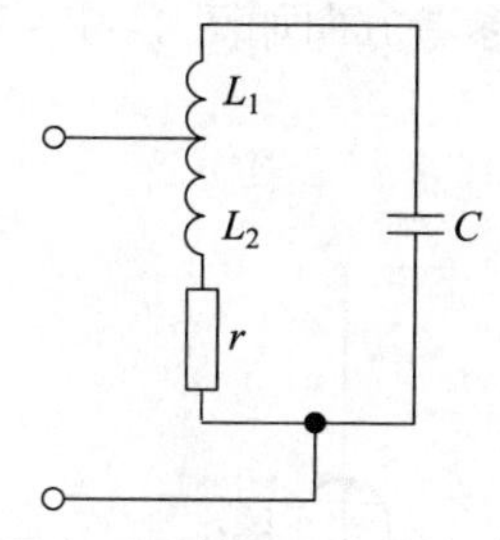

图 4－1－33　双电感电路

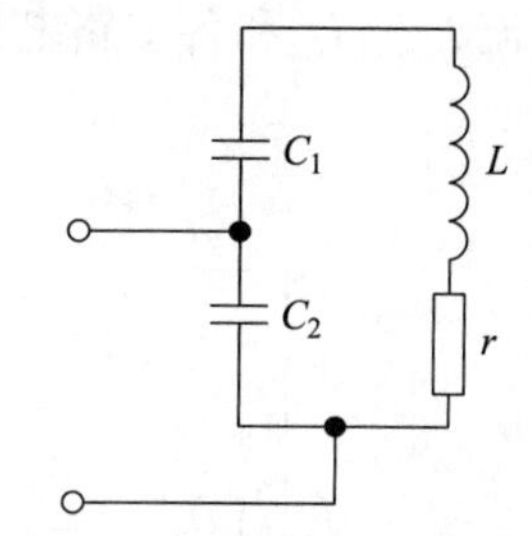

图 4－1－34　双电容电路

抽头式并联谐振回路常用于阻抗较低的晶体管电路和集成电路。

（四）并联谐振回路的应用

电感线圈和电容器的并联电路，在电子技术中应用极为广泛。例如，收音机里的中频变压器、用以产生正弦波的 LC 振荡器等，都是以电感线圈和电容器的并联作为核心部分的。

学习笔记

一、填空题

1. 在正弦交流电路中，若端电压和电流同相，则电路呈电阻性，我们称之为________。

2. 串联谐振时，________，所以谐振时电路的复阻抗 $Z=R$，为________性，其阻抗值最小。

3. 谐振时电感电压和电容电压远远超过电源电压。因此，串联谐振又称为________。

4. 在无线电技术中，传输的电压信号很弱，为此可利用________获得较高的电压。

二、简答题

1. 在无线电技术中，串联谐振技术是如何应用的？

2. 在谐振电路中，Q 值是不是越高越好呢？

3. 并联谐振回路的频率特性有哪些？

4.1.5 正弦交流电路的分析方法

前面我们对简单的正弦交流电路进行了分析，对一些复杂的正弦交流电路，如果构成电路的电阻、电感、电容等元件都是线性的，电路中正弦电源都是同频率的，那么电路各部分的电压和电流仍将是同频率的正弦量，可用相量法进行分析。

与相量形式的欧姆定律及基尔霍夫定律类似，只要把电路中的无源元件表示为复阻抗或复导纳，所有的正弦量均用相量表示，那么讨论直流电路时所采用的各种网络分析方法、原理、定理都完全适用于线性正弦交流电路。

一、网孔电流法

图 4-1-35 所示为由个网孔组成的交流电路，图 4-1-35 中 U_{S1}、U_{S2}、R、X_L、X_C都已知，求各支路电流。

选定网孔电流 I_{m1}、I_{m2}和各支路电流 I_1、I_2、I_3，其参考方向如图 4-1-35 所示。

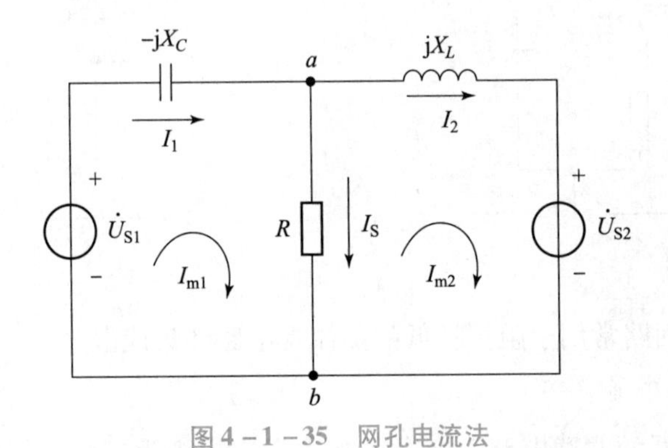

图 4-1-35 网孔电流法

各网孔绕行方向和本网孔电流参考方向一致，列网孔电流方程为

$$Z_{11}\cdot I_{m1}+Z_{12}\cdot I_{m2}=U_{S11}$$

$$Z_{21}\cdot I_{m1}+Z_{22}\cdot I_{m2}=U_{S22}$$

其中，

$$Z_{11}=R-jX_C,\ Z_{12}=Z_{21}$$
$$Z_{22}=R+jX_L$$
$$U_{S11}=U_{S1},\ U_{S2}=-U_{S22}$$

解方程可求出各支路电流分别为

$$I_1=I_{m1},\ I_2=I_{m2},\ I_3=I_{m1}-I_{m2}$$

【例4.1.8】如图4-1-35所示的电路中，已知 $U_{S1}=\dfrac{100}{0°}$V，$U_{S2}=\dfrac{100}{90°}$V，$R=6\ \Omega$，$X_L=8\ \Omega$，$X_C=8\ \Omega$，求各支路电流。

解：选定各支路电流 I_1、I_2、I_3 和网孔电流 I_{m1}、I_{m2} 的参考方向，如图4-1-35所示，选定参考绕行方向和网孔电路的参考方向一致。列出网孔电流方程为

$$(6-8j)\ I_{m1}-6I_{m2}=\frac{100}{0}$$
$$-6I_{m1}+\ (6+j8)\ I_{m2}=-100j$$

整理得

$$I_{m1}=9.38+j3.13=9.89\angle 19°\ (A)$$
$$I_{m2}=-3-j9.25=9.8\angle -108°\ (A)$$

所以各支路的电流为

$$I_1=I_{m1}=9.89\angle 19°\ A$$
$$I_2=I_{m2}=9.8\angle -108°\ A$$
$$I_3=I_{m1}-I_{m2}=\frac{9.89}{19°}-9.8\angle -108°=17.6\angle 45°\ (A)$$

正弦稳态电路的分析在引入复阻抗、复导纳后类似于直流电阻电路的分析，为了找到计算正弦稳态电路更为简便的方法，这里引入相量模型的概念。

所谓相量模型，就是在保持原正弦稳态电路拓扑结构不变的条件下，把电路中的正弦电压、电流全部用相应的相量表示，方向不变，而原电路中的各个元件则分别用阻抗或导纳表示，即把每一个电阻元件看作具有 R 值的阻抗（或 G）。

（一）阻抗、导纳的串联和并联

一个时域形式的正弦稳态电路，在用相量模型表示后，与直流电阻电路的形式完全相同，只不过这里出现的是阻抗或导纳和用相量表示的电源。阻抗、导纳的串并联类似于电阻、电导的串并联。图4-1-36（a）表示 n 个阻抗的串联电路。

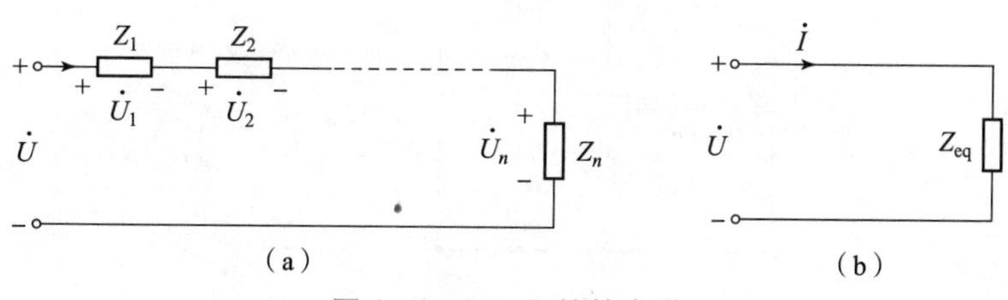

图4-1-36 阻抗的串联

学习笔记

由图 4-1-36（a），有

$$\dot{U}=Z_1\dot{I}+Z_2\dot{I}+\cdots+Z_n\dot{I}=(Z_1+Z_2+\cdots+Z_n)\dot{I}$$

$$Z_{\mathrm{eq}}=Z_1+Z_2+\cdots+Z_n=\sum_{k=1}^{n}Z_k$$

所以，n 个阻抗串联，其等效阻抗为这 n 个阻抗之和。各阻抗的电压分配关系为

$$\dot{U}_k=\frac{Z_k}{\sum_{k=1}^{n}Z_k}\dot{U}$$

同理，如图 4-1-37 所示对于由 n 个导纳并联而成的电路，有

$$Y_{\mathrm{eq}}=Y_1+Y_2+\cdots+Y_n=\sum_{k=1}^{n}Y_k$$

式中，$\dot{I}$ ——总电流；

$\dot{I}_k$ ——第 k 个导纳的电流。

特别是当两个阻抗并联时，有

$$Z_{\mathrm{eq}}=\frac{Z_1\cdot Z_2}{Z_1+Z_2}$$

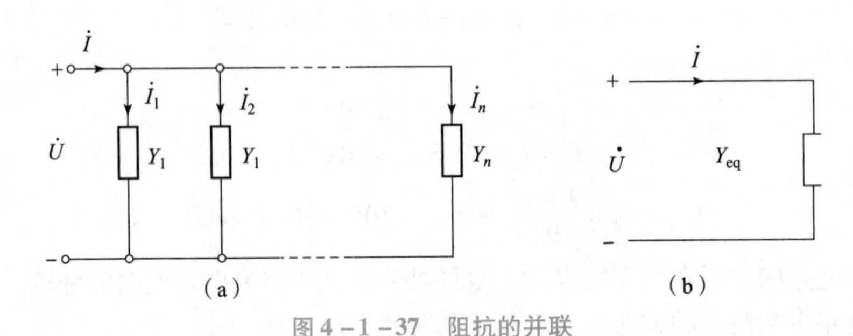

图 4-1-37　阻抗的并联

（二）正弦稳态电路的相量分析

由于采用相量法使相量形式的支路方程、基尔霍夫定律方程都成为线性代数方程，所以它们和直流电路中方程的形式相似。

【例 4.1.9】如图 4-1-38 所示电路，试列出其节点电压方程。

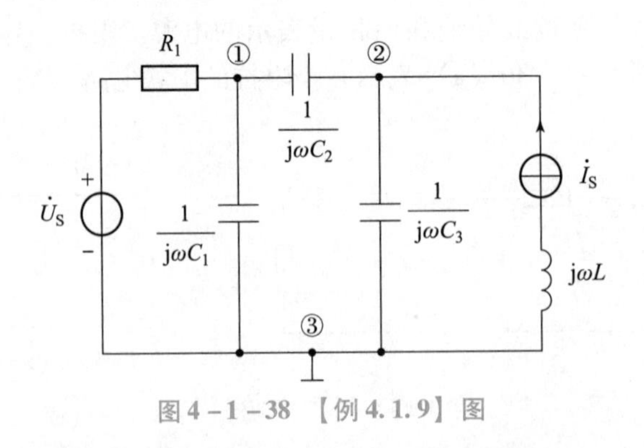

图 4-1-38 【例 4.1.9】图

解：电路中共有三个节点，取节点③为参考节点，其余两节点的节点电压相量分别为

$\dot{U}_{n1}$ 、$\dot{U}_{n2}$ 。根据节点法可列出节点电压方程为

$$\begin{cases} Y_{11}\dot{U}_{n1} + Y_{12}\dot{U}_{n2} = \dot{I}_{S11} \\ Y_{21}\dot{U}_{n1} + Y_{22}\dot{U}_{n2} = \dot{I}_{S22} \end{cases}$$

$$Y_{11} = \frac{1}{R_1} + j\omega C_1 + j\omega C_2$$

$$Y_{12} = -j\omega C_2$$

$$Y_{21} = -j\omega C_2$$

$$Y_{22} = j\omega C_2 + j\omega C_3$$

$$\dot{I}_{S11} = \frac{\dot{U}_S}{R_1} \quad \dot{I}_{S22} = \dot{I}_S$$

所以，如图4－1－38所示电路的节点电压方程的相量形式为

$$\begin{cases} \left(\frac{1}{R_1} + j\omega C_1 + j\omega C_2\right)\dot{U}_{n1} - j\omega C_2\dot{U}_{n2} = \frac{\dot{U}_{S1}}{R_1} \\ -j\omega C_2\dot{U}_{n1} + (j\omega C_2 + j\omega C_3)\dot{U}_{n2} = \dot{I}_S \end{cases}$$

（二）正弦稳态电路的电功率

正弦稳态电路的电功率见表4－1－3。

表4－1－3　正弦稳态电路的电功率

符号	名称	公式	备注
p	瞬时功率	$p = ui = \mathrm{Re}[\dot{U}\dot{I}^*] + \mathrm{Re}[\dot{U}\dot{I}\ e^{j2\omega}]$	—
P	平均功率	$P = UI\cos\phi_Z = I^2\mathrm{Re}[Z] = U^2\mathrm{Re}[Y] = \mathrm{Re}[\dot{U}\dot{I}^*]$	有功功率 $\phi_Z = \theta_u - \theta_i$
Q	无功功率	$Q = UI\sin\phi_Z = I^2 I_m[Z] = -U^2 I_m[Y]$ $= I_m[\dot{U}\dot{I}^*] = 2\omega(W_L - W_C)$	动态元件瞬时功率的最大值 $W_L = \frac{1}{2}LI^2$ $W_C = \frac{1}{2}CU^2$
S	视在功率	$S = UI = I^2\lvert Z\rvert = U^2\lvert Y\rvert = \lvert\dot{U}\dot{I}\rvert$	瞬时功率交变分量的最大值
$\bar{S}$	复功率	$\bar{S} = \dot{U}\dot{I}^* = P + jQ$	
λ	功率因数	$\lambda = \cos\phi_Z = \frac{P}{S} = \frac{R}{\lvert Z\rvert} = \frac{G}{\lvert Y\rvert}$	ϕ_Z 为正时，电流滞后

知识测试

一、填空题

1. 对一些复杂的正弦交流电路，如果构成电路的电阻、电感、电容等元件都是线性的，则可用________进行分析。

2. 讨论直流电路时所采用的各种网络分析方法、原理、定理都完全适用于________电路。

学习笔记

学习笔记

二、简答题

1. 图 4－1－35 所示网孔电流法的支路电流方程分别为哪几个？

2. 图 4－1－38 所示节点电压法的电压方程分别为哪几个？

4.1.6　电阻、电感与电容元件串联的交流电路

分析含有三种参数的交流电路具有实际意义，许多实际电路都是由二个或三个参数的元件组成。例如：电动机、继电器等设备都含有线圈和电阻，可以等效为一个电感和电阻的串联；电气设备的放大器、信号源等电路都含有电阻、电容等元件。

一、电容

（一）概念

工程中，电容器品种和规格很多，但就其构成原理来说，都是由两块金属极板隔以不同的绝缘物质（如云母、绝缘纸、电解质等）所组成。所以任何两个彼此靠近而又相互绝缘的导体都可以构成电容器，这两个导体叫作电容器的极板，它们之间的绝缘物质叫作介质。

在电容器的两个极板间加上电压后，极板上分别积聚起等量的异性电荷，在介质中建立起电场，同时储存电场能量当电源移去后，电荷仍然聚集在极板上，电场继续存在。所以，电容器是一种能够储存电场能量的实际器件，这就是电容器的基本电磁性能。在实际中，当电容器上电压变化时，在介质中往往会引起一定的介质损耗，而且介质也不可能完全绝缘，因而也存在一定的漏电流。但在一定条件下，这些影响往往可以忽略，如果忽略电容器的这些次要性能，就可以用一个反映其基本性能的理想二端元件作为模型，电容元件就是实际电容器的理想化模型。

电容元件是一个理想的二端元件，它的图形符号如图 4－1－39 所示。在图 4－1－39 中，$+q$ 和 $-q$ 为该元件正、负极板上的电荷量，每一极板的电荷量与电压的大小呈线性关系。电荷量与电压的大小成正比关系的电容元件叫线性电容元件，否则称为非线性电容元件。本书只讨论线性电容元件。对于线性电容元件，若规定其电压的参考方向由正极板指向负极板，则任何时刻正极板上的电荷量 q 与其两端的电压 u 有以下关系：

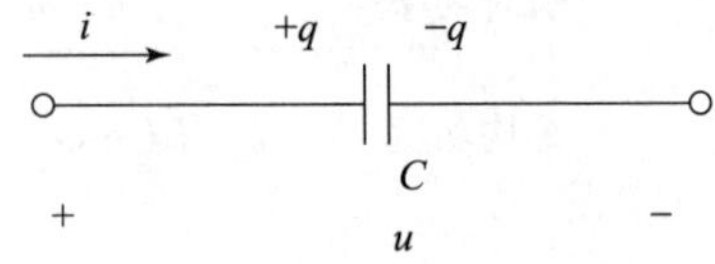

图 4－1－39　线性电容元件的图形符号

$$C=q/u \qquad (4-1-3)$$

式中，C——电容元件的电容，它是用来衡量电容元件容纳电荷本领的一个物理量。

C 是一个与电荷 q、电压 u 无关的正实数。

国际单位制中电容的单位为法［拉］，符号为 F，1 F＝1 C/1 V。实际电容器的电容往往比 1 F 小得多，因此通常采用微法（μF）和皮法（pF）作为单位。其换算关系如下：

$$1\ \mu F=10^{-6}\ F$$

$$1\ pF=10^{-12}\ F$$

为了叙述方便，把线性电容元件简称为电容，所以“电容”这个术语以及它的符号“C”一方面表示一个电容元件，另一方面也表示这个元件的参数。

一般电容器性能都比较接近电容元件，故可直接用电容元件作为其电路模型。对于需要考虑能量损耗的电容器，常可用电阻元件与电容元件的并联组合作为其电路模型。

学习笔记

（二）电容元件的电压电流关系

当电容元件极板间的电压发生变化时，极板上的电荷也随之改变，电容中就有电荷的转移，于是该电路中出现了电流。

如图4－1－39所示的电容元件，选择电流的参考方向指向正极板，即与电压 u 的参考方向关联。设在极短时间 dt 内，每个极板上的电荷量改变了 dq，则电路中的电流为

$$I = \mathrm{d}q/\mathrm{d}t$$

把式（4－1－3）代入上式，得

$$I = C(\mathrm{d}u/\mathrm{d}t) \tag{4-1-4}$$

式（4－1－4）就是关联参考方向下电容元件的电压、电流关系。必须指出：任何时刻，线性电容元件的电流与该时刻电压的变化率成正比。只有当极板上的电荷量发生变化时，极板间的电压才发生变化，电容电路中才出现电流。当电压不随时间变化时，电流为零，此时电容元件相当于开路。故电容元件有隔直（隔断直流）作用。

（三）电容元件的储能

电容元件两极板间加上电源后，极板间产生电压，介质中建立起电场，并将能量转化为电场能量储存起来。因此，电容元件是一种储能元件。在电压和电流为关联方向时，电容元件吸收的功率为

$$P = UI = u_C(\mathrm{d}u/\mathrm{d}t)$$

若电容元件原先没有充电，那么它在充电时吸收并储存起来的电场能量一定又会在放电完毕时全部释放，并不消耗能量。同时，它也不会释放出多于它所吸收或储存的能量，所以电容元件既是一种储能元件，又是一种无源元件。

（四）电容的串并联

1. 电容的串联

图4－1－40（a）所示为三个电容器串联的电路。

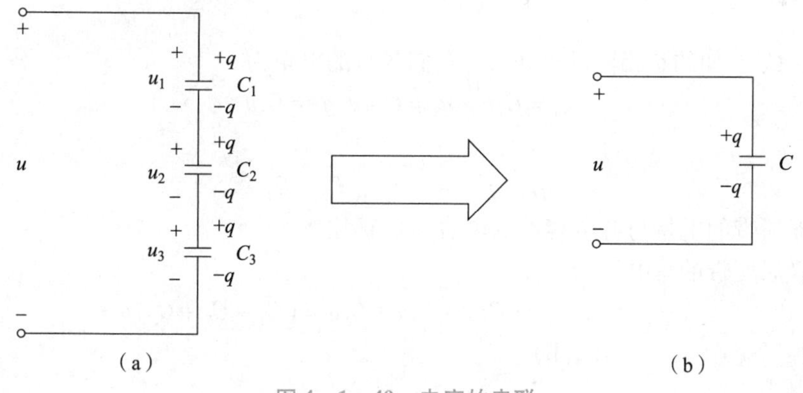

图4－1－40　电容的串联

电压 u 加在电容组合体两端的两块极板上，使这两块与外电路相连的极板分别充有等量的异性电荷 q，中间的各个极板则由于静电感应而产生感应电荷，感应电荷量与两端极板上的电荷量相等，均为 q。所以，电容串联时，各电容所带的电量相等，即

$$q = C_1u_1,\ q = C_2u_2,\ q = C_3u_3$$

学习笔记

每个电容所带的电量为 q，而且等效电容所带的总电量也为 q。

串联电路的总电压为

$$u=u_1+u_2+u_3$$

由图 4－1－40（b）所示串联电容的等效电容的电压与电量的关系可知

$$u=q/C$$

于是得等效条件为$\frac{1}{C}=\frac{1}{C_1}+\frac{1}{C_2}+\frac{1}{C_3}$，即电容串联时，其等效电容的倒数等于各串联电容的倒数之和。

各电容的电压之比为

$$u_1:u_2:u_3=\frac{q}{C_1}:\frac{q}{C_2}:\frac{q}{C_3}=\frac{1}{C_1}:\frac{1}{C_2}:\frac{1}{C_3}$$

即电容串联时，各电容两端的电压与其电容量成反比。

从电容串联的性质可以看出，电容器串联后总的电容量减小，整体的耐压值升高。当选用电容器时，如果标称电压低于外加电压，则可以采用电容串联的方法，但要注意，电容器串联之后一方面电容变小；另一方面，电容器的电压与电容量成反比，电容量小的承受的电压高，应该考虑标称电压是否大于电容器的耐压值。

当电容量和耐压都达不到要求时，可将一些电容器串并混联使用。

2. 电容的并联

图 4－1－41（a）所示为三个电容器并联的电路。

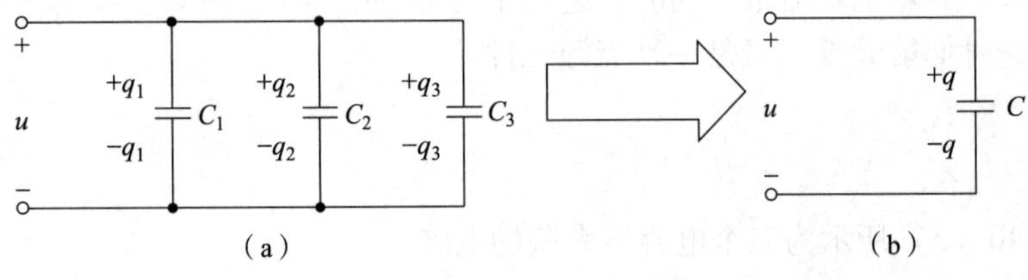

图 4－1－41　电容的并联

C_1、C_2、C_3 上加的是相同的电压 u，它们各自的电量为

$$q_1=C_1u,\ q_2=C_2u,\ q_3=C_3u$$

所以

$$q_1:q_2:q_3=C_1:C_2:C_3$$

即并联电容器所带的电量与各电容器的电容量成正比。

电容并联后所带的总电量为

$$q=q_1+q_2+q_3=C_1u+C_2u+C_3u=(C_1+C_2+C_3)u$$

其等效电容为［见图 4－1－41（b）］

$$C=C_1+C_2+C_3 \qquad (4-1-5)$$

电容器并联的等效电容等于并联的各电容器的电容量之和。并联电容的数目越多，总电容越大。当电路所需电容较大时，可以选用电容量适合的几只电容器并联。由于每只电容器都有其耐压值（额定电压），电容器并联时加在各电容器上的电压相同，所以电容器并联使用时，为了使各个电容器都能安全工作，所选择的电容器的最低耐压值不得低于电路的最高工作电压。

学习笔记

二、电感

（一）基本概念

用导线绕制的空心线圈或具有铁芯的线圈，在工程中称为电感线圈或电感。

当电感线圈中通以电流 i，电流在该线圈中将产生磁通 Φ，如图 4－1－42 所示，其中 Φ_L 与 i 的参考方向符合右手螺旋法则。我们把电流与磁通这种参考方向的关系叫作关联参考方向。如果线圈的匝数为 N，且穿过每一匝线圈的磁通都是 Φ_L，则

$$w_L = N\Phi_L$$

即电流 i 产生的磁链。

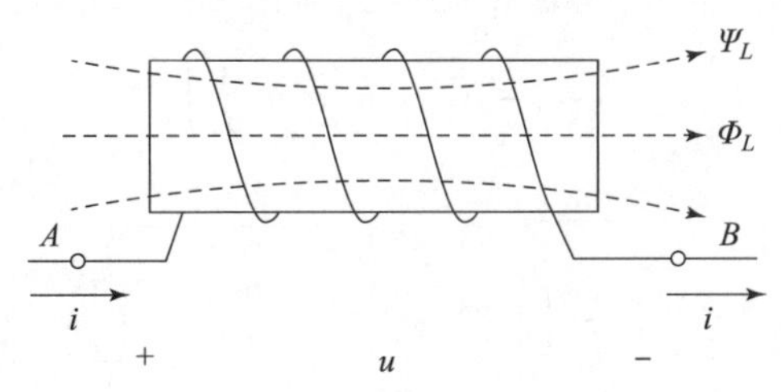

图 4－1－42　电感线圈

Φ_L 和 w_L 都是由线圈本身的电流产生的，叫作自感磁通和自感磁链。

在实际中，电感线圈通入电流，线圈内及周围都会产生磁场，并储存磁场能量。电感元件就是反映实际线圈基本电磁性能的理想化模型，是一种理想的二端元件。图 4－1－43 所示为电感元件的图形符号。

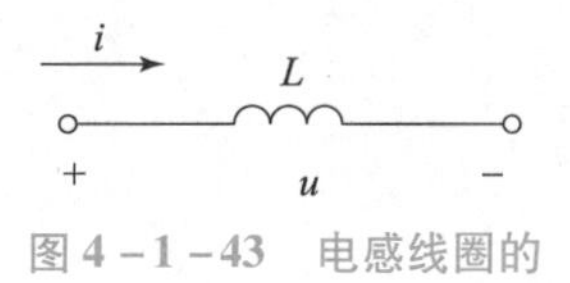

图 4－1－43　电感线圈的图形符号

在磁通 Φ_L 与电流 i 参考方向关联的情况下，任何时刻电感元件的自感磁链 w_L 与元件的电流 i 有以下关系：

$$L = \frac{W_L}{i}$$

式中，L——电感元件的自感系数，或电感系数，简称电感，L 为一正实常数。

在图标中电感的单位为亨［利］，符号为 H，1 H＝1 Wb/1 A。通常还用毫亨（mH）和微亨（uH）作为其单位，它们与亨的换算关系为

$$1\ \text{mH} = 10^{-3}\ \text{H},\ 1\ \mu\text{H} = 10^{-6}\ \text{H}$$

如果电感元件的电感不随通过它的电流的改变而变化，是一个常量，则称该元件为线性电感元件，否则称为非线性电感元件。除特殊说明外，本书中所涉及的电感元件都是线性电感元件。为了叙述方便，常把电感元件简称电感，所以“电感”这个术语以及它的符号“L”，一方面表示一个电感元件，另一方面也表示这个元件的参数。

（二）电感元件的电压电流关系

由电磁感应定律可知，在元件两端会产生自感电压。若选择 u、i 的参考方向都和 Φ_L 关联，则 u 和 i 的参考方向也彼此关联。此时，有

$$U = L(\mathrm{d}i/\mathrm{d}t)$$

这就是关联参考方向下电感元件的电流、电压关系。

任何时刻，线性电感元件上的电压与其电流的变化率成正比。只有当通过元件的电流发

学习笔记

生变化时，其两端才会有电压。电流变化越快，自感电压越大。当电流不随时间变化时，则自感电压为零。此时电感元件相当于短路。

（三）电感元件的储能

电感元件并不会把吸收的能量消耗掉，而是以磁场能量的形式储存在磁场中。所以，电感元件也是一种储能元件。同时，它也不会释放出多于它所吸收或储存的能量，因此它又是一种无源元件。

三、RLC 串联电路的电压和电流关系

如图 4-1-44 所示 RLC 串联电路，各电压与电流参考方向相同，根据 KVL 定律，有

$$\begin{aligned} u &= u_R + u_L + u_C \\ &= Ri + L\frac{\mathrm{d}i}{\mathrm{d}t} + \frac{1}{C}\int i\mathrm{d}t \end{aligned}$$

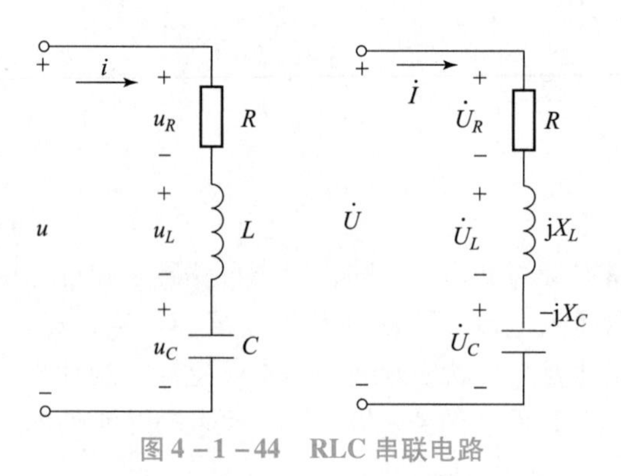

图 4-1-44 RLC 串联电路

对于正弦电路的分析，一般用相量表示正弦量，求解最方便。

（一）复数法

如图 4-1-45 所示，由 KVL 定律，对于 RLC 串联电路，可得

$$\dot{U} = \dot{U}_R + \dot{U}_L + \dot{U}_C$$

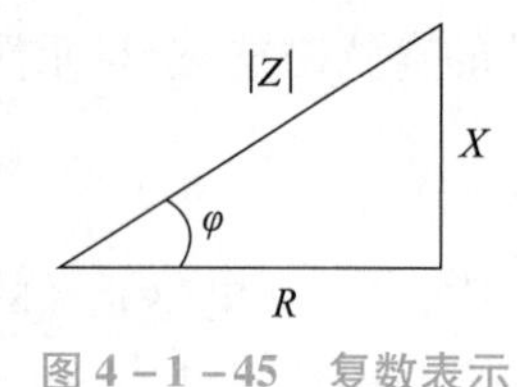

图 4-1-45 复数表示

由于

$$\dot{U}_R = \dot{I}R, \dot{U}_L = \dot{I}Z_L = jX_L\dot{I}, \dot{U}_C = -jX_C\dot{I}$$

故

$$\dot{U} = \dot{U}_R + \dot{U}_L + \dot{U}_C = \dot{I}(R + j(X_L - X_C))$$

即

$$\frac{\dot{U}}{\dot{I}} = R + j(X_L - X_C)$$

称为电路的阻抗，等于各元件阻抗之和，用 Z 表示。

（1）阻抗的实部为“阻”，虚部为“抗”，它表示了 U、I 的关系。

（2）阻抗的模表示了电压和电流的大小关系。

（3）阻抗的辐角（简称阻抗角）表示了电压、电流的相位差。

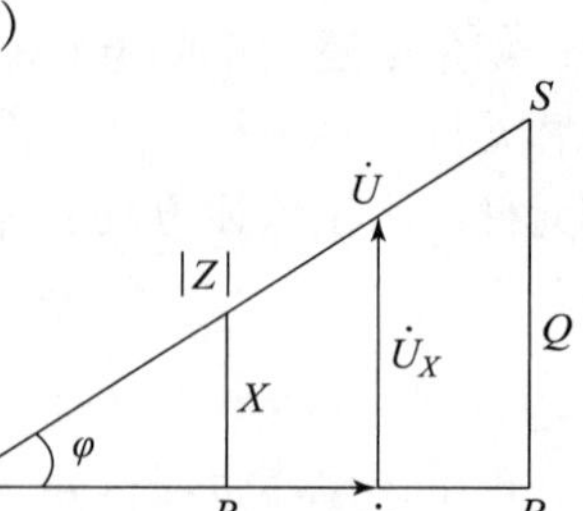

图 4-1-46 阻抗三角形

阻抗三角形如图 4-1-46 所示。

(4) 阻抗是一个复数，不是正弦量，所以它不是相量，符号上面不要打“·”。

（二）相量图法

取电流相量为参考线，作出各部分电压的相量图，如图4－1－47所示。

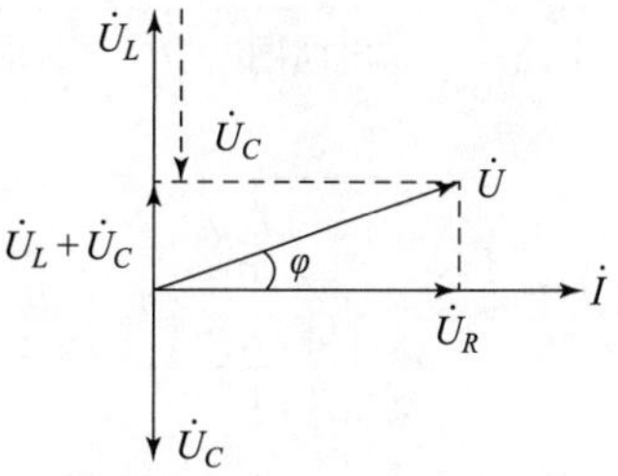

图4－1－47　相量图法

(1) 合电压。

$$U = I|Z|$$

式中，

$$|Z| = \sqrt{R^2 + (X_L - X_C)^2}$$

(2) 电压三角形和阻抗三角形。

U、Z、R、X_L、X_C之间的关系可用一个直角三角形表示，分别称为电压三角形和阻抗三角形，这两个三角形是相似三角形，如图4－1－48所示。

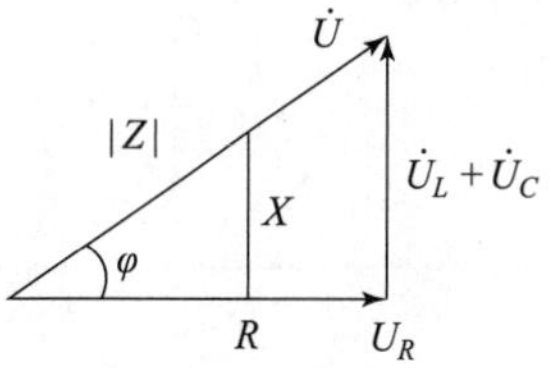

图4－1－48　电压三角形和阻抗三角形

当$X_L > X_C$时，$\varphi > 0°$，u超前i，是电感性电路；
当$X_L < X_C$时，$\varphi < 0°$，u滞后i，是电容性电路；
当$X_L = X_C$时，$\varphi = 0°$，u、i同相，是电阻性电路。

在分析与计算交流电路时，必须时刻具有交流及相位的概念。

知识点小结

本部分知识点见表4－1－4。

表4－1－4　知识点小结

电路	电路图	瞬时性	相位关系	大小关系	复数式	功率
电阻 R	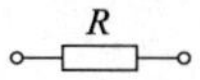 R	$u = iR$	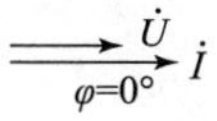 $\dot{U}$ $\dot{I}$ $\varphi=0°$	$U = IR$	$\dot{U} = \dot{I}R$	$P = UI$ $Q = 0$
电感 L	 L	$u = L\frac{di}{dt}$	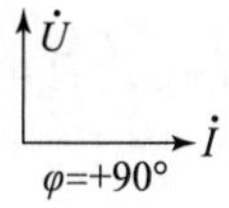 $\dot{U}$ $\dot{I}$ $\varphi=+90°$	$U = IX_L$ $X_L = \omega L$	$\dot{U} = jX_L\dot{I}$	$P = 0$ $Q = UI$
电容 C	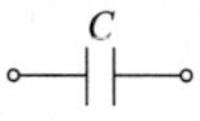 C	$i = C\frac{du}{dt}$	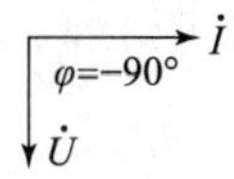 $\dot{I}$ $\varphi=-90°$ $\dot{U}$	$U = IX_C$ $X_C = \frac{1}{\omega C}$	$\dot{U} = -jX_C\dot{I}$	$P = 0$ $Q = -UI$
R、L串联	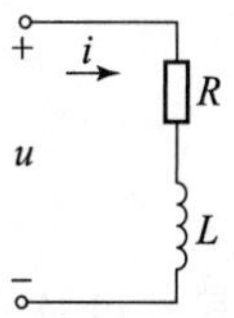 + i R u L −	$u = iR + L\frac{di}{dt}$	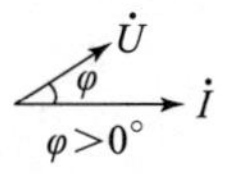 $\dot{U}$ φ $\dot{I}$ $\varphi>0°$	$U = I\|Z\|$ $\|Z\| = \sqrt{R^2 + X_L^2}$	$\dot{U} = \dot{I}Z$ $Z = R + jX_L$	$P = UI\cos\varphi$ $= IU_R = I^2R$ $Q = UI\sin\varphi$ $= U_LI$ $S = UI$

续表

电路	电路图	瞬时性	相位关系	大小关系	复数式	功率
R、C 串联	+ i R u C −	$u=iR+\frac{1}{C}\int i\mathrm{d}t$	$\varphi<0°$ φ $\dot{I}$ $\dot{U}$	$U=I\|Z\|$ $\|Z\|=\sqrt{R^2+X_C^2}$	$\dot{U}=\dot{I}Z$ $Z=R-\mathrm{j}X_C$	$P=UI\cos\varphi$ $=IU_R=I^2R$ $Q=UI\sin\varphi$ $=-U_CI$ $S=UI$
R、L、C 串联	+ i R u L C −	$u=iR+L\frac{\mathrm{d}i}{\mathrm{d}t}+$ $\frac{1}{C}\int i\mathrm{d}t$	$\dot{U}$ $\dot{U}_1+\dot{U}_2$ $\dot{U}_R$	$U=I\|Z\|$ $\|Z\|=\sqrt{R^2+X^2}$ $X=X_L-X_C$	$\dot{U}=\dot{I}Z$ $Z=R+\mathrm{j}X_L-$ $\mathrm{j}X_C$	$P=UI\cos\varphi$ $=IU_R=I^2R$ $Q=UI\sin\varphi$ $=(U_L-U_C)I$ $S=UI=I^2X$

4.1.7 任务实施

工作过程 一灯一插照明电路的安装和测试

一、任务目标

（1）能说出照明线路的接线原理及注意事项。

（2）能按作业规范完成一灯一插照明线路的设计与安装，能检测常见线路常见故障。

（3）逐步培养勤于动手、肯钻研的良好工作态度，养成良好的社会责任心，具有一定的社会服务意识和沟通能力。

二、任务概述

学生在实训室运用板前明配线的工艺方法制作一个一灯一插座照明电路并检查调试。合上单相闸刀开关，用试电笔测量插座火线插孔，有电；拉动拉线开关 S，电路接通，灯泡亮；再次拉开关 S，灯泡则灭。时间 90 min。

三、任务要求

（1）零线直接进灯座，火线经开关后再进灯座，螺纹灯头须将火线接在螺纹灯座的中心铜片上。

（2）制作工艺符合板前明配线的工艺规范。

（3）通电调试符合安全规范。

四、任务准备

（一）知识

一灯一插照明电路的接线原理及方法，串、并联电路的基本知识，导线的连接方法，照明元件的检测方法，操作要求及注意事项。

学习笔记

（二）资料

照明电路安装和测试的资料，安全文明生产管理制度，实训室管理制度，7S 管理规范制度。

（三）工具

万用表、验电笔、螺钉旋具、钢丝钳、尖嘴钳、断线钳、剥线钳、电工刀等工具。

五、设备、材料

实训台、白炽灯、灯座、插座、开关、导线若干。

六、任务计划

学生讨论根据一灯一插照明电路原理图设计安装方案，确定最佳方案并画出元件布置图和接线图。操作程序如下：

（1）选择并检测一灯一插照明电路元件，时间 15 min。

（2）固定一灯一插照明电路元件，时间 20 min。

（3）____________________，时间________。

（4）____________________，时间________。

（5）____________________，时间________。

小组成员分工见表 4－1－5。

表 4－1－5　小组成员分工

成员姓名	小组中分工	备注

七、实训过程

引导问题：照明电路一般包括照明灯具的安装、开关的安装、插座的安装和线路敷设与检修几项内容，如何判断相线？用什么工具？怎么测？开关应该安装在哪一相线上？插座、开关、灯泡有什么关系？

根据一灯一插照明电路原理图（见图 4－1－49）设计安装方案，确定最佳方案并画出元件布置图和接线图。

电路原理，合上单相闸刀开关，用试电笔测量插座火线插孔，有电；拉动拉线开关 S，电路接通，灯泡亮；再次拉开关 S，灯泡灭。

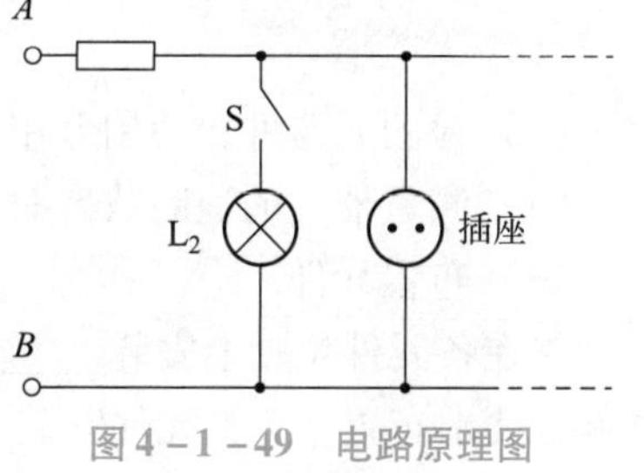

图 4－1－49　电路原理图

学习笔记

布置图

接线图

八、元器件的选型、检测

学生根据电路图要求，配合分析，选择元器件，注意型号和参数符合标准，并使用万用表检测元件质量。

按表 4－1－6 检测元器件。

表 4－1－6　元器件的检测

序号	品名	规格型号	测量值	是否合格
1	白炽灯	220 V，60 W		
2	开关	4 A，250 V		
3	平装螺口灯座	4 A，250 V，E27		
4	插座	4 A，250 V		
5	塑料导线	BV－1 mm^2		

根据控制线路的要求，选择 60 W 白炽灯进行照明线路的安装，采用螺口平灯头圆木安装形式，据此选择合适容量和规格的元器件。

九、技术指导

（1）检测元器件，使用万用表欧姆挡。

（2）测量器件的通断状态时，则表内发出蜂鸣声，以表示________________。

（3）布置元件。

先在各元件位置上安装________，将导线从________拉出，然后在________上固定各元器件，要求布置____，元件安装________、________、____________。

关键技术：使用时，电线必须放在____________切口上切剥，否则会切伤芯线。

（4）安装电路。

①拉线开关的连接线柱都装在____线上。

②开关串接在________线上，保险丝串接在________线上，火线接在螺纹灯座的

________上。

插座安装时，插座接线孔要按一定顺序排列。单相双孔插座双孔垂直排列时，相线孔在________，零线孔在________；单相双孔插座水平排列时，相线在________，零线在________。

③螺口灯头的安装。

a. 拧开螺口灯头盖，穿入花线，将花线头打________。

b. 将剥去绝缘的中性线接________接线柱，相线接________接线柱。

c. 检查连接牢固情况，线头间应无________。

d. 装上灯头盖。

e. 安装吊线盒。

④暗装插座的安装：

a. 清理插座线头。

b. 安装中性线（N 接线柱）。

c. 安装保护线（PE 接线柱）。

d. 安装相线（L 接线柱）。

e. 将插座固定到底盒上。

f. 扣上盖板并校正。

技术指导：

①导线的剥削要求。

②零火线在各元件上的安装位置。

③各受控元件的电源线取向。

十、电路调试

（1）通电前检查，用万用表________检测电路能否正常工作，若存在故障，________后方可试电。

（2）通电后检查，用万用表________测量电源电压是否为 220 V；用试电笔检查电源线是否为________；检查零线是否带电，带电则零线________。用试电笔检查灯头外螺纹是否带电，带电则灯头的________。用试电笔检查插座左右孔，正常为________。

电路检测记录见表 4－1－7。

表 4－1－7　电路检测记录

测量项目		测量值		是否正常
		开关断开	开关闭合	
通电前				
通电后	电源			
	照明支路			
	插座支路			

技术指导：

（1）万用表挡位开关应该为 750 V，交流。

学习笔记

学习笔记

（2）试电笔使用前应＿＿＿＿＿＿＿＿测试，证明验电笔确实良好，方可使用。

操作心得：

＿＿

＿＿＿＿＿＿＿＿＿＿＿＿＿＿＿＿＿＿＿＿＿＿＿＿＿＿＿＿＿＿＿＿＿＿＿＿＿＿＿。

任务评价

任务评价表

<table>
<tr><td rowspan="2">学生</td><td rowspan="2"></td><td colspan="6">考评员</td></tr>
<tr><td>专业教师</td><td></td><td>实训教师</td><td></td><td>学生组长</td><td></td></tr>
</table>

考核项目标准		分值	得分		
			自评	组评	总评
知识 30%	一灯一插的安装和测试图识读，符号不认识每处扣 1 分，各触点逻辑关系不清楚每处扣 2 分，不能完整识图扣 5 分	15			
	一灯一插的安装和测试电路原理，未完整叙述每次扣 2 分	15			
技能 50%	一灯一插的安装和测试电路元器件的选型、检测，电器元件漏检或错检，每处扣 1 分	10			
	布置一灯一插的安装和测试电路元件： （1）电器布置不合理，扣 2 分。 （2）元件安装不牢固，每只扣 2 分。 （3）元件安装不整齐、不匀称、不合理，每只扣 1 分。 （4）损坏元件扣 5 分	10			
	一灯一插的安装和测试电路： （1）不按电路图接线扣 10 分。 （2）开关没有串接在火线上扣 2 分。 （3）保险丝没有串接在火线上扣 1 分。 （4）火线没有接在螺纹灯座的中心铜片上扣 2 分。 （5）损伤导线绝缘或线芯，每根扣 1 分。 （6）插座不是相线在右孔、零线在左孔扣 1 分	20			
	调试一灯一插的安装和测试电路： （1）通电前检测判断错误一次扣 2 分； （2）不能排除故障一次扣 2 分； （3）通电后第一次试车不成功扣 2 分，第二次试车不成功扣 4 分，第三次试车不成功扣 5 分	10			
职业素养 20%	勤学苦练、积极动手操作，有勤于动手、肯钻研的良好工作态度	5			
	积极参与，主动沟通，取长补短，充分发挥自己的能动性，完成任务	5			
	对工作认真负责，忠于职守，做到尽职尽责。 操作文明，不打闹，遵守安全文明生产规程	5			
	坚持出勤，不迟到、早退。 在规定时间内完成任务，认真填写工作页	5			

续表

<table>
<tr><td rowspan="2">考核项目标准</td><td rowspan="2">分值</td><td colspan="3">得分</td></tr>
<tr><td>自评</td><td>组评</td><td>总评</td></tr>
<tr><td>合计</td><td>100</td><td></td><td></td><td></td></tr>
<tr><td>等级
分为A、B、C、D四等，其中95分以上为A；80～94为B；60～79为C；60分以下为D</td><td></td><td></td><td></td><td></td></tr>
</table>

学习笔记

学习拓展 直流电和交流电的产生

电的发明使人们的生活从根本上发生了变化，而我们都知道，电可以分为直流电和交流电，两者到底有什么区别呢？

众所周知，直流电的发明者是爱迪生，但其实这么说并不是很准确，准确一点来说，爱迪生的发明主要是电的应用，而早在爱迪生之前，物理学家伏特就已经发明了可以产生直流电的原电池。原电池与我们日常所使用的电池不是一回事，原电池是一种能够把化学能转化为电能的装置，而伏特所发明的原电池非常简单，就是盐水再加上金属片。

大多数人了解爱迪生都是因为爱迪生发明了灯泡，不可否认，的确是因为爱迪生，人们才用上了电灯，但说灯泡是爱迪生发明的，其实还是存在争议的，爱迪生的发明实际上是通过收购别人的灯丝专利，然后再通过反复进行商业化改良而完成的。

爱迪生发明灯泡的过程虽然存在着争议，但无可争议的是，爱迪生的确在电力的推广和应用上做出了贡献。

爱迪生曾说过这样一句话："电力就是一切，不需要复杂精密的齿轮，没有危险，也没有汽油的恶臭，甚至没有噪声"，不可否认，时至今日，爱迪生的这番言论仍然可以称得上是一句不错的广告语。只是发明灯泡还不行，关键是要让所有人都能够用上电灯，这就必须建立发电站了，而当时所使用的还是直流发电站。

什么是直流电呢？直流电的大小和方向不随时间而变化。这就产生了一个问题，电能在传输的过程中会发生耗损，而且传输的距离越远，耗损就越严重。所以实际的使用情况就是，距离发电站越近，居民家里的电灯就越明亮，而距离发电站越远，电灯就越昏暗。

电能在传输的过程中大量耗损，这在当时是一个无法解决的问题，因为当时认为直流电是无法升压的。

所以为了能够让所有居民都用上电灯，就必须多建发电站，每隔一段距离就建设一座发电站，这样做成本还是挺高的，但也没有更好的办法了。

当时在爱迪生的公司里有一个颇具才华的年轻人，他叫作特斯拉。因为一直被爱迪生的光芒所掩盖，所以难以崭露头角，终于，他离开了爱迪生，开始专心研究一种新的电力系统，交流电。交流电和直流电不同，它的大小和方向可以随着时间进行周期性变化。所以交流电可以进行升压，这是一个简单的电学常识，电压升高了，电流自然就减小了，所以损耗也就小了，使用交流电系统，只要先提高电压，再在各居住区安装变压器，就可以保证电压的稳定。

有了交流电就再也不需要满世界建造直流电发电站了，此时直流电与交流电可以说是已

学习笔记

经高下立判。

任何一种新事物的诞生总是会受到旧事物的打压，交流电的兴起令一个人慌了，他就是爱迪生。如果大家都去使用交流电，那他满世界建造的直流发电站怎么办呢？于是爱迪生开始不遗余力地打压交流电。

不过作为一名科学家，爱迪生的打压还是尊重事实的，他向民众解释了交流电的危险，并且还进行了展示，用交流电电死了大象。交流电的确能够电死大象，这是事实，但爱迪生并没有告诉人们，不光交流电能电死大象，直流电也一样能电死大象。虽然爱迪生的打压取得了一定效果，但无法阻止历史的车轮向前滚动。颇具商业眼光的爱迪生，这一次是失算了。

不过交流电虽然兴起了，但直流电也并没有退出历史的舞台，在现代技术的加持下，直流电又有了新的发展。

直流电之所以会被交流电取代，是因为直流电无法升压，这样就导致在传输过程中耗损严重。直流发电机的确是无法升压，但是交流发电机可以，交流发电机在经过换流器之后就可以产生超高压的直流电，电压上去了，电流就下来了，损耗也就减小了，直流电也就再次具备了使用价值。

目前世界上很多国家都有直流电输电线路。虽然具备了远距离传输的能力，不过直流电与交流电在应用上还是存在差别的，直流电不能够中途供电，只能够点对点传输，但因为成本更低，所以非常适合点对点的远距离输电，也正是因为如此，直流电并不会退出历史的舞台。

知识测试

一、填空题

1. 我国规定的交流电工频为________ Hz。

2. ________、________、________称为正弦交流电的三要素。

3. 交流电的有效值和最大值的关系为________。

4. 周期和频率互为倒数，其表达式为________。

5. 交流电的电流表达式为____________。

二、判断题

1. 交流电的大小和方向是不断变化的，交流电在某一时刻的值称为交流电的有效值。（　）

2. 我们平时看到的荧光灯（又称日光灯）、电饭锅、洗衣机等家用电器用到的既有直流电，又有交流电。（　）

3. 220 V 称为交流电的相电压，380 V 称为交流电的线电压。（　）

学习笔记

任务4.2 电能表及荧光灯电路的安装与检修

任务场景

场景一：自19世纪爱迪生发明白炽灯以来，白炽灯以其接近太阳光的光色、良好的集光性能、高性价比的价格，迅速走进千家万户，成为产量最大、应用最广泛的电光源。20世纪40年代，荧光灯应时而生。相比之下，荧光灯的发光效率较白炽灯高很多，二氧化碳排放量相对较少，寿命也更长。在家居照明领域荧光灯逐渐替代了白炽灯，到今天已经占据了主要地位。荧光灯在企业和学校等场所应用非常普遍，并且在家庭灯具中所占的比例也越来越高。通过了解其结构原理及安装技能对交流电的学习很有帮助。

场景二：电能表又称电度表、火表、千瓦小时表，是测量各种电学量的仪表。电能表按其使用的电路可分为直流电能表和交流电能表。交流电能表按其相线又可分为单相电能表、三相三线电能表和三相四线电能表。

任务导入

通过本任务的学习，了解单相正弦交流电路，掌握正弦交流电路的功率与功率因数、正弦交流电路的谐振以及正弦交流电路的分析方法，完成电能表及荧光灯电路的安装、检修等技能操作，通过与生活实际的结合，进一步了解三相交流电及其有关知识。

知识探究

4.2.1 三相正弦交流电源及其连接

三相交流电是我国目前普遍生产、配送的电力资源，在远距离输送电能时比较经济，可以节约导线使用量，降低电能的损耗；可以制造容量较大的三相电机，具有良好的运行特性，特别是笼型电机，具有转动平稳、结构简单、维护方便、噪声小等特点。

【看一看】引入情境

一个超市正在营业，有几个顾客正在等待交款，突然，超市里停电了。这时，店员告诉大家，不要着急，超市配有发电机，可以维持超市正常营业。然后，由几名男营业员推出来一个移动式发电机，连接好之后，发电机启动工作，超市正常运转。

一、三相正弦交流电的产生

（一）三相正弦交流电源

三相交流电是由三相交流发电机产生的，即三个最大值相等、频率相同、相位彼此互差120°的三个单相交流电源按一定方式组合成三相交流电源。图4-2-1所示为便携式发电机。

（二）三相交流发电机的结构和原理

三相交流发电机由定子和转子组成。转子的作用是产生旋转磁场，定子的作用是产生三相交流电，如图4-2-2所示。

图 4-2-1　便携式发电机示意图

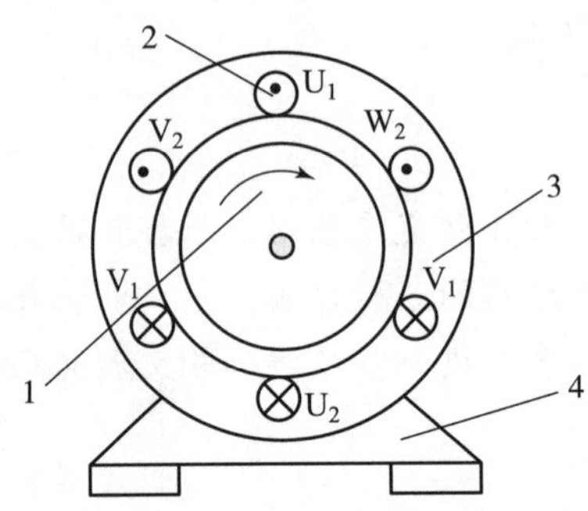

图 4-2-2　三相交流发电机结构

1—转子；2—定子绕组（三相）；3—定子；4—机座

1. 定子

发电机的静止部分称为定子，主要包括定子铁芯、定子绕组和机座等。

（1）定子铁芯：磁路的一部分，作用是产生旋转定子绕组，如图 4-2-3 所示。

（2）定子绕组：主要作用是产生旋转磁场，如图 4-2-4 所示。

图 4-2-3　定子铁芯

图 4-2-4　定子绕组

2. 转子

发电机的旋转部分为转子，由转子铁芯、转子绕组、转轴及风叶等组成，如图 4－2－5 所示。

图 4－2－5　转子

1—风叶；2—转子铁芯；3—转轴

（1）转子铁芯：发电机磁路的一部分，如图 4－2－6 所示。

（2）转子绕组：产生感应电流和电动势，在旋转磁场作用下产生电磁转矩，实物图如图 4－2－7 所示，其原理图如图 4－2－8 所示。

图 4－2－6　转子铁芯

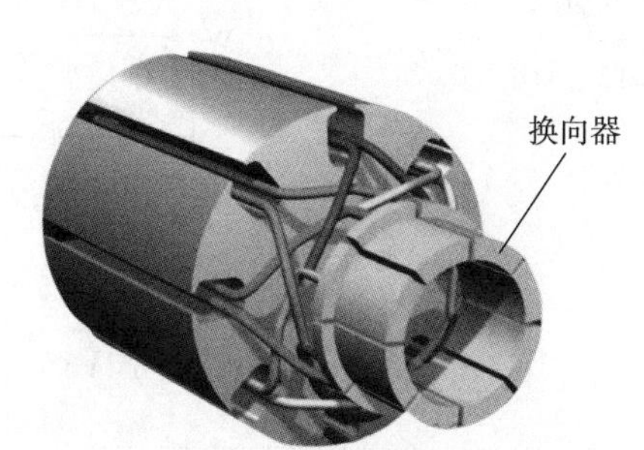

图 4－2－7　转子绕组

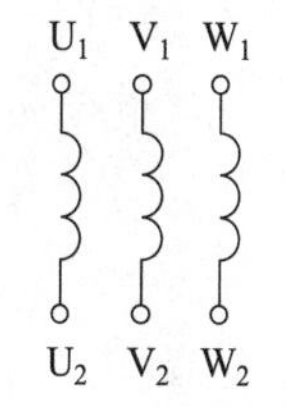

图 4－2－8　发电机转子绕组原理图

（三）三相交流发电机工作原理

三相交流发电机定子三相对称绕组 $U_1 - U_2$、$V_1 - V_2$、$W_1 - W_2$ 对称地嵌在定子铁芯中，当由原动机带动转子转动时，就可以产生对称的三相交流电，如图 4－2－9 所示。

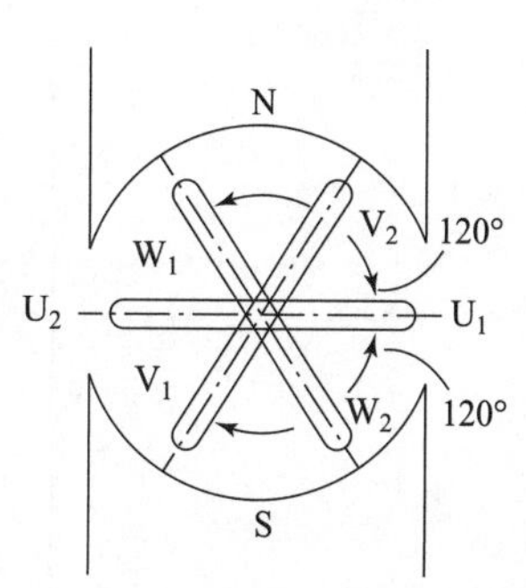

图 4－2－9　发电机工作原理图

二、三相交流电源的连接

（一）三相电源的星形（Y形）连接

将三相发电机三相绕组的末端 U_2、V_2、W_2（相尾）连接在一点，三个首端 U_1、V_1、W_1 分别引出三条导线与负载相连，这种连接方法称为星形（Y）连接，如图 4－2－10 所示。

三个末端相连接的点称为中性点或零点，用字母“N”表示，从中性点引出的一根线称

学习笔记

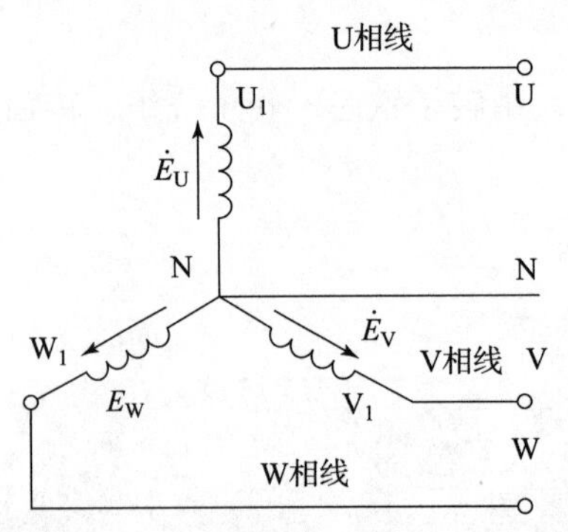

图 4-2-10　三相交流电源的星形连接

为中性线或零线。从始端 U_1、V_1、W_1 引出的三根线称为相线或端线，又称火线。

由三根相线和一根中性线所组成的输电方式称为三相四线制（通常在低压配电中采用），只由三根相线所组成的输电方式称为三相三线制（在高压输电工程中采用）。

（二）三相电源的三角形（△形）连接

将三相绕组的各相末端与相邻绕组的首端依次相连，即 U_2 与 V_1、V_2 与 W_1、W_2 与 U_1 相连，使三个绕组构成一个闭合的三角形回路，这种连接方式称为三角形（△）连接，如图 4-2-11 所示。

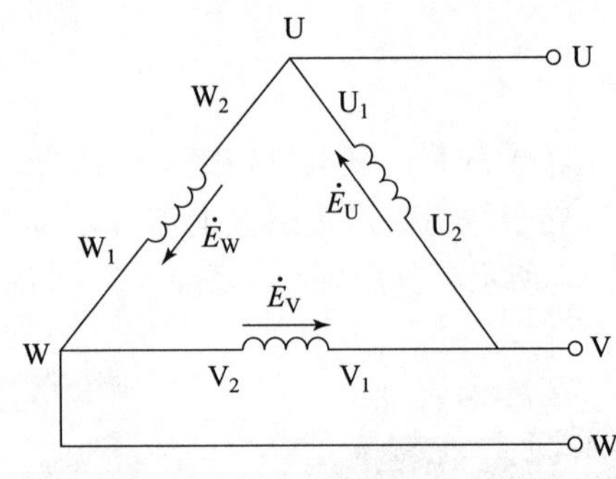

图 4-2-11　三相交流电源的三角形连接

三、三相正弦交流电的表示方法。

（一）瞬时表达式表示法

$$e_U = E_m\sin\ (\omega t)\ \text{V}$$

$$e_V = E_m\sin\ (\omega t - 120°)\ \text{V}$$

$$e_W = E_m\sin\ (\omega t + 120°)\ \text{V}$$

（二）波形图表示法

三相对称电动势随时间按正弦规律变化，它们达到最大值的先后顺序叫作相序。由如图 4-2-12 所示的波形图可以看出，3 个电动势按顺时针方向的次序，即按 U-V-W-U

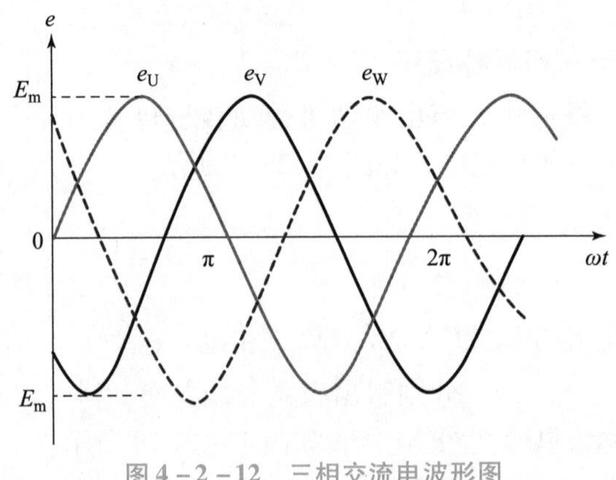

图 4-2-12　三相交流电波形图

学习笔记

的顺序到达最大值（或零值），称为正序或相序；若按逆时针方向的次序，即按 U－W－V－U 的顺序到达最大值（或零值），则称为负序或逆序。

（三）相量图表示法

三相交流电的相量图如图 4－2－13 所示。

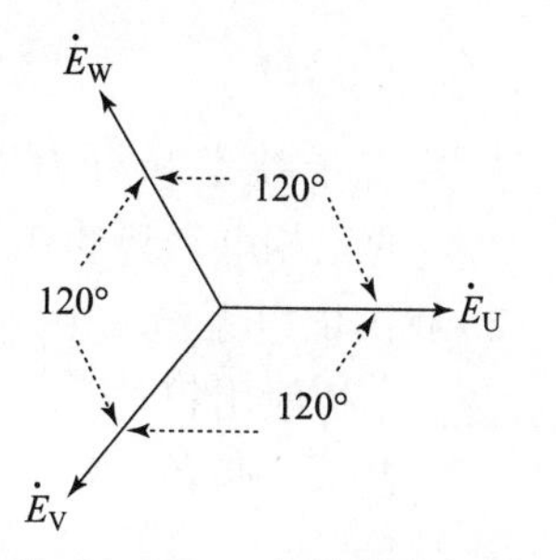

图 4－2－13 三相交流电相量图

（四）相量表示法

$$\dot{E}_{Um} = E_m \angle 0°V$$
$$\dot{E}_{Wm} = E_m \angle 120°V$$
$$\dot{E}_{Vm} = E_m \angle -120°V$$

四、线电压与相电压关系

（一）线电压和相电压

相线与相线之间的电压称为线电压，分别用 u_{UV}、u_{VW}、u_{WU} 表示，其对应的相量形式分别为 $\dot{U}_{UV}$、$\dot{U}_{VW}$、$\dot{U}_{WU}$。

相线与中线间的电压称为相电压，分别用 u_U、u_V、u_W 表示，其对应的相量形式分别为 $\dot{U}_U$、$\dot{U}_V$、$\dot{U}_W$。

（二）三相电源星形（Y形）连接时线电压与相电压的关系

（1）线电压与相电压的相量关系式。

$$\dot{U}_{UV} = \dot{U}_U - \dot{U}_V$$
$$\dot{U}_{VW} = \dot{U}_V - \dot{U}_W$$
$$\dot{U}_{WU} = \dot{U}_W - \dot{U}_U$$

（2）线电压与相电压的相量图如图 4－2－14 所示。

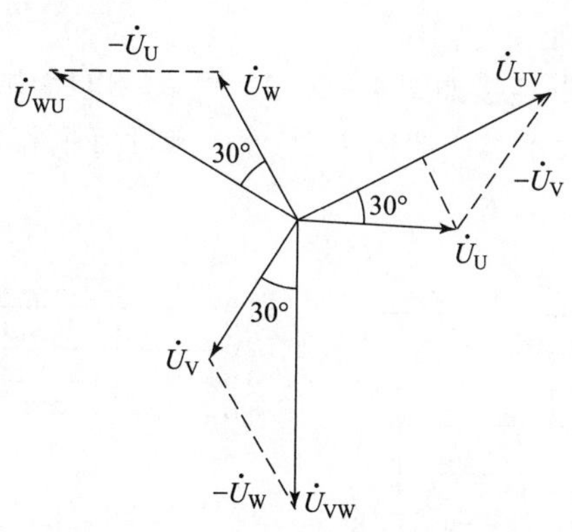

图 4－2－14 线电压与相电压的相量图

（3）电源在星形连接时，线电压是相电压的$\sqrt{3}$倍，线电压超前于相电压 30°。

（三）三相电源三角形（△形）连接时线电压与相电压的关系

三相电源三角形连接时，线电压等于相电压，即 $U_L = U_P$。

学习笔记

知识测试

一、填空题

1. 在电子技术和电力工程中，把有效值________、频率________、相位上彼此相差________的三相电动势叫作对称三相电动势。

2. 我国供电系统采用________制，可输送两种电压，各相线与中性线之间的电压叫________，一般用符号________表示；相线与相线之间的电压叫________，一般用符号________表示。两者有效值之间的数量关系是________，它们之间的相位差是________。

二、判断题

1. 三根相线和一根中性线所组成的输电方式称为三相四线制，通常在高压配电中采用。（　　）

2. 三相交流发电机由定子和转子组成。转子的作用是产生旋转磁场，定子的作用是产生三相交流电。（　　）

3. 电源在星形连接时，线电压是相电压的$\sqrt{3}$倍，线电压超前于相电压 30°。（　　）

4.2.2 三相负载及其连接

一、三相负载的连接

三相负载可分为对称三相负载和不对称三相负载。每一相的负载大小和性质完全相同的叫作对称三相负载，每一相的负载大小和性质不同的叫作不对称三相负载。在三相电路中，三相负载可分为星形连接和三角形连接两种形式。

（一）三相负载星形连接

1. 对称三相负载的星形连接

（1）对称三相负载的星形连接如图 4－2－15 所示。电路中流过每一相负载的电流称为相电流，分别用 i_U、i_V、i_W 表示，一般用 I_P 表示；流过每根相线的电流称为线电流，分别用 i_U、i_V、i_W表示，一般用 I_L 表示。

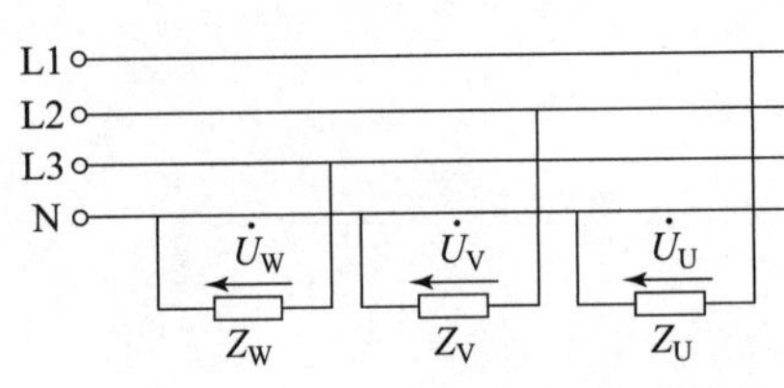

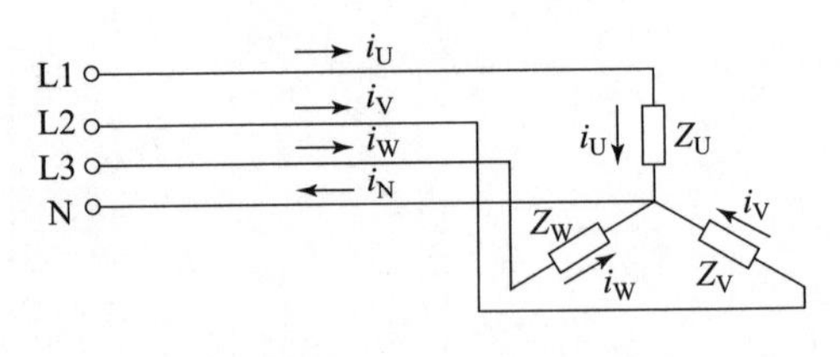

图 4－2－15　对称三相负载的星形连接

（2）相电压和线电压的关系。

在对称三相负载的星形连接，各相负载的相电压就等于电源的相电压。

电源的线电压为负载相电压的$\sqrt{3}$倍，即

$$U_L = \sqrt{3}U_{YP}$$

式中，U_{YP}——负载星形连接时的相电压。

线电压超前于相应的相电压 30°。

(3) 线电流和相电流的关系。

流过每根相线的电流称为线电流，即 i_U、i_V、i_W，有效值一般用 I_{YL} 表示，其方向规定为电源流向负载；而流过每相负载的电流称为相电流，一般用 I_{YP} 表示，其方向与相电压方向一致；流过中性线的电流称为中性线电流，以 I_N 表示，其方向规定为由负载中性点流向电源中性点。

在对称三相负载的星形连接中，线电流等于相电流，即

$$I_{YL} = I_{YP} = \frac{U_{YP}}{|Z_P|}$$

各相电压与各相电流的相位差相等，即

$$\varphi = \varphi_U = \varphi_V = \varphi_W = \varphi_P = \arccos\left(\frac{R}{|Z_P|}\right)$$

三个相电流的相位差也互为 120°，因此，三相电流的和为零，即

$$\dot{I}_U + \dot{I}_V + \dot{I}_W = 0$$

或

$$i_U + i_V + i_W = 0$$

三相对称负载作星形连接，中性线上的电流为零，既可采用三相三线制，也可采用三相四线制。

2. 不对称三相负载的星形连接

如图 4-2-16 所示的居民小区供电电路图中采用的是三相四线制，每条相线与中性线组成一相供电线路。由于各楼层负载不尽相同，故用电时间也有区别，其是一种典型的不对称星形负载，应尽量将不同楼层的负载均衡地分别接到三相电路中去，而不应把它们集中在三根相线中的一相电路里。

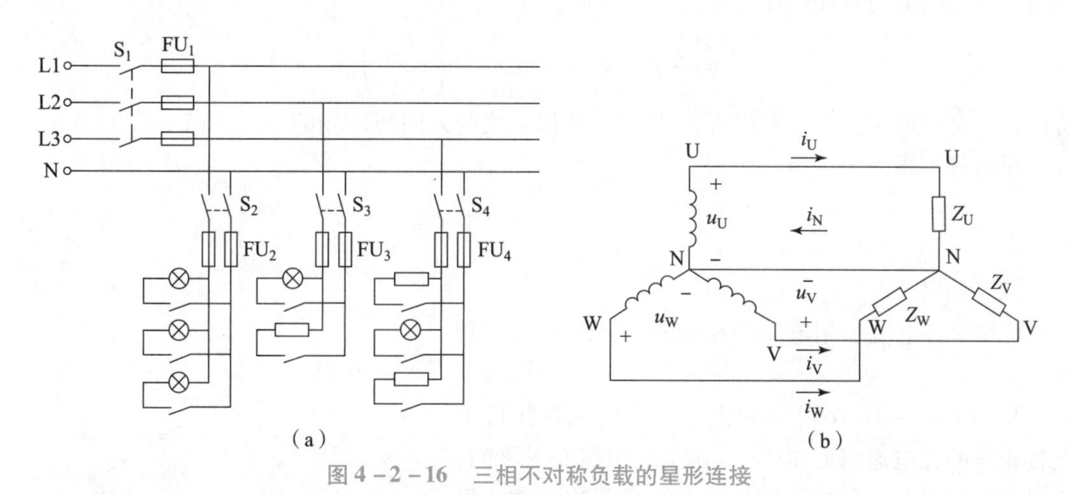

图 4-2-16 三相不对称负载的星形连接

由于电路具有中性线，虽然三相负载不对称，但三相负载两端的电压仍然是对称的，每相负载上的相电压分别等于电源的相电压 u_U、u_V、u_W。在各相电压的作用下，负载中产生的相电流分别等于各自对应的线电流 i_U、i_V、i_W，即有

$$I_L = I_P$$

中性线上的电流为三个相电流的和，即

学习笔记

学习笔记

$$i_N = i_U + i_V + i_W$$

或

$$\dot{I}_N = \dot{I}_U + \dot{I}_V + \dot{I}_W$$

当三相不对称负载作星形连接时，中性线中有电流通过。由于中性线的作用，使三相负载成为互不影响的三个独立的电路，不论负载有无变动，加在每相负载上的电压是不变的。如果中性线因为某种故障造成断路，将会使加在每相负载上的相电压不平衡。因此，中性线不允许安装开关和熔断器，通常还要将中性线接地，以保障安全。

（二）三相负载三角形连接

（1）将三相负载分别接在三相电源的两根相线之间的接法，称为三相负载的三角形连接，如图 4-2-17 所示。

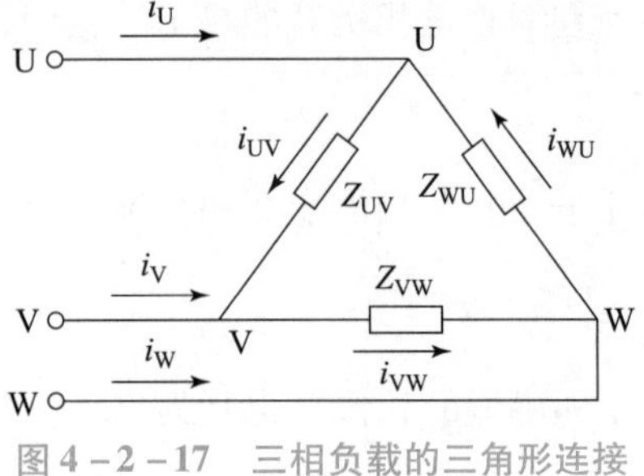

图 4-2-17　三相负载的三角形连接

（2）相电压和线电压的关系。

不论负载是否对称，各相负载所承受的电压均为对称的电源线电压，即

$$U_{\triangle P} = U_L$$

（3）线电流和相电流的关系。

三相负载成三角形连接时，相电流与线电流是不一样的。对于这种电路的每一相，可以按照单相交流电路的方法来计算相电流。当三相负载对称时，则各相电流的大小相等，其值为

$$I_{\triangle P} = \frac{U_{\triangle P}}{|Z_P|}$$

同时，各相电流与各相电压的相位差也相同，即

$$\varphi_1 = \varphi_2 = \varphi_3 = \varphi_P = \arccos\left(\frac{R_P}{|Z_P|}\right)$$

所以，三个相电流的相位差电互为 120°，各相电流的方向与该相的电压方向一致。

根据基尔霍夫第一定律可得

$$i_1 = i_{12} - i_{31}$$
$$i_2 = i_{23} - i_{12}$$
$$i_3 = i_{31} - i_{23}$$

由此可作出线电流和相电流的相量图，如图 4-2-18 所示。

从图 4-2-18 中可以看出：各线电流在相位上比各相应的相电流滞后 30°。又因为相电流是对称的，所以线电流也是对称的，即各线电流之间的相位差也是 120°。

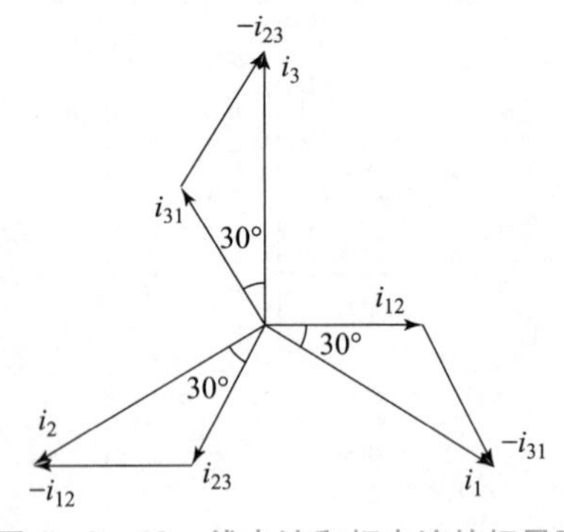

图 4-2-18　线电流和相电流的相量图

［想一想］当三相不对称负载三角形连接时，公式 $I_{\triangle L} = \sqrt{3}I_{\triangle P}$成立吗？

二、三相交流电路及其常见故障的分析方法

【例 4.2.1】如图 4-2-19 所示的负载为星形连接的对称三相电路，电源线电压为 380 V，每相负载的电阻为 8 Ω，电抗为 6 Ω，求：

（1）在正常情况下，每相负载的相电压和相电流；

（2）第三相负载短路时，其余两相负载的相电压和相电流；

（3）第三相负载断路时，其余两相负载的相电压和相电流。

图 4-2-19 【例 4.2.1】图

解：（1）在正常情况下，由于三相负载对称，中性线电流为零，故省去中性线并不影响三相电路的工作，所以，各相负载的相电压仍为对称的电源相电压，即

$$U_1 = U_2 = U_3 = U_{\mathrm{YP}} = U_{\mathrm{P}} = \frac{U_L}{\sqrt{3}} = \frac{380}{\sqrt{3}}\ \mathrm{V} = 220\ \mathrm{V}$$

每相负载的阻抗为

$$|Z_{\mathrm{P}}| = \sqrt{R^2 + X^2} = \sqrt{8^2 + 6^2}\ \Omega = 10\ \Omega$$

所以，每相的相电流为

$$I_{\mathrm{YP}} = \frac{U_{\mathrm{YP}}}{|Z_{\mathrm{P}}|} = \frac{220}{10}\mathrm{A} = 22\ \mathrm{A}$$

（2）第三相负载短路时，线电压通过短路线直接加在第一相和第二相的负载两端，所以，这两相的相电压等于线电压，即

$$U_1 = U_2 = 380\ \mathrm{V}$$

从而求出相电流为

$$I_1 = I_2 = \frac{U_{\mathrm{P}}}{|Z_{\mathrm{P}}|} = \frac{380}{10}\ \mathrm{A} = 38\ \mathrm{A}$$

（3）第三相负载断路时，第一、二两相负载串联后接在线电压上，由于两相阻抗相等，所以，相电压为线电压的一半，即

$$U_1 = U_2 = 190\ \mathrm{V}$$

于是得到这两相的相电流为

$$I_1 = I_2 = \frac{U_{\mathrm{P}}}{|Z_{\mathrm{P}}|} = \frac{190}{10}\ \mathrm{A} = 19\ \mathrm{A}$$

［想一想］

在如图 4-2-20 所示电路中，三相电源的线电压为 380 V，Z_1、Z_2、Z_3 为三台型号相同的加热炉，其额定电压为 220 V，由于发生故障，原来正常工作的三台加热炉中，Z_2、Z_3 的炉温下降（但比室温高），而 Z_1 炉温未变，经过检查，加热炉仍完好。

（1）在正常工作状态下，三台加热炉应如何连接到三相电源上？请在图 4-2-20 中画出

（2）该电路发生了什么故障？请在图 4-2-20 中标出故障点。

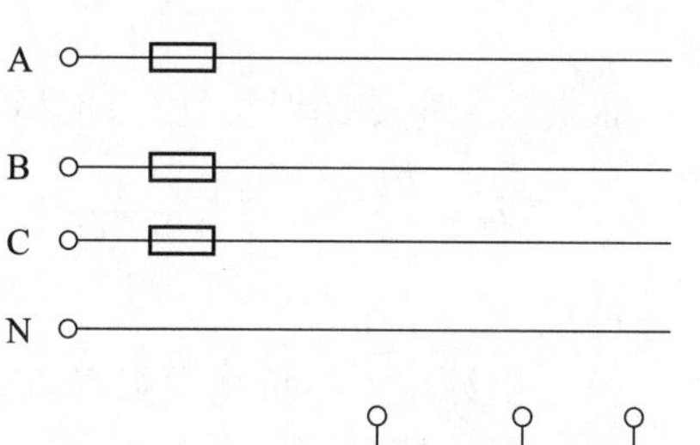

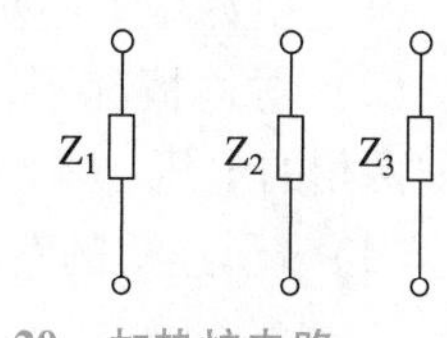

图 4-2-20　加热炉电路

学习笔记

知识测试

一、填空题

1. 在三相电路中，负载有两种连接方式，分别是________连接，符号是________；________连接，符号是________。在三相负载不对称的情况下，必须采用带________的三相四线制供电，而且此线不允许安装________和________，通常还要________。

2. 三相负载成三角形连接时，相电流与线电流是不一样的。对于这种电路的每一相，可以按照________的方法来计算相电流。

二、判断题

1. 当负载作星形连接时，必然要有中性线。（　　）
2. 负载作三角形连接时，线电流必为相电流的 3 倍。（　　）
3. 三相电动势的相序为 U－W－V－U 时叫负序。（　　）
4. 我国低压三相四线制配电线路供给用户的相电压是 220 V，线电压是 311 V。（　　）

4.2.3 对称三相电路的计算

对称三相电路是由对称三相电源与对称三相负载构成的电路。由于其负载对称、线路对称，因而可以用正弦交流电路的一般分析方法求解。

一、负载为Y－Y连接

在如图 4－2－21 所示的Y－Y连接中，因为 N、N′两点等电位，可将其短路，且其中电流为零，这样便可将三相电路的计算化为单相电路的计算。令

$$\dot{U}_A = U\angle 0°,\ \dot{U}_B = U\angle -120°,\ \dot{U}_C = U\angle 120°,\ Z = |Z|\angle\varphi$$

则负载侧相电压为

$$\dot{U}_{AN} = \dot{U}_A = U\angle 0°$$

根据三相电路的对称性，可以得到 B 相和 C 相的相电压，即

$$\dot{U}_{BN} = \dot{U}_B = U\angle -120°,\ \dot{U}_{CN} = \dot{U}_C = U\angle 120°$$

A 相电流可通过计算得到，即

$$\dot{I}_A = \frac{\dot{U}_{AN}}{Z} = \frac{\dot{U}_A}{Z} = \frac{U}{Z}\angle -\varphi$$

根据三相电路的对称性，同理可以得到 B 相和 C 相的相电流。

$$\dot{I}_B = \frac{\dot{U}_{BN}}{Z} = \frac{\dot{U}_B}{Z} = \frac{U}{|Z|}\angle -120° - \varphi,\dot{I}_C = \frac{\dot{U}_{CN}}{Z} = \frac{\dot{U}_C}{Z} = \frac{U}{|Z|}\angle 120° - \varphi$$

结论：

（1）电源中点与负载中点等电位，有无中线对电路情况没有影响。

（2）对称情况下，各相电压、电流都是对称的，可采用一相（A 相）等效电路计算，其他两相的电压、电流可按对称关系直接写出。

（3）Y形连接的对称三相负载，根据相、线电压、电流的关系得

$$\dot{U}_{AB} = \sqrt{3}\dot{U}_{AN}\angle 30°,\ \dot{I}_A = \dot{I}_{YP} = \dot{I}_L$$

二、电压源为△连接时对称三相电路的计算

电压源为△连接时的等效变换如图 4－2－22 所示。

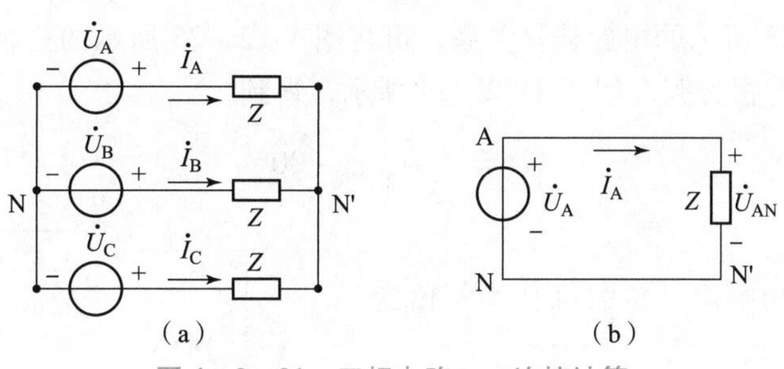

图 4-2-21　三相电路Y-Y连接计算

(a) Y-Y连接；(b) A 相计算电路

$$\begin{cases} \dot{U}_A = \dfrac{1}{\sqrt{3}}\dot{U}_{AB}\angle -30° \\ \dot{U}_B = \dfrac{1}{\sqrt{3}}\dot{U}_{BC}\angle -30° \\ \dot{U}_C = \dfrac{1}{\sqrt{3}}\dot{U}_{CA}\angle -30° \end{cases}$$

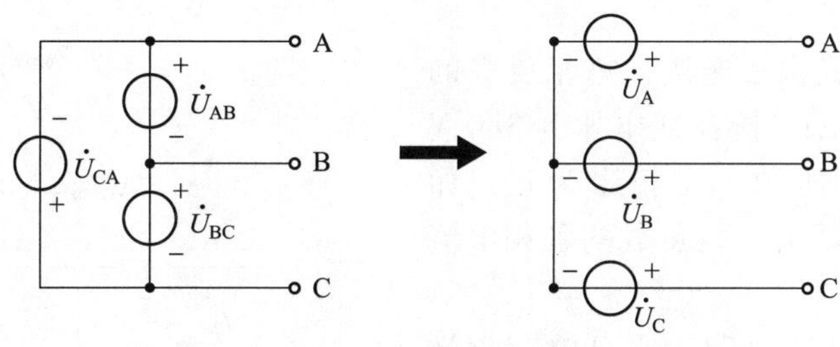

图 4-2-22　电压源为△连接时的等效变换

负载部分，根据阻抗的Y-△等效变换，Y连接时阻抗为 Z，等效变换为△连接时阻抗变为 $Z/3$，如图 4-2-23 所示。

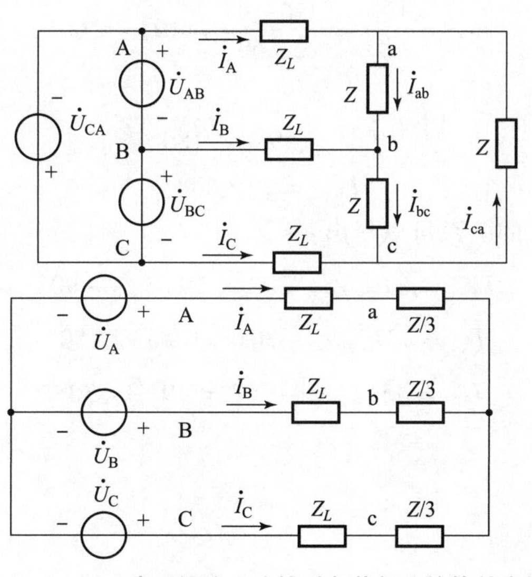

图 4-2-23　电压源为△连接时负载部分的等效变换

学习笔记

根据图 4－2－23 所示的电路连接关系，可将图 4－2－23 所示的三相电路的计算化为单相电路的计算，以 A 相为例，如图 4－2－24 所示，得到

$$\dot{U}_{A}=\frac{1}{\sqrt{3}}\dot{U}_{AB}\angle -30°$$

小结：

(1) 将所有三相电源、负载都化为等值的 Y－Y连电路。

(2) 连接负载和电源中点，中性线上若有阻抗，可不计。

(3) 画出单相计算电路，求出一相的电压、电流，一相电路中的电压为Y连接时的相电压，一相电路中的电流为线电流。

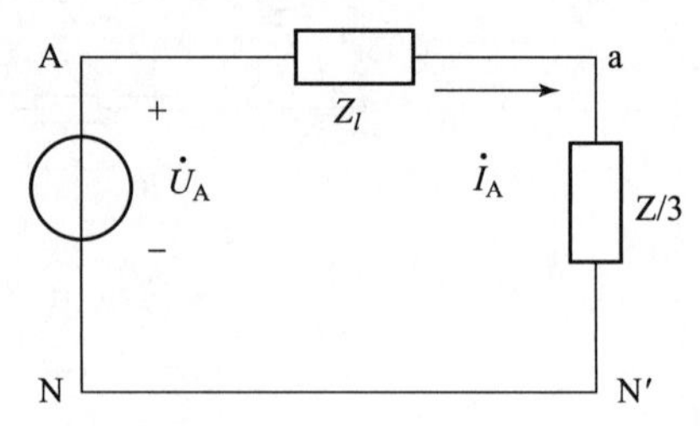

图 4－2－24　△－△连接时 A 相电路的计算

(4) 根据接线时相量之间的关系，求出原电路的电流电压。

(5) 由对称性，得出其他两相的电压和电流。

三、练一练

一对称三相负载，△连接，每相负载的复阻抗 $Z=20\angle 60°\ \Omega$，接在线电压为 380 V 的对称三相正弦电压源上，相序为正，如图 4－2－25 所示，试求三相负载的各相电流和线电流。

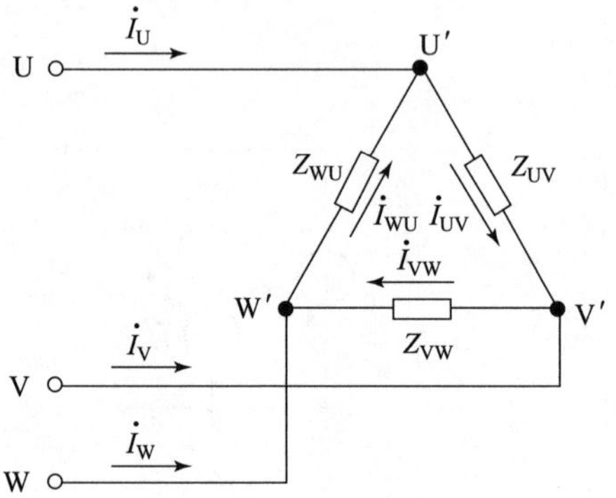

图 4－2－25　负载为△连接的对称三相电路

解：由于三相电路对称，故只取一相计算，取电源线电压为参考相量，有

$$U_{UV}=380\angle 0°$$

Z_{UV}相的相电流为

$$\dot{I}_{UV}=\frac{\dot{U}_{UV}}{Z}=\frac{380\angle 0°}{20\angle 60°}=19\angle -60°$$

根据对称性可以得出

$$\dot{I}_{VW}=19\angle -180°$$

$$\dot{I}_{WU}=19\angle 60°$$

根据线电流和相电流的关系可以得出

$$\dot{I}_{U}=\sqrt{3}\dot{I}_{UV}\angle -30°=19\sqrt{3}\angle -90°$$

$$\dot{I}_{V}=\sqrt{3}\dot{I}_{VW}\angle -30°=19\sqrt{3}\angle 150°$$

$$\dot{I}_{W}=\sqrt{3}\dot{I}_{WU}\angle -30°=19\sqrt{3}\angle 30°$$

一、填空题

1. 三相不对称负载作星形连接时，中性线的作用是使负载相电压等于电源________电

压，从而保持三相负载电压总是________的，使各相负载正常工作。

2. 在正常情况下，由于三相负载对称，中性线电流为零，故省去中性线并不影响三相电路的工作，所以，各相负载的相电压仍为________。

二、简答题

中性线是否允许安装开关和熔断器？为什么？

4.2.4 三相电路的功率及功率因数

三相交流电是我国目前普遍生产、配送的电力资源，在远距离输送电能时比较经济，可以节约导线使用量，降低电能的损耗。容量较大的三相电机具有良好的运行特性，特别是笼型电机，其具有转动平稳、结构简单、维护方便、噪声小等特点。

一、三相电路功率的计算

（一）三相电路的有功功率

三相电路的有功功率等于各相有功功率的总和，即

$$P = P_1 + P_2 + P_3$$

当三相负载对称时，各相有功功率相等，则总有功功率为一相有功功率的 3 倍，即

$$P = 3P_{\mathrm{P}} = 3U_{\mathrm{P}}I_{\mathrm{P}}\cos\varphi_{\mathrm{P}}$$

当负载作星形连接时有

$$U_{\mathrm{YP}} = \frac{U_L}{\sqrt{3}},\ I_{\mathrm{YP}} = I_{\mathrm{YL}}$$

所以

$$P_{\mathrm{Y}} = 3U_{\mathrm{YP}}I_{\mathrm{YP}}\cos\varphi_{\mathrm{P}} = 3\frac{U_L}{\sqrt{3}}I_{\mathrm{YL}}\cos\varphi_{\mathrm{P}} = \sqrt{3}U_{\mathrm{YL}}I_{\mathrm{YL}}\cos\varphi_{\mathrm{P}}$$

当负载作三角形连接时有

$$U_{\triangle\mathrm{P}} = U_{\mathrm{L}},\ I_{\triangle\mathrm{P}} = \frac{I_{\triangle\mathrm{L}}}{\sqrt{3}}$$

所以

$$P_{\triangle} = 3U_{\triangle\mathrm{P}}I_{\triangle\mathrm{P}}\cos\varphi_{\mathrm{P}} = 3U_{\mathrm{L}}\frac{I_{\triangle\mathrm{L}}}{\sqrt{3}}\cos\varphi_{\mathrm{P}} = \sqrt{3}U_{\mathrm{L}}I_{\triangle\mathrm{L}}\cos\varphi_{\mathrm{P}}$$

因此，三相对称负载无论是作星形还是三角形连接，总的有功功率的公式可统一写成

$$P = \sqrt{3}U_{\mathrm{L}}I_{\mathrm{L}}\cos\varphi_{\mathrm{P}}$$

（二）三相电路的瞬时功率

三相电路的瞬时功率等于各相瞬时功率之和。以Y连接（如果是△连接可以等效为Y连接）三相负载为例，如图 4-2-26 所示，三相电路的瞬时功率等于各相瞬时功率之和，以Y连接（如果是三角形连接可以等效为Y连接）三相负载为例，如图 4-2-26 所示，当三相电路对称时，有

$$u_{\mathrm{U}} = \sqrt{2}U_{\mathrm{P}}\sin\omega t$$

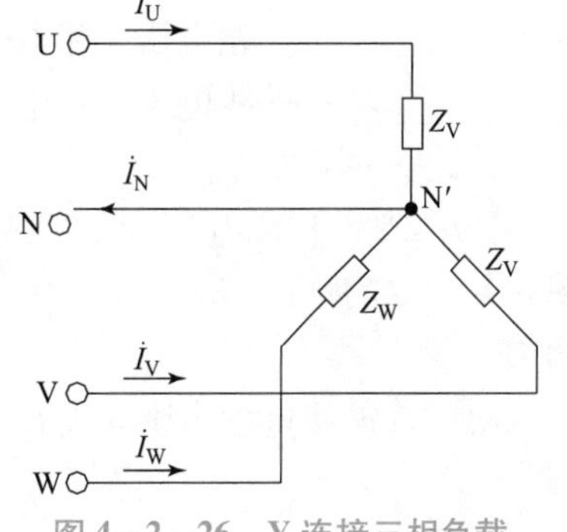

图 4-2-26 Y 连接三相负载

学习笔记

$$u_V = \sqrt{2}U_P\sin(\omega t - 120°)$$

$$u_W = \sqrt{2}U_P\sin(\omega t + 120°)$$

$$i_U = \sqrt{2}I_P\sin(\omega t - \varphi)$$

$$i_V = \sqrt{2}I_P\sin(\omega t - \varphi - 120°)$$

$$i_W = \sqrt{2}I_P\sin(\omega t - \varphi + 120°)$$

$$\begin{aligned} p_U &= u_U i_U = \sqrt{2}U_P\sin\omega t \times \sqrt{2}I_P\sin(\omega t - 120°) \\ &= U_P I_P\cos\varphi - U_P I_P\cos(2\omega t - \varphi) \end{aligned}$$

同理可得

$$p_V = u_V i_V = U_P I_P\cos\varphi - U_P I_P\cos(2\omega t - \varphi + 120°)$$

$$p_W = u_W i_W = U_P I_P\cos\varphi - U_P I_P\cos(2\omega t - \varphi - 120°)$$

$$\begin{aligned} p &= p_U + p_V + p_W = 3U_P I_P\cos\varphi - [U_P I_P\cos(2\omega t - \varphi) + \\ &\quad U_P I_P\cos(2\omega t - \varphi + 120°) + U_P I_P\cos(2\omega t - \varphi - 120°)] \\ &= 3U_P I_P\cos\varphi \end{aligned}$$

可见，对称三相电路中，瞬时功率就等于有功功率，它是一个常数，不随时间而变化，这是对称三相电路的特点。

在三相电路中，无论三相负载是Y连接还是△连接，三相负载的有功功率等于各相负载的有功功率之和；三相负载的无功功率等于各相负载的无功功率之和；视在功率不等于各相视在功率之和，而是等于有功率的平方与无功功率的平方和的开方。

以Y连接（如果是△连接可以等效为Y连接）为例，如图 4－2－26 所示，则有

$$P = P_U + P_V + P_W = U_U I_U\cos\varphi_U + U_V I_V\cos\varphi_V + U_W I_W\cos\varphi_W$$

$$Q = Q_U + Q_V + Q_W = U_U I_U\sin\varphi_U + U_V I_V\sin\varphi_V + U_W I_W\sin\varphi_W$$

$$S = \sqrt{P^2 + Q^2}$$

式中，φ_U，φ_V，φ_W——各相负载的阻抗角。

上式中当三相电路对称时，各相的有功功率、无功功率相等，所以有

$$P = 3U_P I_P\cos\varphi = 3 \times \frac{U_L}{\sqrt{3}} \times I_L\cos\varphi = \sqrt{3}U_L I_L\cos\varphi$$

$$Q = 3U_P I_P\sin\varphi = 3 \times \frac{U_L}{\sqrt{3}} \times I_L\sin\varphi = \sqrt{3}U_L I_L\sin\varphi$$

$$S = \sqrt{P^2 + Q^2} = 3U_P I_P = \sqrt{3}U_L I_L$$

式中，U_P，I_P——相电压、相电流的有效值；

U_L，I_L——线电压、线电流的有效值；

φ——阻抗角。

【例 4.2.2】线电压为 380 V 的对称三相正弦电压源上接有两组对称三相负载，如图 4－2－27 所示，$Z_1 = 38\angle 30°\ \Omega$，$R = 10\ \Omega$，试求电路总有功功率、总无功功率和总视在功率。

解：△连接负载的线电流 I_{L1} 为

$$I_{L1} = I_{U1} = \sqrt{3}I_{UV} = \sqrt{3} \times \frac{380}{38} = 10\sqrt{3}\,(\text{A})$$

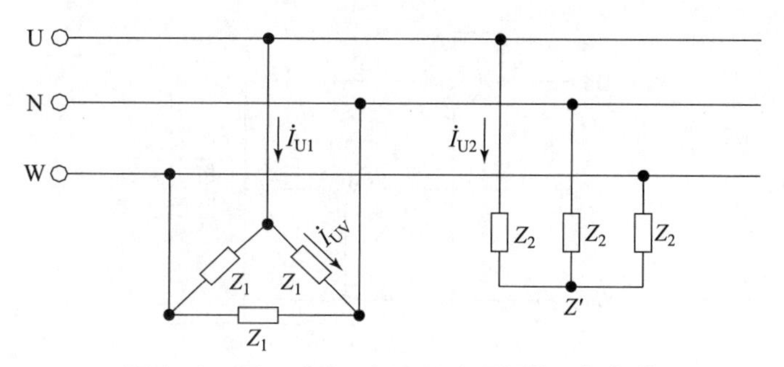

图 4-2-27　对称三相正弦电压源的三相负载

Y连接负载的线电流为

$$I_{L2} = I_{U2} = \frac{220}{10} = 22\ (\mathrm{A})$$

根据对称三相负载的 P、Q、S 的计算公式有

$$P = \sqrt{3} \times 380 \times 10\sqrt{3}\cos 30° + \sqrt{3} \times 380 \times 22 = 24\ 351.92$$

$$Q = \sqrt{3} \times 380 \times 10\sqrt{3}\sin 30° = 5\ 700$$

$$S = \sqrt{P^2 + Q^2} = \sqrt{24\ 351.92^2 + 5\ 700^2} = 25\ 010.12$$

（三）三相电路的无功功率

三相电路的有功功率等于各相有功功率的总和，即

$$Q = Q_1 + Q_2 + Q_3$$

当三相负载对称时，各相无功功率相等，则总无功功率为一相无功功率的 3 倍，即

$$Q = 3Q_P = 3U_P I_P \sin\varphi_P = \sqrt{3}U_L I_L \sin\varphi_P$$

（四）三相电路的视在功率

三相电路的视在功率为

$$S = \sqrt{P^2 + Q^2}$$

二、三相电路功率的测量

（一）三相电路的有功功率

对称三相电路，可用一只功率表测出其中一相的功率，乘以 3 就是三相总功率，这种测量方法称为“一瓦特计法”。

三相四线制电路中，负载一般是不对称的，需分别测出各相功率后再相加得到三相电路的总功率，测量电路如图 4-2-28 所示（这种接线方法称为共 W 法，除此之外还有共 U 法、共 V 法），这种方法称为“三瓦特计法”。

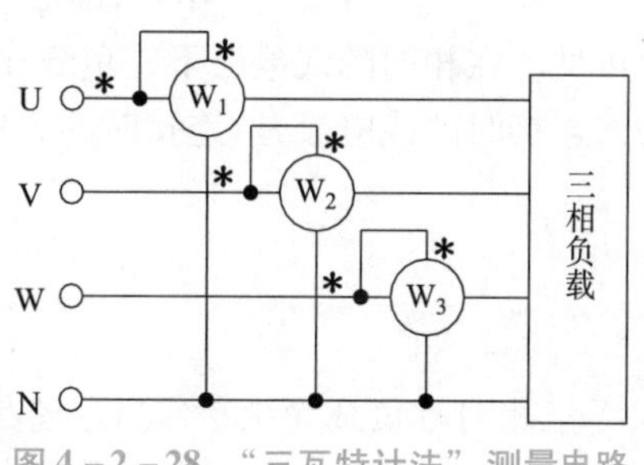

图 4-2-28　“三瓦特计法”测量电路

对于三相三线制电路，不论其对称与否，都可用图 4-2-29 所示的电路来测量，这种方法称为“二瓦特计法”。

【例 4.2.3】有一对称三相负载，每相的电阻为 60 Ω，电抗为 80 Ω，电源线电压为 380 V，

学习笔记

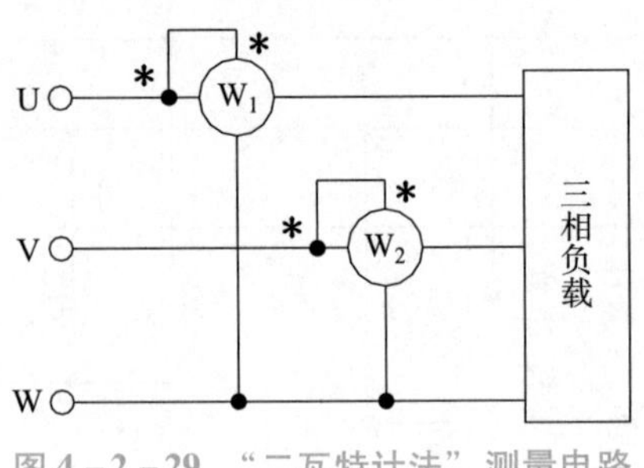

图 4-2-29 “二瓦特计法”测量电路

试计算负载Y连接和△连接时的有功功率。

解：每相负载的阻抗为

$$|Z| = \sqrt{R^2 + X^2} = \sqrt{60^2 + 80^2}\ \Omega = 100\ \Omega$$

Y连接时

$$U_{\mathrm{YP}} = \frac{U_{\mathrm{L}}}{\sqrt{3}} = \frac{380}{\sqrt{3}}\ \mathrm{V} = 220\ \mathrm{V}$$

$$I_{\mathrm{YL}} = I_{\mathrm{YP}} = \frac{U_{\mathrm{YP}}}{|Z|} = \frac{220}{100}\ \mathrm{A} = 2.2\mathrm{A}$$

$$\cos\varphi_{\mathrm{P}} = \frac{R}{|Z|} = \frac{60}{100} = 0.6$$

所以，有功功率为

$$P_{\mathrm{Y}} = \sqrt{3}U_{\mathrm{L}}I_{\mathrm{L}}\cos\varphi_{\mathrm{P}} = \sqrt{3} \times 380 \times 2.2 \times 0.6\ \mathrm{W} \approx 870\ \mathrm{W}$$

△连接时

$$U_{\triangle\mathrm{P}} = U_{\mathrm{L}} = 380\ \mathrm{V}$$

$$I_{\triangle\mathrm{P}} = \frac{U_{\triangle\mathrm{P}}}{|Z|} = \frac{380}{100}\ \mathrm{A} = 3.8\ \mathrm{A}$$

$$I_{\triangle\mathrm{L}} = \sqrt{3}I_{\triangle\mathrm{P}} = \sqrt{3} \times 38\ \mathrm{A} \approx 6.6\ \mathrm{A}$$

由于负载的功率因数不变，所以有功功率为

$$P_{\triangle} = \sqrt{3}U_{\mathrm{L}}I_{\mathrm{L}}\cos\varphi_{\mathrm{P}} = \sqrt{3} \times 380 \times 6.6 \times 0.6\ \mathrm{W} \approx 2.6\ \mathrm{kW}$$

可见，在相同的线电压下，负载作△连接的有功功率是Y连接的有功功率的 3 倍。这是因为△连接时的线电流是Y连接时的 3 倍。

知识测试

一、填空题

1. 三相对称负载无论是作星形还是三角形连接，总的有功功率的公式为________。

2. 在相同的线电压下，负载作三角形连接的有功功率是星形连接的________倍。

3. 对称三相电路，可用一只功率表测出其中一相的功率，乘以 3 就是三相总功率，这种测量方法，称为________。

二、判断题

1. 所谓提高功率因数，并不是提高电感性负载本身的功率因数。 (　　)

2. 对称三相电路中，瞬时功率就等于有功功率，它是一个常数，不随时间而变化，这是对称三相电路的特点。（　）

3. 在三相电路中，无论三相负载是Y连接还是△连接，三相负载的有功功率等于各相负载的有功功率之和；三相负载的无功功率等于各相负载的无功功率之和。（　）

4.2.5 认识日光灯电路

一、荧光灯的组成

荧光灯主要由灯管、镇流器和启辉器组成，电路如图4－2－30所示。

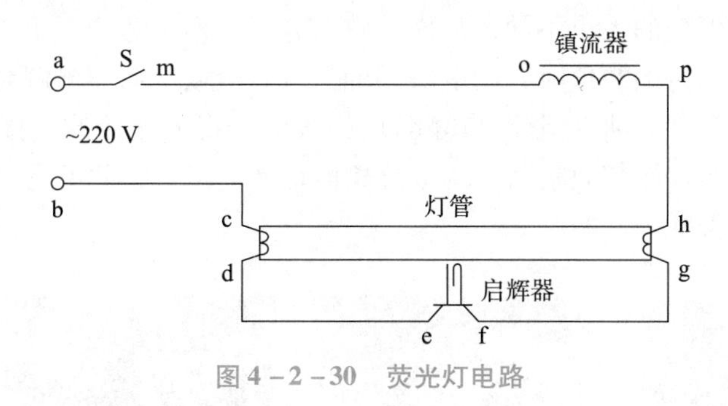

图4－2－30　荧光灯电路

二、各组成的构造及作用

（一）荧光灯管

如图4－2－31所示，荧光灯管是一个内壁涂有荧光粉，内充稀薄水银蒸气的薄玻璃管，其两端有两根灯丝，每根灯丝上接有两个电极。当两根灯丝之间出现高压使水银蒸气导电时，就会激发出紫外线，使涂在其内壁上的荧光粉发出柔和的白光。可见荧光灯管发光不是灯丝导电形成的，而是水银蒸气导电形成的。气体导电有一个共性特征，就是启动时要高压，一旦导通又只需要很小的电压，如图4－2－32所示。

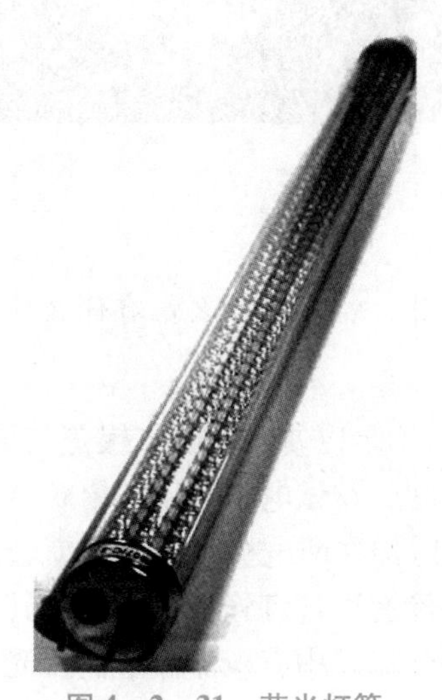

图4－2－31　荧光灯管

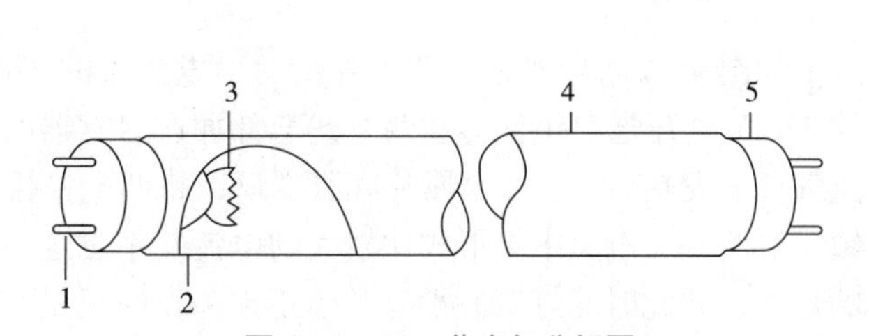

图4－2－32　荧光灯分解图

1—灯脚；2—荧光粉涂层；3—灯丝；4—玻璃管；5—灯夹

学习笔记

（二）镇流器

为灯管提供适当电压并适时进行分压的重任由镇流器完成。

镇流器是一个带有闭合铁芯的电感线圈，它在电路刚接通时产生高压使荧光灯管启辉，灯管发光后又起分压作用。

（三）启辉器

各种启辉器的实物如图 4－2－33 所示，它是一个充有氖气的小玻璃泡，泡内有两个电极，其中一个是固定不动的静触片，另一个是 U 形的由双金属片构成的动触片。双金属片是由热膨胀系数不同的两种金属片叠压而成的热敏装置，当温度发生变化时，由于正、反两面热膨胀系数不同而形变的大小不同，从而导致双金属片发生弯曲。正常情况下两个电极是分离的，当电压高于一定的数值时，两电极间的氖气就会放电而发出辉光，进而发热使温度升高，导致 U 形双金属片膨胀变形，与静触片相接触，将电路接通。接通后由于氖气不再放电发热，U 形双金属片冷却而收缩，两极分离而切断电路。由此可见，启辉器在电路中就相当于一个全自动开关。

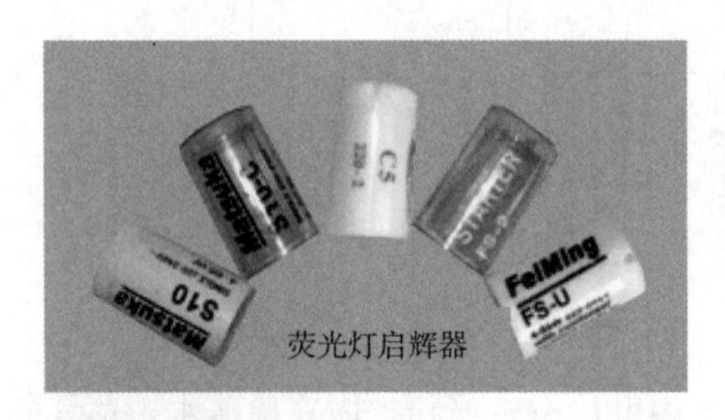

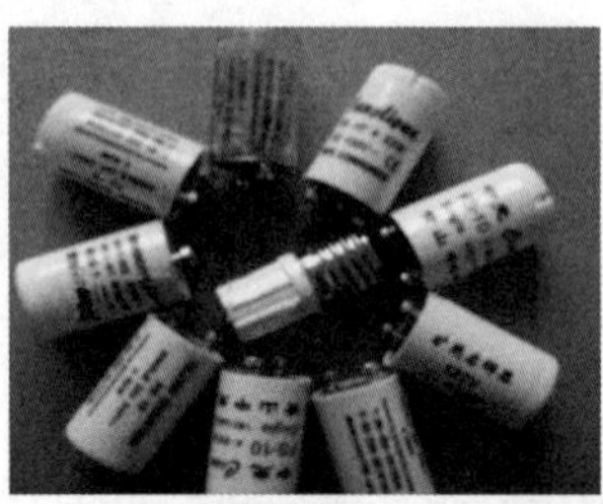

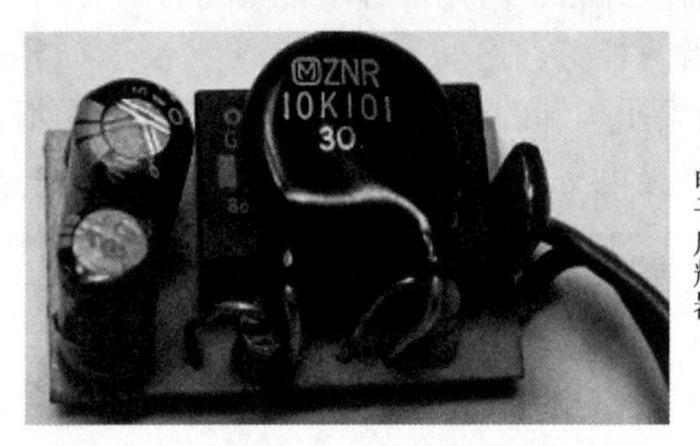

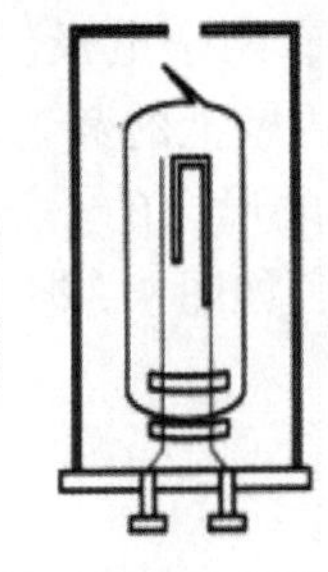

图 4－2－33　各种启辉器

做一做：拆开一个日光灯启辉器，查看一下内部结构。

想一想：除了上述的充有氖气的玻璃泡外，你还发现了什么？它是什么？有什么作用？

三、荧光灯的工作原理

如图 4－2－30 所示，当 S 接通时，电路中的 220 V 电压不足以使灯管的水银蒸气导通，故 220 V 电压通过镇流器和两灯丝全部加在启辉器的两电极间，在该电压作用下启辉器中的氖气放电发热，U 形双金属片膨胀变形，将两电极接通，此时加在两电极间的电压就会转至镇流器两端，电路中会形成比较大的电流，不过这一电流并没有通过灯管，而仅经过其两端的灯丝，即此时的灯管并没有整体正常工作，只是其两端由于灯丝中有电流流过而发光。

启辉器两电极接通后由于氖气不再放电发热，U 形双金属片就会冷却收缩而切断电路。随着电路被切断，电流将突然减小，由于镇流器的自感作用，它会产生一个较大的自感电动势。这个自感电动势与电源电压叠加后所形成的高压加在灯管的两个灯丝间，使灯管中的水银蒸气被击穿而导通，灯管开始发光。灯管发光后由于有一定的电流通过镇流器，而镇流器的感抗又很大，所以镇流器两端会有很大分压（接近 200 V），而灯管两端的电压较小（一般不足 100 V）。灯管两端的电压也同时加在启辉器的两电极间，但此时这一电压并不能使氖气放电，也就是说启辉器在该电压作用下不会再接通。

想一想

（1）灯管正常工作时是气体导电还是灯丝导电？

（2）电路刚接通时，灯管中的水银蒸气是否导电？

（3）水银蒸气导电有何“怪异”特征？

（4）启辉器在荧光灯电路中起什么作用？

（5）镇流器在荧光灯电路中起什么作用？

4.2.6 任务实施

工作过程一 安装电能表

一、电度表的接线方法

（一）单相交流电度表的接线方法

交流电能的测量大多采用感应式电度表，如单相电度表，其有专门的接线盒，接线盒内设有 4 个端钮。电压和电流线圈在电表出厂时已在接线盒中连好。单相电度表共有 4 个接线桩（1 和 5 在表内部短接），从左至右按 1、2、3、4 编号，配线时，只需按 1、3 端接电源，2、4 端接负载即可，若负载电流很大或电压很高，则应通过电流或电压互感器才能接入电路。如图 4－2－34 所示。

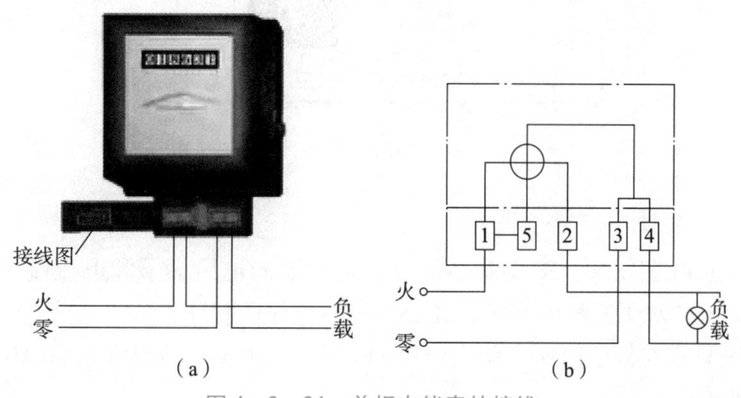

图 4－2－34 单相电能表的接线

（a）外形图；（b）接线图

（二）三相电度表的接线方法

三相电度表是按两表法测功率的原理，采用两只单相电度表组合而成的。三相电度表的接线方法依据三相电源线制的不同略有不同。

对直接式三相四线制电度表，从左至右共有 11 个接线桩，1、4、7 为 A、B、C 三相

学习笔记

进线，10 为中性线进线，3、6、9 为 3 根相线出线，11 为中性线出线，2、5、8 可空着，如图 4－2－35 所示。

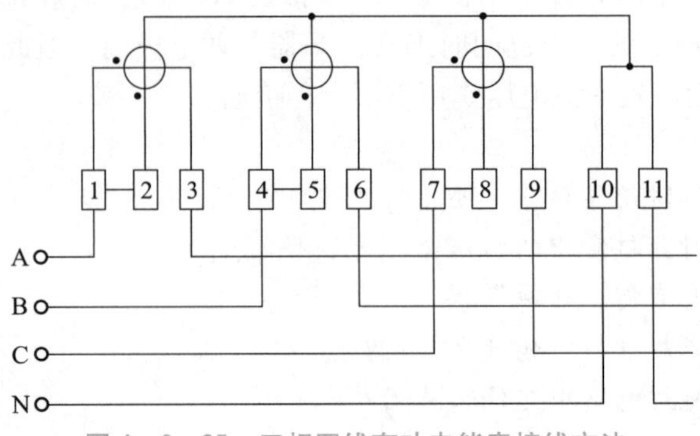

图 4－2－35　三相四线有功电能表接线方法

对于大负荷电路，必须采用间接式三相电度表，接线时需配 2～3 个同规格的电流互感器。需要注意的是各电流互感器的电流测量取样必须与其电压取样保持同相，即 1、2、3 为一组，4、5、6 为一组，7、8、9 为一组。如图 4－2－36 所示。

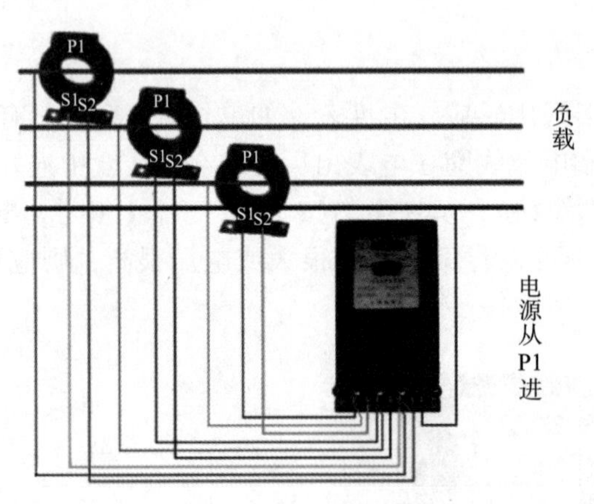

图 4－2－36　三相四线电度表互感器接线

二、电度表安装使用注意事项

（1）电度表接线较复杂，接线前必须分清电度表的电压端子和电流端子，然后按照技术说明书对号接入。对于三相电度表，还必须注意电路的相序。

（2）电度表只有在额定电压、额定电流的 20%～120%、额定频率 50 Hz 的条件下工作时，才能保证准确度。

（3）电度表不宜在小于规定电流的 5% 和大于额定电流的 150% 的情况下工作。

（4）半年以上不用的电度表应重新校正。

（5）电度表安装时，要距热力系统 0.5 m 以上，距地面 0.7～2.0 m 并要求垂直安装，容许偏差不得超过 0.2 m。

三、竣工检查

安装竣工后的低压单相、三相电度表，在停电状态下检查的内容如下：

学习笔记

（1）复核所装电度表、互感器及互感器所装相别是否与工作单上所列相符，并核对电能表字码的正确性。

（2）检查电度表和互感器的接线螺钉、螺栓是否拧紧，互感器一次端子垫圈和弹簧圈有否缺失。

（3）检查电度表、互感器安装是否牢固，电度表倾斜度是否超过1°～2°。

（4）检查电度表的接线是否正确，特别要注意极性标志和电压、电流线头所接相位是否对应。

（5）核对电度表倍率是否正确。

（6）检查二次导线截面电压回路是否为2.5 mm^2 以上，电流回路是否为4 mm^2 及以上，中间不能有接头和施工伤痕，检查接地是否良好。

四、单相电度表的接线注意事项

（1）单相电度表有专门的接线盒，接线盒内设有4个端钮。电压和电流线圈在电表出厂时已在接线盒中连好。

（2）单相电度表共有4个接线桩，从左至右按1、2、3、4编号，配线时，只需按1、3端接电源，2、4端接负载即可，若负载电流很大或电压很高，则应通过电流或电压互感器才能接入电路。

（3）电度表要注意内部的连接片是否拆下。

（4）电度表为只读式，奇数进线、偶数出线。

（5）互感器初级L1进线、L2出线。

（6）互感器次级K1接电度表电流线圈进线孔，K2接电流线圈出线孔。

（7）互感器的二次侧K2应可靠接地。

（8）电度表外表应可靠接地，通电试验安装时电度表应竖直安装。

五、接线操作步骤

（1）清点元件数量和规格，检查元件是否良好。

（2）预习电度表的接线方法并默绘出原理图。

（3）按图在配电板进线槽进行电路安装。

（4）安装完毕后检查电路的质量以及电度表的接线是否正确。

（5）经查对无误后进行通电试验和量电试验。

（6）试验完毕后经教师检查评比，及时做好现场整理工作。

六、接线的注意事项

（1）电度表进、出线孔不可接反。

（2）间读式电度表接线时三个电压孔接线相序不可接反。

（3）互感器的一次侧接线L1、L2不可接反。

（4）互感器的二次侧接线K1、K2不可接反。

（5）互感器的二次侧K2应可靠接地。

（6）互感器在使用时其二次侧严禁开路。

（7）电度表在通电试验表面应与地面保持垂直。

（8）开关闸刀内熔体的大小应合理选配。

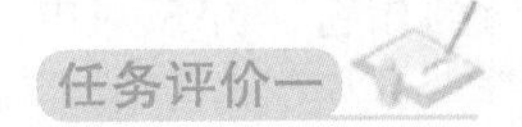

时间		学校		姓名		
指导教师			成绩			
任务	要求	分值	评分标准	自评	小组评	教师评
职业素质（30）	不迟到、早退、旷课	5分	每迟到或早退一次扣5分			
	遵守实训场地纪律、操作规程，掌握技术要点	5分	每违反实训场地纪律一次扣2~5分			
	团结合作，与他人良好沟通，认真练习	10分	每遗漏一个知识点或技能点扣5分			
	按照操作要求和动作要点认真完成练习	10分	每遗漏一个要点或技能点扣5分			
任务实施过程考核（60）	1. 认真学习导线选择的相关知识； 2. 熟练导线操作的相关知识； 3. 能准确进行熔体的选择	10分	准确掌握导线选择基本知识，掌握导线操作技能，准确进行熔体选择，否则每有一处错误扣10分			
	1. 熟练掌握电度表原理及选用； 2. 单相电度表的安装	10分	能熟练掌握单相电度表的原理，能独立完成电度表的选用、安装，否则每有一处错误扣1分			
	1. 掌握互感器原理； 2. 掌握三相电度表原理； 3. 掌握配互感器三相表电路的安装	10分	能独立描述互感器原理及工作过程，能独立完成配互感器三相表电路的安装，否则每有一处错误扣1分			
	线路的安装	20分	1. 原件安装不正确，每处扣2分。 2. 操作不规范、不熟练，每处扣2分。 3. 接线不美观，每处扣2分。 4. 接线不牢固或线头绕向不对，每处扣1分			
	通电试验	10分	安装线路错误，造成短路、断路，每通电1次扣5分，扣完为止			
任务总结（10）	整理任务所有相关记录，编写任务总结	10分	总结全面、认真、深刻，有启发性，不扣分			
指导教师评定意见						

知识测试 

学习笔记

一、简答题

1. 导线截面的选择应由什么因素决定？
2. 对不同的负载应如何选择熔断器中熔体的额定电流？
3. 用塑料护套线配线应注意什么？
4. 闸刀开关在电路中起什么作用？使用闸刀开关应注意什么？
5. 电能表用于测量什么电量？讲述单相电度表的一般接线方法。
6. 安装进户装置有哪些要求？
7. 安装量电装置的步骤有哪些？

工作过程二　安装荧光灯电路

一、检测

安装电路之前首先要对相应的器件进行简单的检测，以确保所安装电器的质量。

荧光灯管两端有 4 个接线端子，同端的两个接线端子之间有一电阻很小的灯丝相接，构成一个电极，异端两电极间没有导体相连，在灯管没有点燃的情况下它们之间的电阻无穷大。

镇流器就是一只电感器，用万用表的欧姆挡可测试其两引线间的直流电阻。

启辉器的动片和定片是分离的，在电压较低时它们之间的电阻为无穷。

测一测

(1) 用万用表（或欧姆表）的合适挡位测量荧光灯管同端两电极间的电阻，检查是否有损坏。

(2) 用万用表（或欧姆表）的合适挡位测量荧光灯管异端两电极间的电阻，该结果应为无穷。

(3) 用万用表（或欧姆表）的合适挡位测量镇流器两电极间的电阻，检查是否有开路和短路现象。

(4) 用万用表（或欧姆表）的合适挡位测量启辉器两电极间的电阻，其结果应为无穷。

二、安装

荧光灯电路除镇流器、启辉器和荧光灯管外，还有相应的灯座和启辉器座，如图 4-2-37 所示，打开荧光灯管和启辉器座，了解其内部结构和接线方法。

做一做

(1) 观察分析相关器件的结构，构思安装方法。

(2) 在给定的安装基板上，结合图 4-2-37 所示的原理图，设计实际电路的布局。

(3) 根据相应的接线要求安装电路。

三、测试并通电试验

电路安装好后，首先要对电路进行简单检测，然后才能通电试验。该电路检测最简单的

学习笔记

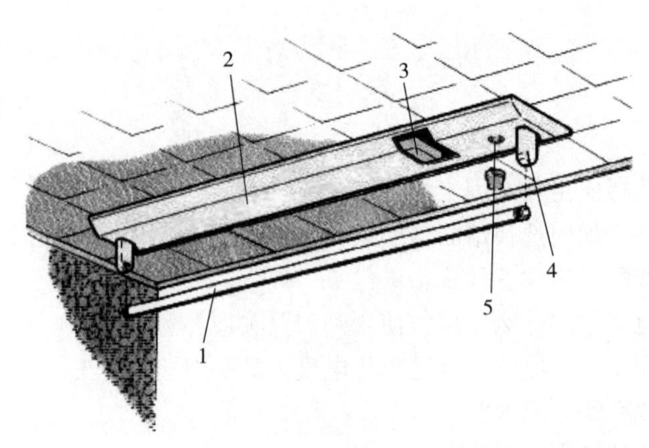

图 4-2-37　荧光灯电路

1—灯管；2—固定灯座；3—镇流器；4—管座；5—启辉器

方法是用万用表的电阻挡检测电源插头 b 点与启辉器 e 点间的电阻和电源插头 a 点与启辉器 f 点间的电阻（闭合开关），若电路安装正确，则前者检测结果应为零，后者检测结果应等于镇流器的电阻。

做一做

（1）用万用表的电阻挡检测电源插头 b 点与启辉器 e 点之间的电阻及电源插头 a 点与启辉器 f 点间的电阻（闭合开关），前者为多少？后者为多少？

（2）插上电源插头，闭合电源开关，观察电路反应，并将相关现象记录下来。

任务评价二

任务评价表

时间		学校		姓名		
指导教师			成绩			
任务	要求	分值	评分标准	自评	小组评	教师评
职业素质（30）	不迟到、早退	5 分	每迟到或早退一次扣 5 分			
	遵守实训场地纪律、操作规程，掌握要点	5 分	每违反实训场地纪律一次扣 2 ~ 5 分			
	团结合作，与他人良好沟通，认真练习	10 分	每遗漏一个知识点或技能点扣 5 分			
	按照操作要求和动作要点认真完成练习	10 分	每遗漏一个要点或技能点扣 5 分			

学习笔记

续表

任务	要求	分值	评分标准	自评	小组评	教师评
任务实施过程考核（60）	照明元件定位	10 分	元件定位尺寸正确			
			元件定位尺寸 1 ~2 处不正确扣 4 分			
			元件定位尺寸 3 ~4 处不正确扣 8 分			
			元件定位尺寸多处不正确或不能定位扣 10 分			
	照明元件安装	10 分	元件安装牢固			
			元件安装 1 ~2 处不牢固扣 4 分			
			元件安装 3 ~4 处不牢固扣 8 分			
			元件安装多处不牢固扣 10 分			
	线路布线	10 分	元件安装牢固			
			元件安装 1 ~2 处不牢固扣 4 分			
			元件安装 3 ~4 处不牢固扣 8 分			
			元件安装多处不牢固扣 10 分			
任务实施过程考核（60）	通电调试	20 分	开关正常得 5 分。通电调试未达要求维修后基本正确，扣 3 分			
			镇流器正常，得 5 分。调试未达到要求，自行修改后结果基本正确，扣 3 分			
			灯管正常，得 5 分			
			启辉器正常，得 5 分			
	安全操作，无事故发生	10 分	安全文明，符合操作规程			
			操作过程中损坏元件 1 ~2 只扣 2 分			
			经提示后再次损坏元件扣 4 分			
			不经允许擅自通电，造成设备损坏，扣 10 分			
任务总结（10）			总结全面、认真，深刻，有启发性，不扣分			
指导教师评定意见						

学习拓展　不对称三相电路的计算

三相电路中因为电源的三相电压不对称、三相负载不对称或三个端线阻抗不相同，造成电路中的电路不对称，这种三相电路称为不对称三相电路。三相电路中的不对称现象大量存在，首先是三相电路中有许多单相负载，特别是照明负载经常开闭，很难把它们配成完全对

学习笔记

称的；其次是对称三相电路时常发生单相断线、两相短路等故障，形成不对称三相电路；再次是有的电器设备或者仪器正是利用不对称三相电路的某些特点工作的。

不对称三相电路中若含有电动机负载（动负载），或者考虑三相发电机的内阻抗压降，情况较为复杂的，需要用对称分量法进行计算，对于仅含静负载（非电动机负载）和不考虑三相发电机内阻抗压降的不对称三相电路，常用的分析方法是分析一般复杂电路的节点电压法。

如图 4－2－38 所示的居民小区供电电路图采用的是三相四线制，每条相线与中性线组成一相供电线路。由于各楼层负载不尽相同，用电时间也有区别，故是一种典型的不对称星形负载，应尽量将不同楼层的负载均衡地分别接到三相电路中去，而不应把它们集中在三根相线中的一相电路中。

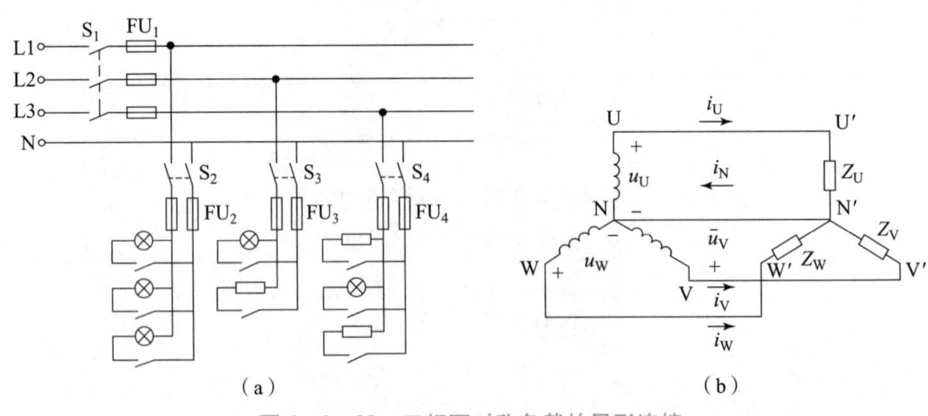

图 4－2－38　三相不对称负载的星形连接

由于电路具有中性线，虽然三相负载不对称，但三相负载两端的电压仍然是对称的，每相负载上的相电压分别等于电源的相电压 u_U、u_V、u_W，在各相电压的作用下负载中产生的相电流分别等于各自对应的线电流 i_U、i_V、i_W，即有

$$I_L = I_P$$

中性线上的电流为三个相电流的和，则

$$i_N = i_U + i_V + i_W$$

或

$$\dot{I}_N = \dot{I}_U + \dot{I}_V + \dot{I}_W$$

当三相不对称负载作星形连接时，中性线中有电流通过。由于中性线的作用，使三相负载成为互不影响的三个独立的电路，不论负载有无变动，加在每相负载上的电压是不变的。如果中性线因为某种故障原因造成断路，将会使加在每相负载上的相电压不平衡。因此中性线不允许安装开关和熔断器，通常还要将中性线接地，以保障安全。

下面以Y－Y电路为例初步介绍不对称三相电路的特点及分析方法。如图 4－2－39 所示三相电路中，$Z_U \neq Z_V \neq Z_W$，电源电压一般认为是对称的，根据节点电压可求得两个中性点间的电压为

$$U_{N'N} = \frac{U_U Y_U + U_V Y_V + U_W Y_W}{Y_U + Y_V + Y_W + Y_N}$$

由于负载不对称，显然有

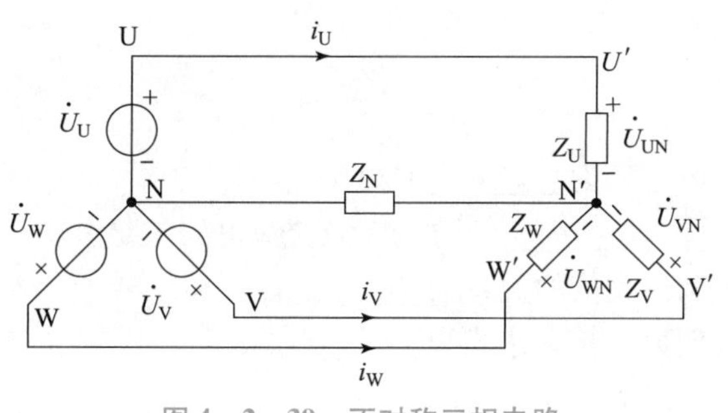

图 4－2－39　不对称三相电路

$$U_{N'N} \neq 0$$

若电源电压不对称，则上式也成立。这种现象称为中性点位移，此时负载各相电压为

$$\left.\begin{aligned} U_{UN'} &= U_U - U_{N'N} \\ \dot{U}_{VN'} &= \dot{U}_V - \dot{U}_{N'N} \\ U_{WN'} &= U_W - U_{NN'} \end{aligned}\right\} \qquad (4-2-1)$$

根据电源电压对称及式（4－2－1）可定性画出此电路的电压相量图，如图 4－2－40 所示。从这个相量图中可以看出中性点位移越大，负载相电压的不对称情况越严重，从而造成负载不能正常工作，甚至损坏电气设备。

为了使负载得到对称的电压，可以人为地使 $U_{N'N}=0$，即用 $Z'_N=0$ 的导线将 N 与 N′点相连，这样各相的工作状况相互独立，如果负载变动，则彼此不会影响，其电路如图 4－2－41 所示。在这种情况下，各相可以分别独立计算。虽然负载相电压对称，但由于负载不对称，所以各相电流不对称，其中性线电流为

$$I_N = I_U + I_V + I_W \neq 0$$

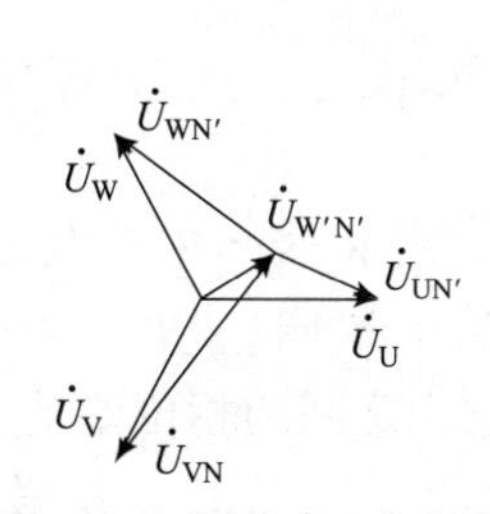

图 4－2－40　电压相量图

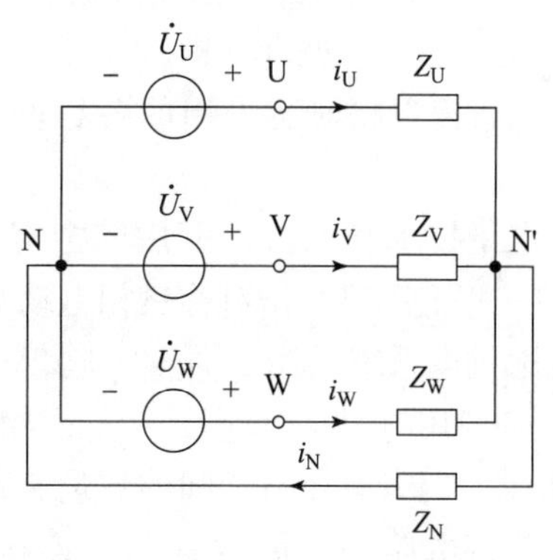

图 4－2－41

此时中性线的存在是十分重要的。为了避免因中性线断开而造成负载相电压变动过大，规定中性线上不能安装开关和保险丝。

对于不对称三相电路的分析计算，原则上与复杂交流电路的分析计算相同。在这种情况下，由于各组电压、电流不对称，因此归结为一相的计算方法已不适用。但是在一些情况下，不对称三相电路中某些部分是对称的，且电源相电压和线电压仍为两组对称正弦量，故也可部分使用上述方法进行计算。

学习笔记

练习与思考

一、填空题

1. 我国规定的交流电工频为________ Hz。

2. ________、________、________称为正弦交流电的三要素。

3. 交流电的有效值和最大值的关系为________。

4. 周期和频率互为倒数，其表达式为________。

5. 交流电的电流表达式为________。

6. 一个二端网络的复阻抗可用________与________串联的相量电路模型来表示。

7. 复数有多种表示形式，常用________叫作代数形式

8. 电压的有功分量和无功分量可用________的复数形式来表示。

9. 正弦交流电路，RLC 元件的复阻抗表达式为________。

10. 在正弦交流电路中，有以下几种功率，分别是________、________、________。

11. 三相对称负载不论是作星形还是三角形连接，总的有功功率的公式为________。

12. ________是交流电路中由于电抗性的存在，而进行可逆性转换的电功率。

13. 交流电源所能提供的总功率，称为________。

14. 在正弦交流电路中，若端电压和电流同相，则电路呈电阻性，我们称之为________。

15. 串联谐振时，________，所以谐振时电路的复阻抗 $Z=R$，为________性，其阻抗值最小。

16. 谐振时电感电压和电容电压远远超电源电压。因此，串联谐振又称为________。

17. 在无线电技术中，传输的电压信号很弱，为此可利用________获得较高的电压。

18. 对一些任意复杂的正弦交流电路，如果构成电路的电阻、电感、电容等元件都是线性的，则可用________进行分析。

19. 讨论直流电路时所采用的各种网络分析方法、原理、定理都完全适用于________电路。

20. 在电子技术和电力工程中，把有效值________、频率________、相位上彼此相差________的三相电动势叫作对称三相电动势。

21. 我国供电系统采用________制，可输送两种电压，各相线与中性线之间的电压叫________，一般用符号表示________；相线与相线之间的电压叫________，一般用符号________表示。两者有效值之间的数量关系是________，它们之间的相位差是________。

22. 在三相电路中，负载有两种连接方式，分别是________连接，符号是________；________连接，符号是________。在三相负载不对称的情况下，必须采用带________的三相四线制供电，而且此线不许安装________和________，通常还要________。

23. 三相负载成三角形连接时，相电流与线电流是不一样的。对于这种电路的每一相，可以按照________的方法来计算相电流。

24. 三相不对称负载作星形连接时，中性线的作用是使负载相电压等于电源________电压，从而保持三相负载电压总是________的，使各相负载正常工作。

25. 在正常情况下，由于三相负载对称，中性线电流为零，故省去中性线并不影响三相

电路的工作，所以各相负载的相电压仍为________。

26. 三相对称负载不论是作星形还是三角形连接，总的有功功率的公式为________。

27. 在相同的线电压下，负载作三角形连接的有功功率是星形连接的________倍。

28. 对称三相电路，可用一只功率表测出其中一相的功率，乘以 3 就是三相总功率，这种测量方法称为________。

学习笔记

二、判断题

1. 交流电的大小和方向是不断变化的，交流电在某一时刻的值称为交流电的有效值。 （　）

2. 我们平时看到的荧光灯（又称日光灯）、电饭锅、洗衣机等家用电器用到的既有直流电，又有交流电。 （　）

3. 220 V 称为交流电的相电压，380 V 称为交流电的线电压。 （　）

4. 视在功率既不等于有功功率，又不等于无功功率，它既包括有功功率，又包括无功功率。 （　）

5. 功率因数是指交流电路有功功率对视在功率的比值。对于用户电器设备在一定电压和功率下，该值越低效益越好。 （　）

6. 采用电容补偿柜等无功补偿装置，可适当降低系统的功率因数。 （　）

7. 三根相线和一根中性线所组成的输电方式称为三相四线制，通常在高压配电中采用。 （　）

8. 三相交流发电机由定子和转子组成。转子的作用是产生旋转磁场，定子的作用是产生三相交流电。 （　）

9. 电源在作星形连接时，线电压是相电压的$\sqrt{3}$倍，线电压超前于相电压 30°。 （　）

10. 当负载作星形连接时，必然要有中性线。 （　）

11. 负载作三角形连接时，线电流必为相电流的 3 倍。 （　）

12. 三相电动势的相序为 U－W－V－U 时叫负序。 （　）

13. 我国低压三相四线制配电线路供给用户的相电压是 220 V，线电压是 311 V。 （　）

14. 所谓提高功率因数，并不是提高电感性负载本身的功率因数。 （　）

15. 对称三相电路中，瞬时功率就等于有功功率，它是一个常数，不随时间而变化，这是对称三相电路的特点。 （　）

16. 在三相电路中，无论三相负载是Y连接还是△连接，三相负载的有功功率等于各相负载的有功功率之和，三相负载的无功功率等于各相负载的无功功率之和。 （　）

三、简答题

1. 什么是 RLC 串联电路？

2. RLC 电路中，复阻抗的计算方法是什么？

3. 提高功率因素有哪些常用的措施？

4. 在无线电技术中，串联谐振技术是如何应用的？

5. 在谐振电路中，Q 值是不是越高越好呢？

6. 并联谐振回路的频率特性有哪些？

7. 中性线是否允许安装开关和熔断器？为什么？

学习笔记

8. 导线截面的选择应由什么因素决定？

9. 对不同的负载应如何选择熔断器中熔体的额定电流？

10. 用塑料护套线配线应注意什么？

11. 闸刀开关在电路中起什么作用？使用闸刀开关应注意什么？

12. 电能表用于测量什么电量？讲述单相电能表的一般接线方法。

13. 安装进户装置有哪些要求？

14. 安装量电装置的步骤有哪些？

四、计算题

1. 有一对称三相负载，每相的电阻为 40 Ω，电抗为 60 Ω，电源线电压为 380 V，试计算负载星形连接和三角形连接时的有功功率。

2. 一三相负载的负阻抗分别为 $Z_U = 11\angle 30°\ \Omega$，$Z_V = 11\angle 30°\Omega$，$Z_W = 22\angle 0°\ \Omega$，接在线电压为 380 V 的对称三相正弦电压源上，电源相序为正，如图 4－2－42 所示。

（1）求各相负载的相电流和线电流；

（2）当中性线由于某种原因断开时，各相负载的相电压及相电流。

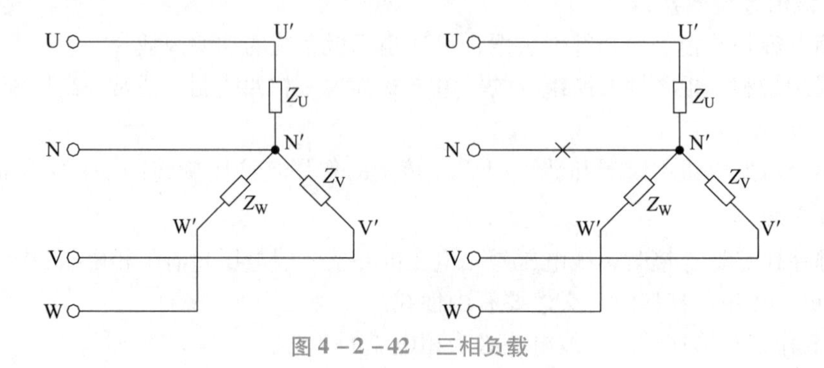

图 4－2－42　三相负载

3. 试写出正弦交流电压的三要素。

$$u = 311\sin\left(314t + \frac{\pi}{3}\right)\ \text{V}$$

已知

$$u_1 = 110\sin(100t + 15°)\ \text{V}$$

$$u_2 = 80\sin(100t - 50°)\ \text{V}$$

$$i = 5\sin(100t - 35°)\ \text{A}$$

请计算出两个电压与电流的相位差，并指出超前或滞后关系。若以电流为参考正弦量，则重新写出它们的正弦函数表达式。

4. 已知有两个复阻抗 $Z_1 = 10 + \text{j}25\ \Omega$，$Z_2 = 10 - \text{j}5\ \Omega$，它们以串联的方式接到 $\dot{U} = 220\angle 45°$ V 的工频电源上，如图 4－2－43 所示，试计算电路中的电流 $\dot{I}$ 和各个复阻抗上的电压 $\dot{U}_1$ 和 $\dot{U}_2$，并作相量图。

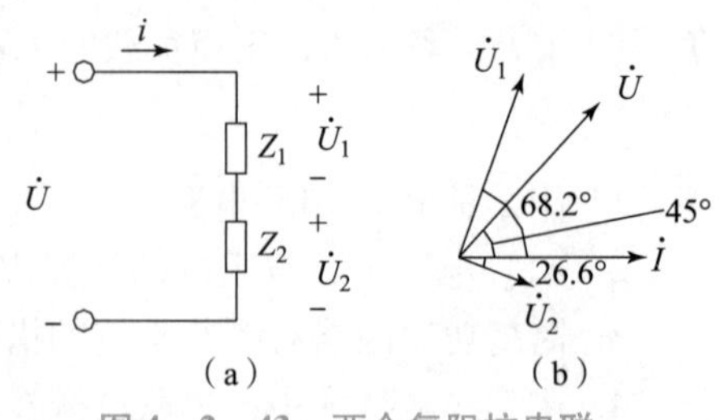

图 4－2－43　两个复阻抗串联

（a）串联电路；（b）电压、电流相量图

学习笔记

项目	比例	评价指标	评分标准	分值	自评得分	小组评分
6S管理	20%	整理	选用合适的工具和元器件，清理不需要使用的工具及仪器仪表	3		
		整顿	合理布置任务需要的工具、仪表和元器件，物品依规定位置摆放，放置整齐	3		
		清扫	清扫工作场所，保持工作场所干净	3		
		清洁	任务完成过程中，保持工具、仪器、元器件清洁，摆放有序，工位及周边环境整齐、干净	3		
		素养	有团队协作意识，能分工协作共同完成工作任务	3		
		安全	规范着装，规范操作，杜绝安全事故，确保任务实施质量和安全	5		
项目实施情况	40%	元器件的选型、检测	照明的电路原理图识读； 照明的安装电路元器件的选型和检测	5		
		电路的安装调试	元器件识别与安装	5		
			正确连接电路，安装调试后功能正常	10		
		单相电度表的安装	熟练掌握电度表原理，准确进行熔体选择	5		
			能独立完成电度表的选用和安装	5		
		通电实验	正确使进行元器件的安装	5		
			操作规范，接线牢固美观，能够正常使用	5		
职业素养	20%	信息检索	能有效利用网络资源、教材等查找有效信息，将查到的信息应用于任务中	4		
		参与状态	承担任务及完成度	3		
			协作学习参与程度	3		
			线上线下提问交流积极性，积极发表个人见解	4		
		工作过程	是否熟悉工作岗位，工作计划、操作技能是否符合规范	3		
		学习思维	能否发现问题、提出问题、解决问题	3		
混合式学习	10%	线上任务	根据智慧学习平台数据统计结果	5		
		线下作业	根据老师作业批改结果	5		
启发创新	10%	收获	是否掌握所学知识点，是否掌握相关技能	4		
		启发	是否从完成任务过程中得到的启发	3		
		创新	在学习和完成工作任务过程中是否有新方法、新问题，查到新知识	3		
评价结果			优：85 分以上；良：84 ~ 70 分；中：69 ~ 60 分；不合格：低于 60 分			

学习笔记

项目五 电机与变压器的检测

项目描述 

本项目起承前启后的作用，把初中物理课程中的磁场和电工基础联系起来。本项目有些内容虽然已在初中物理课程中学过，但本课程在处理这些内容上与物理课程不同，是从工程观点来阐述的，不是简单的重复。变压器是生产生活中十分普遍的电器设备，本项目将在电磁感应的基础上学习变压器的使用及简单检测方法，为将来工作、学习做必备的知识和技能储备。

学习目标

知识目标

(1) 掌握磁场中基本物理量的定义及应用。

(2) 掌握铁磁性材料的分类及用途。

(3) 掌握直流电磁铁的特点及吸力的计算方法。

(4) 掌握交流铁芯线圈的主磁通和电压有效值的关系。

(5) 掌握变压器的运行特性及种类。

能力目标

(1) 能够掌握磁场中基本物理量、铁磁性材料的磁性能。

(2) 能够掌握恒定磁通及直流电磁铁的计算方法。

(3) 能够掌握变压器的运行特性。

素质目标

(1) 培养学生归纳和学习相关资料的能力。

(2) 培养主动学习、自我发展以及团队协作的能力。

(3) 培养学生对电机、变压器进行一般检测和一般故障分析的能力。

任务5.1 三相异步电动机的安装与调试

任务场景

场景一：在工业生产中，三相异步电动机被广泛用于驱动各种机械设备，如泵、风机、压缩机等。三相异步电动机可以将电能转化为机械能，驱动水泵进行输送和提升等工作。

场景二：三相异步电动机可以提供稳定的动力输出，使家用电器能够高效、可靠地工作。

学习笔记

任务导入

1. 理解磁感应强度、磁通、磁导率和磁场强度的概念；
2. 了解直流电动机的结构及作用；
3. 了解交流电动机的结构及作用；
4. 熟悉三相异步电动机的型号及主要技术数据。

5.1.1 磁路基础知识

一、磁场中的基本物理量

磁场不仅有方向，而且有强弱。巨大的电磁铁能吸起成吨的钢铁，小的磁铁只能吸起小铁钉。怎样来表示磁场的强弱呢？磁场的基本特性是对其中的电流有磁场力的作用，研究磁场的强弱，可以从分析通电导线在磁场中的受力情况着手。

（一）磁感应强度

磁感应强度是表示磁场内某点磁场强弱和方向的物理量，它是一个矢量，用 **B** 表示。它的方向定义为：在磁场内某点放置一个检验小磁针，小磁针 N 极的指向就是该点的磁感应强度方向。它的大小定义为：在磁场内某点放置一小段长度为 Δl、电流为 I 并与磁感应强度方向垂直的导体，如果导体所受的力为 ΔF，则该点的磁感应强度大小为

$$B=\frac{\Delta F}{I\Delta l}$$

在国际单位制中，磁感应强度的单位为特斯拉（T），除此之外，还用高斯（GS）表示，即

$$1\ \mathrm{GS}=10^{-4}\ \mathrm{T}$$

如果磁场内各点的磁感应强度的大小相等、方向相同，则这样的磁场称为均匀磁场。

（二）磁通

设在磁感应强度为 B 的匀强磁场中，有一个面积为 S 且与磁场方向垂直的平面，磁感应强度 B 与面积 S 的乘积称为穿过这个面积的磁通量，简称磁通。磁通是标量，用符号 Φ 表示，即：

$$\Phi = BS \text{ 或 } B = \frac{\Phi}{S}$$

由上式可见，磁感应强度在数值上等于与磁感应强度垂直的单位面积所通过的磁通，所以磁感应强度又称为磁通密度。

在国际单位制中，磁通的单位为韦伯（Wb），除此之外，还用麦克斯韦（Mx）表示，即

$$1\ \mathrm{Mx}=10^{-8}\ \mathrm{Wb}$$

（三）磁导率

磁导率是表示磁介质导磁性能的物理量，用 μ 表示，在国际单位制作中，磁导率的单位为亨利/米（H/m）。

学习笔记

真空磁导率是一个常数，用μ_0表示：

$$\mu_0 = 4\pi \times 10^{-7}\ \text{H/m}$$

不同物质的磁导率不同，我们把某一物质的磁导率和真空磁导率的比值称为该物质的相对磁导率，用μ_r表示。

各种物质根据相对磁导率的不同，可以分为三类：

(1) 顺磁性物质：略大于1，如空气、氧、锡、铝、铅；

(2) 反磁性物质：略小于1，如氢、铜、石墨、银、锌；

(3) 铁磁性物质：远远大于1，且不是常数，如铁、钢、铸铁、镍、钴。

(四) 磁场强度

磁场强度的定义为：在任何磁介质中，磁场中某点的磁场感应强度$\boldsymbol{B}$与同一点上的磁导率μ的比值称为该点的磁场强度，用$\boldsymbol{H}$表示，它是矢量，方向与$\boldsymbol{B}$的方向相同，大小为

$$\boldsymbol{H} = \frac{\boldsymbol{B}}{\mu}$$

在国际单位制中，磁场强度的单位为安培/米（A/m）。

安培通过对磁场强度的研究发现：在磁场中，磁场强度矢量$\boldsymbol{H}$沿任意闭合路径的线积分等于穿过该闭合路径所包围全部电流的代数和，这一规律称为安培环路定律，表达式为

$$\int \boldsymbol{H} \cdot \mathrm{d}\boldsymbol{l} = \Sigma \boldsymbol{I}$$

它表明：磁场强度矢量$\boldsymbol{H}$沿任意闭合路径的线积分只与产生它的电流I有关，而与磁场中的介质无关。

电流正负号的规定：电流方向与闭合回路环绕方向之间符合右手螺旋定则的电流取为正，反之为负。

有了安培环路定律，我们通过数学上的线积分就可以求得磁场中各点的磁场强度，以下就是通过推导得出的结论。

1. 载流长直导线的磁场

如图5-1-1所示长直导线，通过电流i产生磁场，磁场中任一点A距导线的垂直距离为r，则该点的磁场强度H为

$$H = \frac{i}{2\pi r}$$

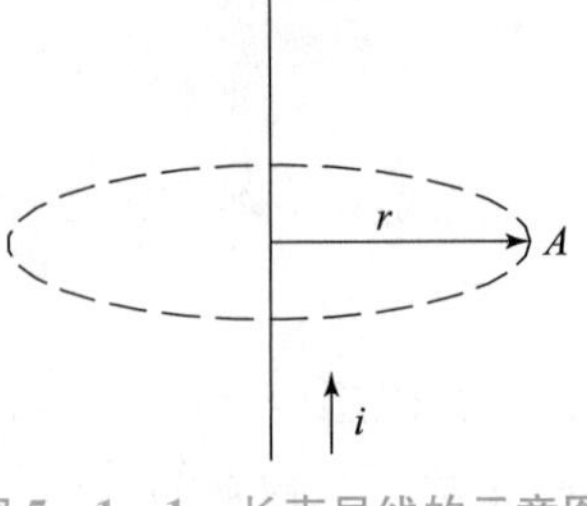

图5-1-1 长直导线的示意图

2. 载流长螺线管内的磁场

如图5-1-2所示长螺线管，长度为l，匝数为N，通过电流i产生磁场，螺线管内的磁场是均匀的，管内各点的磁场强度H为

$$H = \frac{Ni}{l}$$

3. 载流环形螺丝管内的磁场

环形螺线管如图5-1-3所示，均匀而紧密地绕有N匝绕圈，通过电流i产生磁场，螺线管内部距环心为r处一点的磁场强度H为

$$H = Ni$$

如果环的内半径r_1和外半径r_2相差很少，就可以认为螺线管内部磁场是均匀的，在计算内部各点的H时，则按平均半径计算，有

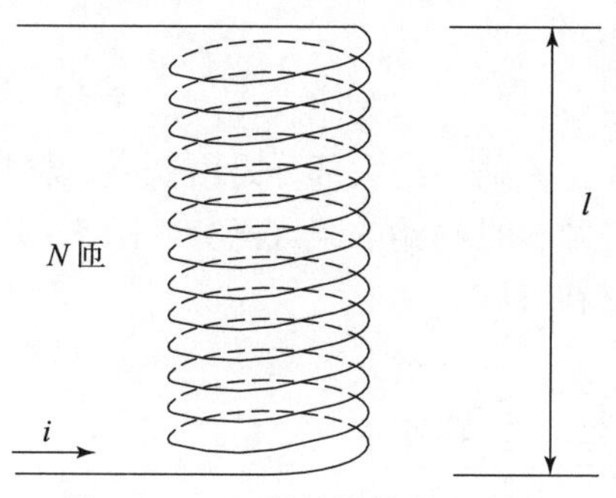

图 5-1-2 长螺线管的示意图

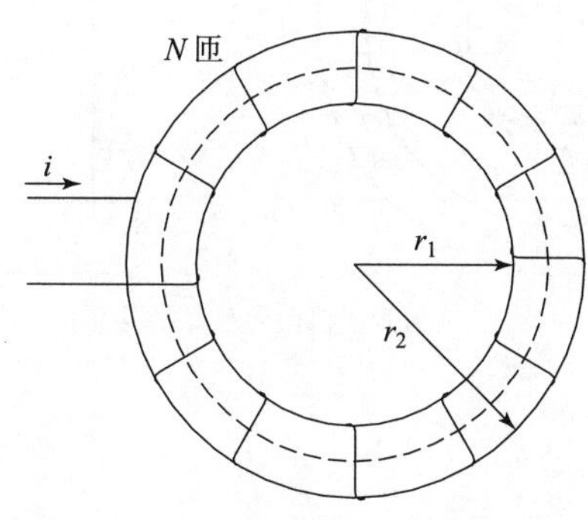

图 5-1-3 环形螺线管的示意图

$$r_{av} = \frac{r_1 + r_2}{2}$$

【例 5.1.1】已知环形螺线管如图 5-1-3 所示，均匀而紧密地绕有 1 000 匝线圈，环的内半径 $r_1 = 20$ mm，外半径 $r_2 = 25$ mm，线圈通以 0.5 A 的直流电流，如果近似认为螺线管内部磁场是均匀的，则计算：

（1）当螺线管内部为空心时，内部各点的磁场强度和磁感应强度；

（2）当螺线管不是空心时，以铁磁性物质作为骨架，螺线管内部各点的磁场强度和磁感应强度如何变化。

解：（1）环的平均半径 r_{av} 为

$$r_{av} = \frac{r_1 + r_2}{2} = \frac{20 + 25}{2} = 22.5 \text{ (mm)}$$

螺线管内部各点的磁场强度 H 为

$$H = \frac{Ni}{2\pi r_{av}} = \frac{1\,000 \times 0.5}{2\pi \times 22.5 \times 10^{-3}} = 3\,536.8 \text{ (A/m)}$$

螺线管内部各点的磁感应强度 B 为

$$B = \mu_r \mu_0 H = 1.000\,000\,04 \times 4\pi \times 10^{-7} \times 35\,368 = 4.4 \times 10^{-3}$$

（2）当螺线管不是空心时，以铁磁性物质作为骨架，即以铁磁性物质为磁介质，螺线管内部的磁场强度不变，但由于铁磁性物质的 μ_r 变大，所以磁感应强度变大。

二、磁路的基本定律

（一）磁路

磁路就是磁通的闭合路径。磁路的绝大部分是由铁磁性材料构成的，但是如果铁芯不完全闭合，就会有气隙，这种气隙也是磁路的组成部分。图 5－1－4 给出了直流电机和电磁继电器的磁路，两个磁路中都存在气隙。

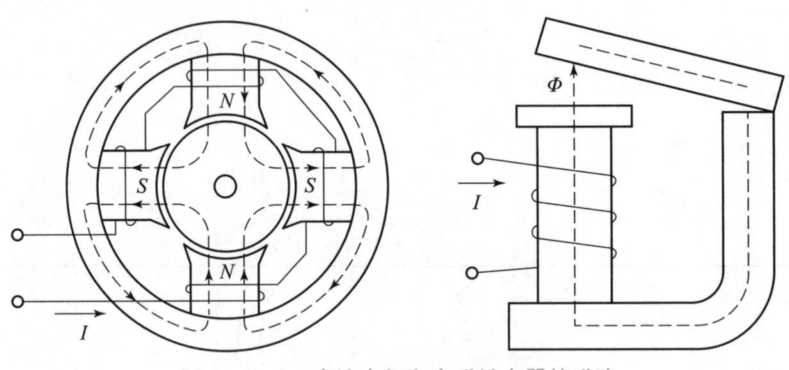

图 5－1－4　直流电机和电磁继电器的磁路

（二）磁路定律

1. 磁路的基尔霍夫第一定律

磁路的每一个分支称为磁路的支路，同一支路的磁通处处相等，如图 5－1－5（a）所示。

磁路中三条或三条以上支路的汇集点称为磁路的节点，如图 5－1－5（b）所示。

磁路中的任意节点、任何时刻，穿入节点的磁通之和等于穿出节点的磁通之和，即

$$\Sigma\Phi_{穿入} = \Sigma\Phi_{穿出}$$

或者说节点的磁通的代数和为零，可以规定穿入为正，那么穿出为负，即

$$\Sigma\Phi = 0$$

这就是磁路的基尔霍夫第一定律。

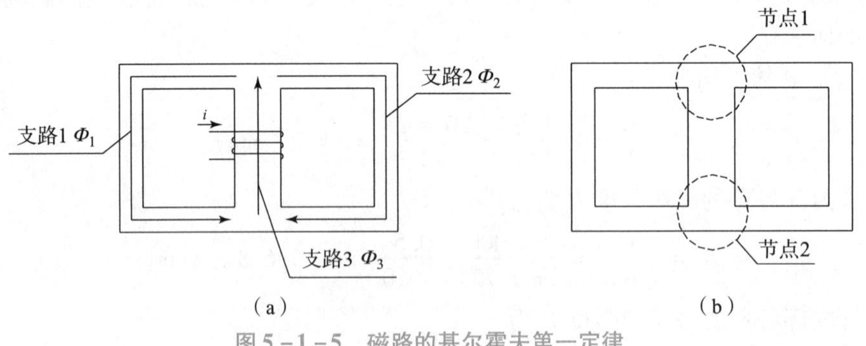

图 5－1－5　磁路的基尔霍夫第一定律

2. 磁路的基尔霍夫第二定律

磁路往往根据材料不同、截面积不同，可以分成若干段，且保证每段的材料相同、截面积相同。由于每条磁路的支路的磁通处处相等，所以同一支路的不同段的磁感应强度 B 和磁场强度 H 均不同。但同一段内，由于材料相同、截面积相同，故在磁通相同的情况下，

学习笔记

磁感应强度 B 和磁场强度 H 必然处处相同。

如果取磁路的中心线作为环路，那么这个环路由三段组成，如图 5－1－6 所示，第一段是铁磁物质，截面积为 S_1，中心线长度为 l_1；第二段仍是同一铁磁物质，但截面积为 S_2，平均长度为 l_2；第三段是空气隙，平均长度为 l_3。现设这三段的磁场强度分别为 H_1、H_2 和 H_3，由于各磁场强度的方向均与对应段中心线的方向一致，根据安培环路定律有

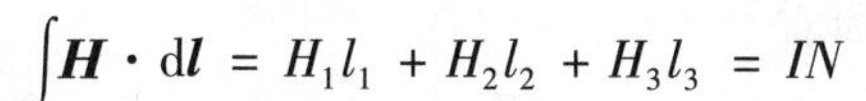

$$\oint \boldsymbol{H} \cdot \mathrm{d}\boldsymbol{l} = H_1 l_1 + H_2 l_2 + H_3 l_3 = IN$$

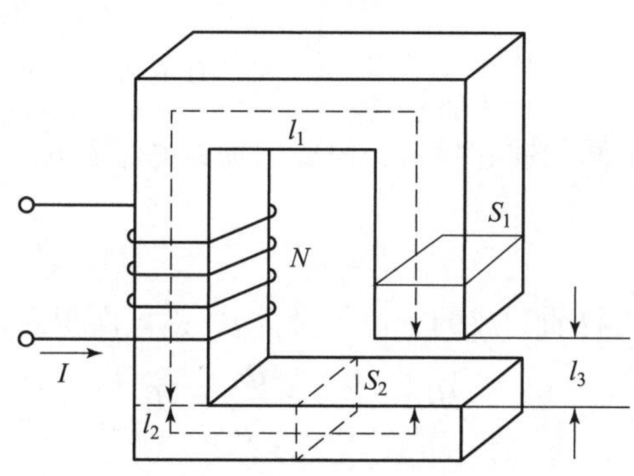

图 5－1－6　磁路的基尔霍夫第二定律

或写成：

$$\Sigma(\boldsymbol{HL}) = \Sigma(IN) \qquad (5-1-1)$$

式（5－1－1）说明：对于用通电线圈来励磁的磁路，电流的代数和等于回路各励磁线圈中电流与匝数乘积的代数和。IN 是磁路中产生磁通的激励，称为磁通势，简称磁势，用 F_{m}表示。磁通势的单位为安培（A），但为了与电流的单位相区别，并根据它是由电流与匝数相乘而得，常把它的单位称为“安匝”。$\boldsymbol{Hl}$ 称为各段磁路的磁压（或磁位差），用 U_{m}表示，则式（5－1－1）可写成

$$\Sigma U_{\mathrm{m}} = \Sigma F_{\mathrm{m}} \qquad (5-1-2)$$

式（5－1－2）称为磁路的基尔霍夫第二定律。其表示的含义为：磁路中沿任意闭合回路的磁压 U_{m}的代数和等于磁通势 F_{m}的代数和。该定律在形式上类似于电路中的基尔霍夫电压定律。

式（5－1－1）中各项前正负号的选用规则是：当 $\boldsymbol{H}$ 的方向与 $\boldsymbol{l}$ 的方向（即回路的环绕方向）一致时，该段的 $\boldsymbol{Hl}$ 前取正号，反之取负号；电流 I 的方向与回路的环绕方向符合右手螺旋关系时，IN 前取正号，反之取负号。

【例 5.1.2】已知环形螺线管如图 5－1－3 所示，均匀而紧密地绕有 1 000 匝线圈，环的内半径 $r_1 = 20$ mm，外半径 $r_2 = 25$ mm，如果近似认为螺线管内部磁场是均匀的，要想使铁芯中产生 1.0 T 的磁感应强度，试求：

（1）铁芯材料为铸钢时，线圈中的电流；

（2）铁芯材料为硅钢片时，线圈中的电流。

解：计算磁路的平均长度为

$$L_{\mathrm{av}} = 2\pi \times \frac{r_1 + r_2}{2} = \pi \times (20 + 25) \times 10^{-3} = 141.4 \times 10^{-3}$$

铁芯材料为铸钢时，通过铁磁材料的磁滞性可以得出，当 $B = 1.0$ T 时，$H = 0.7 \times 10^3$ A/m，

根据磁路的基尔霍夫第二定律有

$$Hl_{av}=NI$$

$$I=\frac{Hl_{av}}{N}=\frac{0.7\times10^{3}\times141.4\times10^{-3}}{1\ 000}=98.98\times10^{-3}=98.98\ (\text{mA})$$

（2）铁芯材料为硅钢片时，通过图4－8可以得出，当 $B=1.0$ T时，$H=0.36\times10^{3}$ A/m，根据磁路的基尔霍夫第二定律有

$$Hl_{av}=NI$$

$$I=\frac{Hl_{av}}{N}=\frac{0.36\times10^{3}\times141.4\times10^{-3}}{1\ 000}=50.9\times10^{-3}=50.9\ (\text{mA})$$

可见，同一磁路，用不同的铁芯材料，需要的励磁电流不同，导磁性越好，需要的励磁电流越小。

3. 磁路的欧姆定律

设由磁导率为 μ 的铁磁物质制成的一段长度为 l、横截面积为 S 的磁路，其磁压为

$$U_{m}=HL=\frac{BL}{\mu}=\frac{\Phi l}{S\mu}=\Phi\frac{l}{\mu S}$$

设 $\frac{l}{\mu S}=R_{m}$，我们把 R_{m} 称为该段磁路的磁阻，即

$$U_{m}=\Phi R_{m}$$

该式称为磁路的欧姆定律，形式类似于电路的欧姆定律。磁阻的单位为1/亨利（1/H）。磁路通常是由铁磁性物质构成的，由于铁磁性物质的磁导率 μ 随着励磁电流的变化而变化，不是定值，所以磁阻也不是定值。因此，磁路的欧姆定律不能用于磁路的定量计算，只能用于定性分析。

【例5.1.3】图5－1－7所示为有气隙的铁芯线圈磁路。若线圈两端加上定值的直流电压，试分析气隙变小（磁路的总长度不变）时对磁路中磁阻 R_{m} 及磁通 Φ 和磁通势 F_{m} 的影响。

解：由于线圈两端加的是定值的直流电压，线圈的中产生的电流只与线圈的阻值有关，当线圈的阻值一定时，线圈的励磁电流 I 就是一定的；当线圈的匝数 N 一定时，则磁路的磁通势 $F_{m}=NI$ 一定，它不会受到气隙变小的影响。

根据磁路的基尔霍夫第二定律有，当磁路总的磁通势 F_{m} 不变时，磁路总的磁压 U_{m} 也不变，但由于空气的磁导率远小于铁芯的磁导率，因此气隙的磁阻成为磁路磁阻的主要组成部分，气隙变小，磁路中的磁阻 R_{m} 也随着减小。由磁路欧姆定律：$U_{m}=\Phi R_{m}$ 可知，当 R_{m} 减小时，Φ 磁通将增大。

5.1.2　直流电动机的结构及原理

一、直流电动机的结构

（一）定子部分

定子主要由机座、主磁极、换向磁极、端盖和电刷装置等组成。直流电动机定子的主要作用是产生主磁场和支撑电机，如图5－1－7所示。

（1）机座有两方面的作用：一方面用来固定主磁极、换向磁极和端盖等；另一方面作

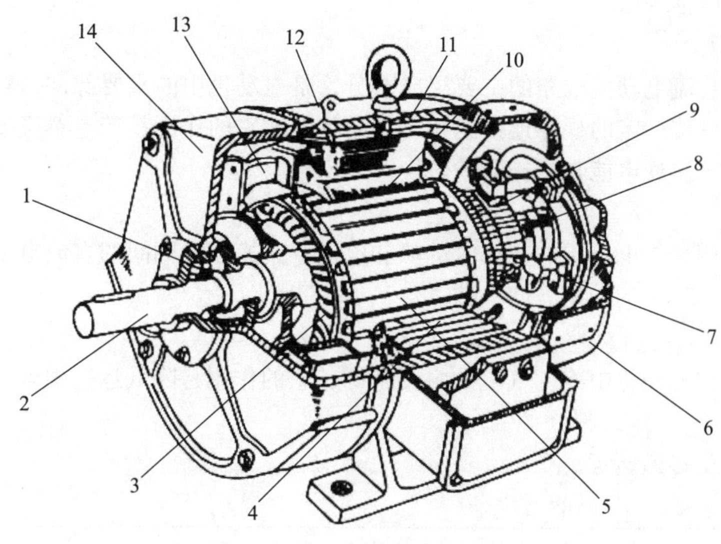

图5-1-7　直流电动机结构图

1—轴承；2—轴；3—电枢绕组；4—换轴极绕组；5—电枢铁芯；6—后端盖；7—刷杆座；8—换向器；9—电刷；10—主磁极；11—机座；12—励磁绕组；13—风扇；14—前端盖

为电机磁路的一部分，称为磁轭。

（2）主磁极：产生电动机工作的主磁场。

（3）换向磁极：产生换向磁场，用以改善电机的换向性能，减小电枢反应。

（4）电刷装置：有两个方面的作用，一方面是使电枢绕组与外电路相接，作为电流的通路；另一方面是与换向器配合，起整流作用。

（二）转子（转子）部分

转子的作用是产生感应电动势、电流、电磁转矩，是直流电动机实现能量转换的枢纽。电枢主要由电枢铁芯、电枢绕组、换向器、风扇和转轴等组成，电枢整体结构如图5-1-8（a）所示，铁芯冲片如图5-1-8（b）所示。

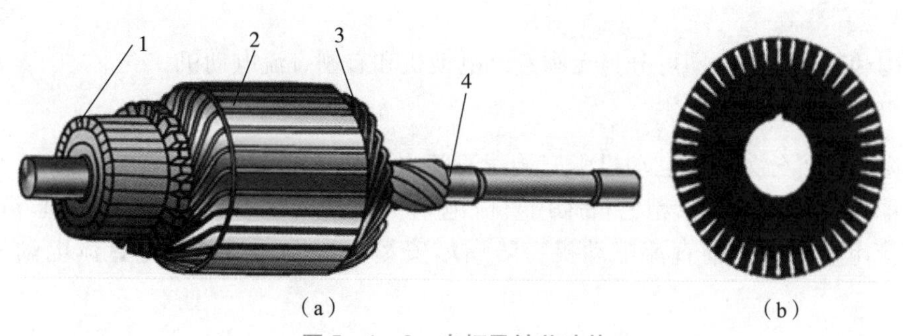

图5-1-8　电枢及铁芯冲片

（a）电枢整体结构；（b）铁芯冲片

1—换向器；2—铁芯；3—绕组；4—电枢轴

1）电枢铁芯。

电枢铁芯是直流电动机主磁路的一部分，在铁芯槽中嵌放电枢绕组。电枢铁芯的作用是

学习笔记

通过磁通和安放电枢绕组。

2）电枢绕组。

电枢绕组是直流电动机电路的主要组成部分，是电动机中的重要部件，它由许多形状完全相同的绕组元件按一定的规律连接到相应换向片上。它的作用是产生感应电动势和通过电流产生电磁转矩，实现电能与机械能的转换。

3）换向器。

换向器的作用是将电枢中的交流电动势和电流，转换成电刷间的直流电动势和电流，从而保证所有导体上产生的转矩方向一致。

4）风扇。

风扇为自冷式电动机中冷却气流的主要来源，它的作用是降低运行中电机的温升。

5）转轴。

转轴的作用是传递转矩。

二、直流电动机的工作原理

（一）工作原理简述

直流电动机在外加电压的作用下，在导体中形成电流，载流导体在磁场中将受电磁力的作用。由于换向器的换向作用，导体进入异性磁极时，导体中的电流方向也相应改变，从而保证了电磁转矩的方向不变，使直流电动机能连续旋转，把直流电能转换成机械能输出。

电枢绕组是直流电动机电路的主要组成部分，是电动机中重要的部件，它由许多形状完全相同的绕组元件按一定的规律连接到相应换向片上。它的作用是产生感应电动势和通过电流产生电磁转矩，实现电能与机械能的转换。

三、直流电动机的分类

（一）按励磁方式分类

按主磁极励磁绕组与电枢绕组的不同接线方式，直流电动机可以分为自励式和他励式。自励式包括并励、串励、复励等，复励又可分为积复励和差复励。

（二）按结构和工作原理分类

按结构和工作原理不同可分为无刷直流电动机和有刷直流电动机。

（三）按用途分类

按用途不同可分为直流电动机、广调速直流电动机、起重冶金直流电动机、直流牵引电动机、船用直流电动机、精密机床用直流电动机、汽车起动机、挖掘机用直流电动机、龙门刨直流电动机、无槽直流电动机、防爆增安型直流电动机、力矩直流电动机和直流测流机。

5.1.3　交流电动机的结构及原理

一、交流电动机的机构

交流电动机用交流电源驱动，由定子和转子构成，如图 5-1-9 所示。

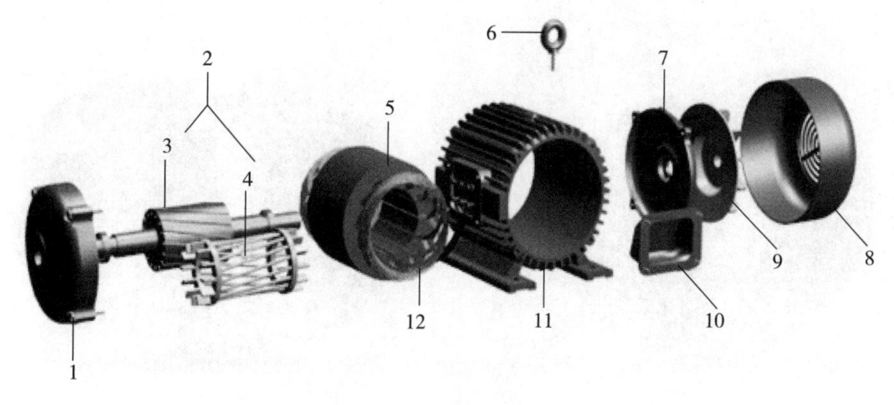

图 5－1－9　三相异步电动机结构

1—前端盖；2—转子部分；3—转子铁芯；4—转子绕组；5—定子铁芯；6—吊环；
7—后端盖；8—风罩；9—风扇；10—出线盒；11—机座；12—定子绕组

（一）定子（静止部分）

1. 定子铁芯

定子铁芯是电机磁路的一部分，并在其上放置定子绕组。定子铁芯一般由 0.35 mm × 0.5 mm 厚、表面具有绝缘层的硅钢片冲制、叠压而成，在铁芯的内圆冲有均匀分布的槽，用以嵌放定子绕组。

定子铁芯槽型有以下几种：半闭口型槽、半开口型槽、开口型槽。

2. 定子绕组

定子绕组是电动机的电路部分，通入三相交流电后会产生旋转磁场。定子绕组由三个在空间互隔 120°电角度、对称排列、结构完全相同的绕组连接而成，这些绕组的各个线圈按一定规律分别嵌放在定子各槽内。

定子绕组的主要绝缘项目（保证绕组的各导电部分与铁芯间的可靠绝缘以及绕组本身间的可靠绝缘）有以下三种：

（1）对地绝缘：定子绕组整体与定子铁芯间的绝缘。

（2）相间绝缘：各相定子绕组间的绝缘。

（3）匝间绝缘：每相定子绕组各线匝间的绝缘。

（二）机座

机座用于固定定子铁芯与前后端盖，以支承转子，并起到防护、散热等作用。机座通常为铸铁件，大型异步电动机机座一般用钢板焊成；微型电动机的机座采用铸铝件；封闭式电动机的机座外面有散热筋，以增加散热面积；防护式电动机的机座两端端盖开有通风孔，使电动机内外的空气可直接对流，以利于散热。

定子绕组是电动机的电路部分，由三相对称绕组组成。三相绕组按照一定的空间角度依次嵌放在定子槽内，并与铁芯绝缘，如图 5－1－10 所示。三相绕组共有六个出线端引出机壳外，接在机座的接线盒中，每相绕组的首末端用 U_1-U_2、V_1-V_2、W_1-W_2 标记，如图 5－1－11 所示。按照电动机铭牌上说明，可将定子绕组接成星形（Y）或三角形（△）。

（三）转子部分

转子绕组切割定子旋转磁场产生感应电动势及电流，并形成电磁转矩而使电动机旋转。

学习笔记

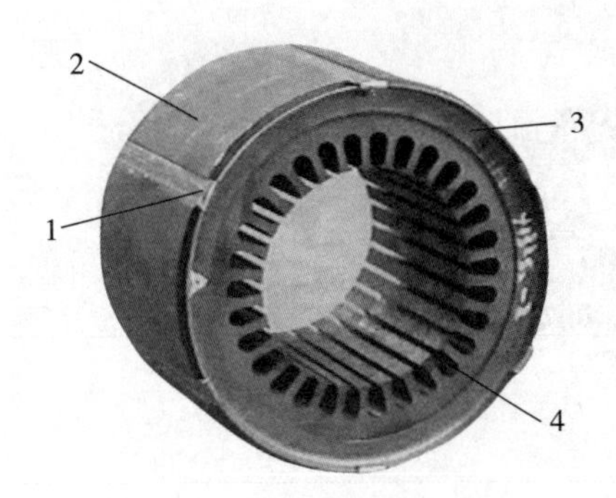

图 5-1-10　三相异步电动机定子及定子绕组

1—扣片；2—定子叠片；3—压圈；4—定子铁芯

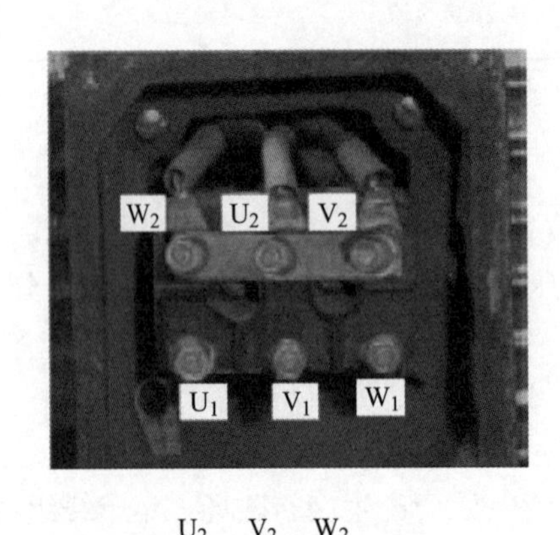

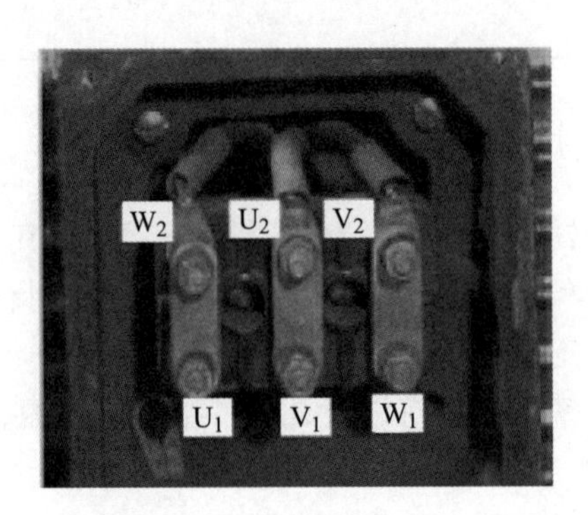

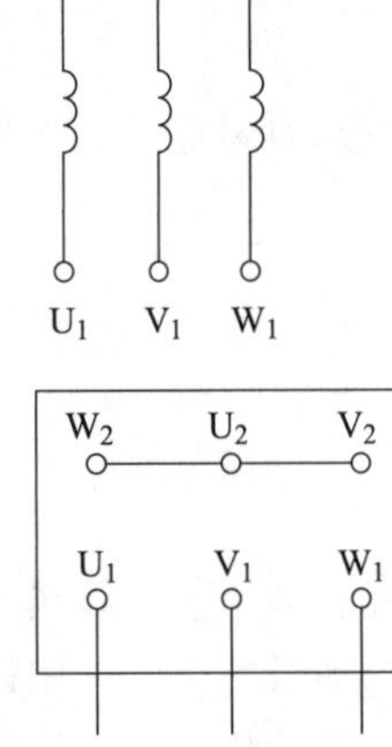

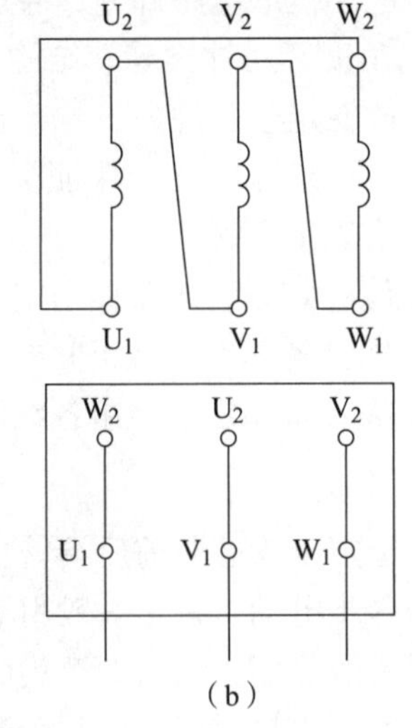

（a）　　（b）

图 5-1-11　定子接线盒中的连线方式

转子绕组按结构不同分为鼠笼式转子和绕线式转子。

1. 鼠笼式转子

转子绕组由插入转子槽中的多根导条和两个环行的端环组成。若去掉转子铁芯，整个绕组的外形像一个鼠笼，故称笼型绕组。小型笼型电动机采用铸铝转子绕组，对于 100 kW 以上的电动机采用铜条和铜端环焊接而成，如图 5-1-12 所示。

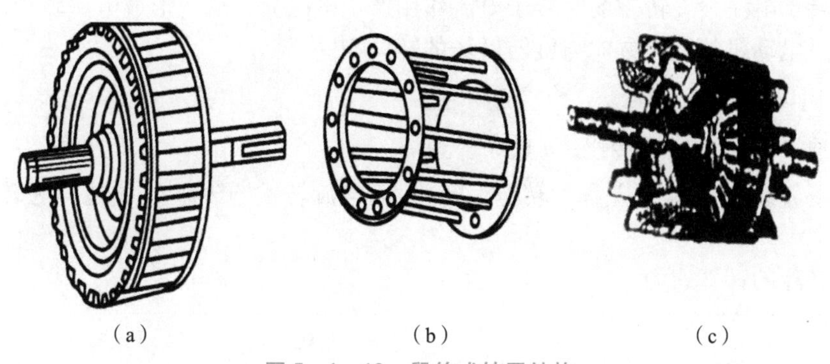

图 5-1-12 鼠笼式转子结构

2. 绕线式转子

绕线式转子绕组与定子绕组相似，也是一个对称的三相绕组，一般接成星形，三个出线头接到转轴的三个集流环上，再通过电刷与外电路连接，如图 5-2-13 所示。

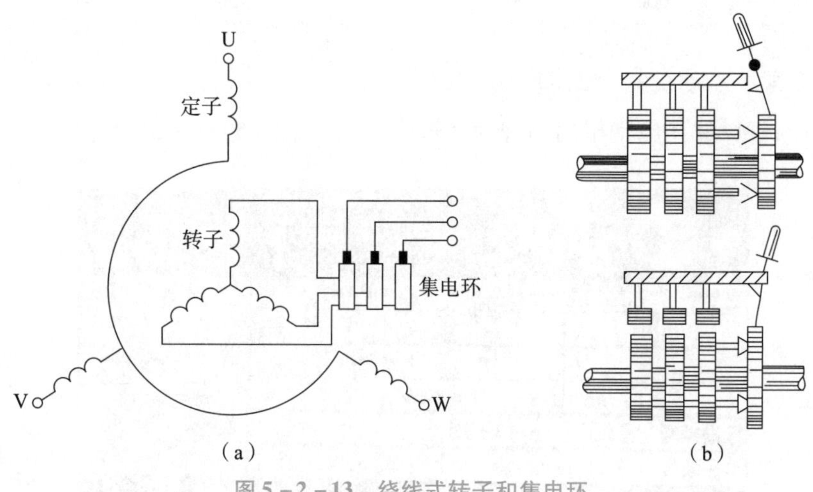

图 5-2-13 绕线式转子和集电环

二、交流电动机的分类

交流电动机按电源供电的相数不同，可以分为单相交流电动机和三相交流电动机。

单相交流电动机的定子由主、副两个绕组组成。

三相异步电动机是使用三相交流电源的一种旋转电动机，与单相异步电动机相比，三相异步电动机运行性能好，并可节省各种材料，是国民经济各部门应用最多的动力机械，也是最主要的用电设备。

三相交流电动机定子由三个对称的绕组组成，而且只要在接线时把三个接线端中的任意两个对调，电动机就会反转。

三、三相笼形异步电动机工作原理

向在空间互差 120°电角度的三相定子绕组中通入三相对称交流电流后，在空气隙中会产生一个旋转磁场，转子绕组的有效边切割旋转磁场的磁力线，在转子绕组中产生感应电动

学习笔记

势，并形成转子电流，旋转磁场对转子电流作用产生电磁力，从而形成电磁转矩，驱动电动机旋转，并且电动机的旋转方向与旋转磁场的转向相同。

四、三相异步电动机的级数和转速

两个转速：n_0 旋转磁场转速；n 转子转速。

旋转磁场转速 n_0 与 n 之差称为转差，转差 Δn 与旋转磁场转速 n_0 之比称为转差率，用 s 表示。

电动机转速的计算式为

$$s = \frac{\Delta n}{n_0} = \frac{n_{0-n}}{n_0} \times 100\%$$

即 $n = (1 - s)n$。

磁极对数与旋转磁场转速的关系见表 5－1－1。

表 5－1－1　磁极对数与旋转磁场转速的关系

磁极对数 p	1	2	3	4	5	6
$n_0/(\mathrm{r\cdot min^{-1}})$	3 000	1 500	1 000	750	600	500

五、三相异步电动机铭牌识读

现以 Y－112M－4 型电动机的铭牌为例进行说明，如图 5－1－14 所示。

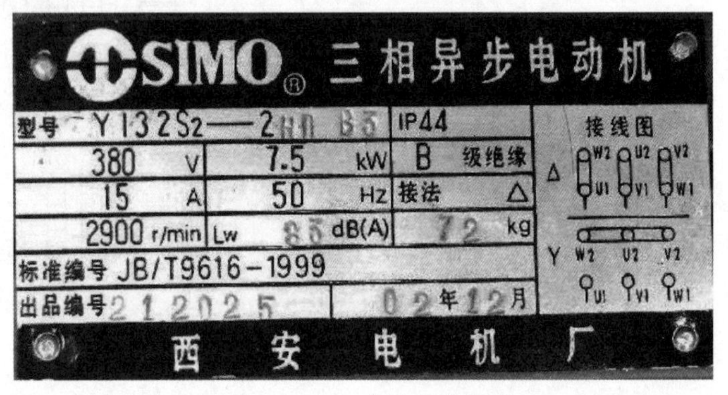

图 5－1－14　电动机的铭牌

（1）型号：Y－132S2－2 是指国产 Y 系列异步电动机，机座中心高度 132 mm，短机座（M 表示中机座，L 表示长机座，S 表示短机座）磁极数为 2 级，如图 5－1－15 所示。

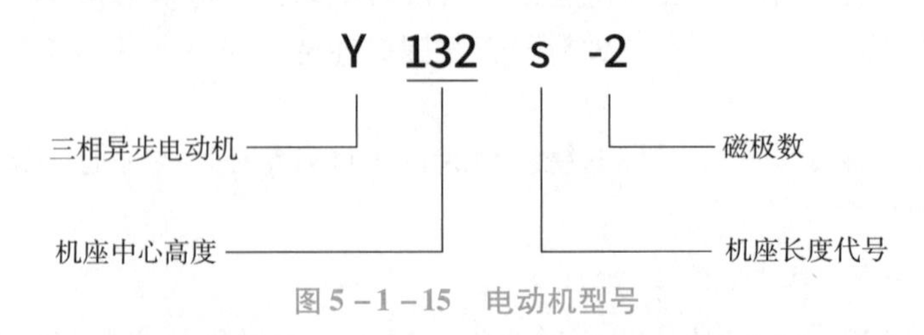

图 5－1－15　电动机型号

（2）额定功率：7.5 kW 是指电动机在额定状态下运行能输出的机械功率为 7.5 kW。

（3）额定电压：380 V 是指电动机额定绕组规定使用的线电压。

（4）接法：△是指电动机绕组应采用三角形接法。

（5）额定电流：15A 是指电动机在输出额定功率时，定子绕组所允许通过的线电流。

（6）额定转速：2 900 r/min 是指电动机在额定负载下的转速。

六、三相异步电动机的调速

由三相异步电动机转速公式可知，异步电动机的调速方法有三种，改变磁极对数 p、改变转差率 s 和改变电源频率。其中最理想的调速方式是变频调速，变频调速采用的设备是变频器。变频器还具有短路、过载、缺相等保护功能。变频器的外形如图 5 -1 -16 所示。

图 5 -1 -16　变频器的外形

5.1.4　任务实施

一、任务要求

（1）认识三相异步电动机的结构。

（2）掌握三相异步电动机的拆装方法。

（3）能熟练地对三相异步电动机进行拆装。

二、实验器材

（1）三相异步电动机，型号为 Y90S -4，1.1 kW，一台/组。

（2）套筒式扳手或扳手，一套/组。

（3）十字螺钉旋具、一字螺钉旋具和改锥，各一把/组。

三、操作步骤

（1）三相异步电动机的拆卸。

（2）正确拆卸风叶。

（3）拆卸前端盖。

（4）拉出转子。

（5）拆卸后端盖。

工作过程一　拆装三相异步电动机

一、三相异步电动机的拆卸

（1）操作步骤 1：拆卸风罩。

操作动作：松脱风罩螺钉，取下风罩。

（2）操作步骤 2：拆卸风叶。

操作动作：用尖嘴钳把转轴尾部风叶上的定位卡圈取下，用长杆螺丝刀插入风扇与后端盖气隙中，向后端盖方向用力，将风叶撬下。

（3）操作步骤 3：拆卸前端盖。

学习笔记

学习笔记

操作动作：拆下前端盖的安装螺栓，用扁铲沿止口（机座端面的边缘）四周轻轻撬动，再用铁榔头轻轻敲打端盖和机座的接缝处，拆下前端盖。

注意事项：拆卸端盖前，为便于装配时复位，应在端盖与机座接缝处的任意位置做好标记。通常端盖拆卸的顺序是先拆除负荷侧的端盖，再拆除前端盖。

（4）操作步骤4：拉出转子。

操作动作：拆下后端盖的安装螺栓，一名操作者握住轴伸出端，另一名操作者用手拖住后端盖和转子铁芯，将转子从定子中缓慢拉出。

注意事项：拆卸后端盖前，应先在转子与定子气隙间塞入薄纸垫，避免卸下端盖拉出转子时擦伤硅钢片和绕组。

（5）操作步骤5：拆卸后端盖。

操作动作：把木楔垫放在后端盖的内侧边缘上，用锤子击打木楔，同时木楔沿后端盖四轴移动，卸下后端盖。

二、三相异步电动机的安装

（1）操作步骤1：安装联轴器。

操作要求：将联轴器的两个联轴节分别安装在电动机的轴和发电机的轴上。

（2）操作步骤2：安装电动机机座。

操作要求：将三相绕线式异步电动机平整地置于机械底座上；在机械底座上调整电动机的机座位置，使电动机机座的安装孔和机械底座的安装孔对正；用扳手沿对角线交错紧固套有弹簧垫圈的螺栓，每个螺栓要拧得同样紧。

（3）操作步骤3：校正电动机机座。

操作要求：将水平仪分别放置于电动机的轴上和机座底端，进行纵向和横向水平测量，注意观察水平仪的浮标位置是否处于中心线位置。若有偏离，则将0.5～5 mm厚的金属片垫在机座下面，直到符合要求。

（4）操作步骤4：安装发电机的机座及联轴器。

操作要求：将发电机平整地置于机械底座上；慢慢移动发电机的位置，使两个联轴节紧密地靠在一起，在移动过程中尽量使两轴处于一条直线上；初步拧紧发电机机座的地脚螺栓，但不能拧得过紧。

（5）操作步骤5：校正发电机机座与调整联轴器。

操作要求：用力转动发电机转轴，每转90°，查看两联轴节是否在同一高度上，若不在同一高度上，可增减电动机机座下面垫片的厚薄，直至高低一致，这时两机已处于同轴心状态，便可将联轴器和发电机分别固定后拧紧安装螺栓。

（6）操作步骤6：启动试运行及验收。

操作要求：在确认电气线路连接无误后，启动电动机。测量电动机的启动时间，观察电动机启动过程是否平稳、振动是否比较小；测量电动机的空载电流，并将测量值与额定电流的三分之一值相比较；用旋具接触电动机的壳体，监听电动机的运行声音。

综合以上观察现象和测量结果，给出电动机安装质量的结论。

任务评价一

时间		学校		姓名		
指导教师			成绩			
任务	要求	分值	评分标准	自评	小组评	教师评
职业素质（20）	不迟到早退	5 分	每迟到或早退一次扣 5 分			
	遵守实训场地纪律、操作规程，掌握技术要点	5 分	每违反实训场地纪律一次扣 2 ~ 5 分			
	团结合作，与他人良好的沟通能力，认真练习	5 分	每遗漏一个知识点或技能点扣 1 分			
	按照操作要求和动作要点认真完成练习	5 分	每遗漏一个要点或技能点扣 1 分			
任务实施过程考核（70）	机座的安装	10 分	1. 能正确将机座定位，5 分； 2. 能正确将机座禁锢，5 分			
	机座的校正调整	20 分	1. 能正确使用水平仪，5 分； 2. 机座的水平测量，5 分； 3. 机座的水平调整，10 分			
	联轴器的安装与调整	20 分	1. 安装工序合理，5 分； 2. 两轴处于一条直线上，15 分			
	启动试运行及验收	20 分	1. 观察电动机的启动过程和旋转方向，5 分； 2. 测量电动机的空载电流，10 分； 3. 监听电动机的运行声音，5 分			
任务总结（10）	1. 整理任务所有相关记录； 2. 编写任务总结	10 分	总结全面、认真、深刻、有启发性，不扣分			
指导教师评定意见						

学习笔记

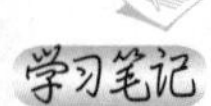

工作过程二　测量电动机的绝缘电阻

一、操作提示

电动机带电运行时，不允许测量绕组绝缘；操作者两手不允许触及表线探头；摇动手柄时，转速要保持120 r/min。

二、操作要求

第1步：如图5－1－17所示，断开表线探头，摇动绝缘电阻表的手柄，保持120 r/min，检验表的开路状态。

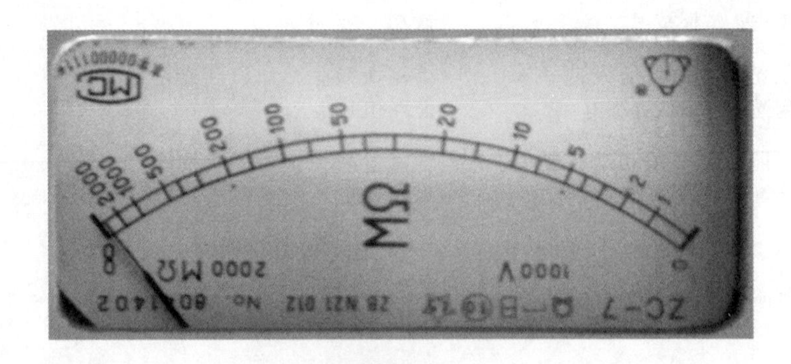

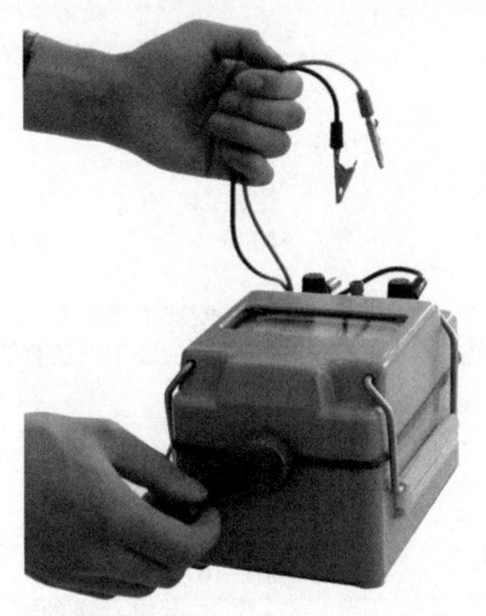

图5－1－17　绝缘电阻表开路检验

第1步：如图5－1－18所示短接表线探头，摇动绝缘电阻表的手柄，保持120 r/min，检验表的短路状态。

第3步：如图5－1－19所示，将L表线探头触及电动机绕组的出线端，E表线探头触及电动机壳体，摇动绝缘电阻表的手柄，保持120 r/min转速，待指针稳定后，读取测量值。

第4步：如图5－1－20所示，将L和E表线探头触及电动机任意两相绕组的出线端，摇动绝缘电阻表的手柄，保持120 r/min转速，待指针稳定后，读取测量值。

学习笔记

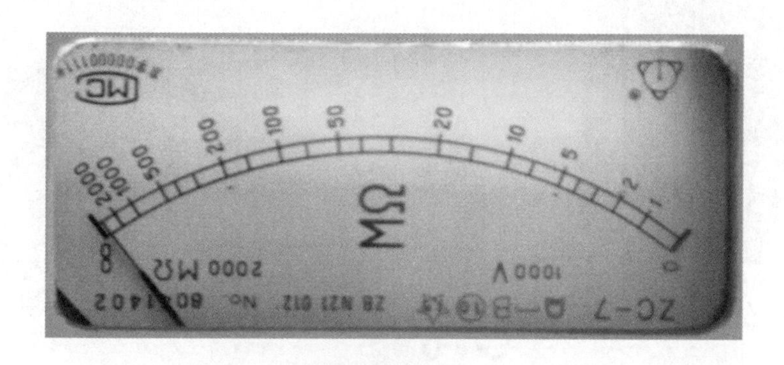

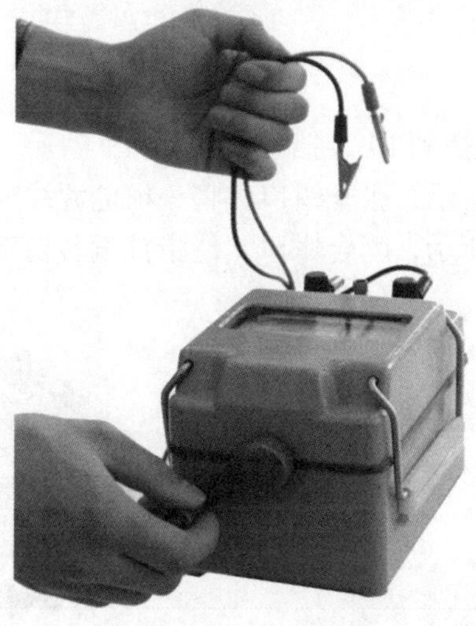

图 5-1-18　绝缘电阻表短路检验

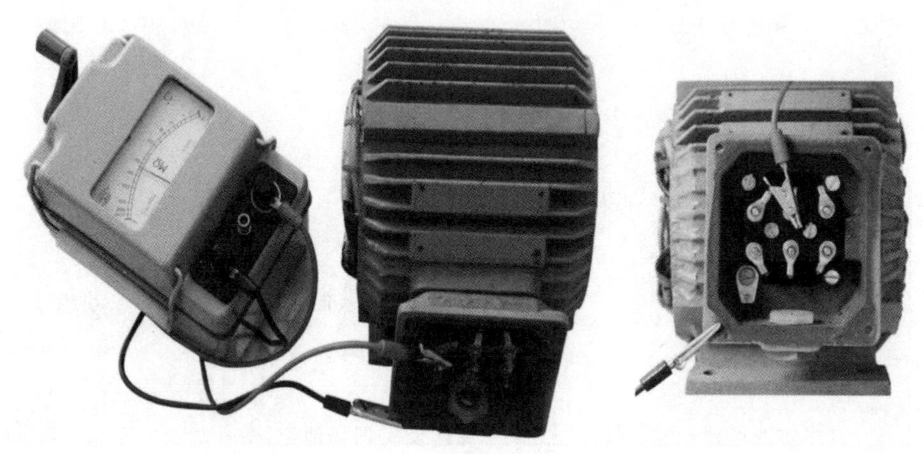

图 5-1-19　测量绕组对地绝缘

三、用钳形电流表测量电动机绕组电流的操作

操作提示：不允许测量裸导线；检查钳口表面是否清洁、手柄绝缘是否良好；注意测试安全。

学习笔记

图 5-1-20　测量绕组相间绝缘

操作要求：

第 1 步：将量程选择开关拨到 10 A 挡位。

第 2 步：如图 5-1-21 所示，张开钳口，将一根电源线放入钳口中心区。

第 3 步：如图 5-1-22 所示，闭合钳口，待指针偏转稳定后，读取测量值。

图 5-1-21　张开钳口

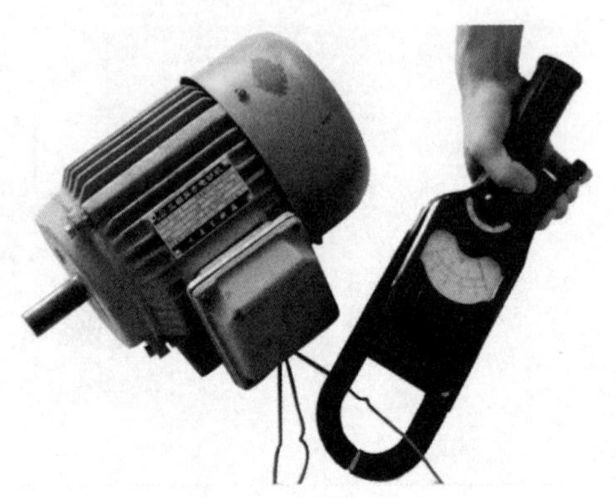

图 5-1-22　闭口钳口、测量

任务评价二

时间		学校		姓名		
指导教师			成绩			
任务	要求	分值	评分标准	自评	小组评	教师评
职业素质（20）	不迟到早退	5 分	每迟到或早退一次，扣 5 分			
	遵守实训场地纪律、操作规程，掌握技术要点	5 分	每违反实训场地纪律一次扣 2～5 分			
	团结合作，与他人良好的沟通能力，认真练习	5 分	每遗漏一个知识点或技能点扣 1 分			
	按照操作要求和动作要点认真完成练习	5 分	每遗漏一个要点或技能点扣 1 分			

学习笔记

续表

任务	要求	分值	评分标准	自评	小组评	教师评
任务实施过程考核（70）	MF－47 型万用表的使用	10 分	1. 万用表的校准，5 分； 2. 测量挡位的选择，5 分			
	DM－B 型数字式万用表的使用	20 分	1. 能正确测量挡位、选择插孔，10 分； 2. 能够正确读数，10 分			
	ZC－7 型绝缘电阻表的使用	20 分	1. 能熟练开路实验、短路实验，10 分； 2. 能够正确测量过程及读数，10 分			
	钳形电流表的使用	20 分	1. 正确握法，5 分； 2. 测量挡位的选择，5 分； 3. 测量过程及读数，10 分			
任务总结（10）	1. 整理任务所有相关记录； 2. 编写任务总结	10 分	总结全面、认真、深刻、有启发性，不扣分			
指导教师评定意见						

学习拓展一　电磁感应现象

（1）磁场能不能产生电流？不少物理学家围绕这个问题进行了艰辛的探讨。1831 年英国科学家法拉第终于发现了电磁感应的规律。

【知识链接】1831 年 8 月，法拉第把两个线圈绕在一个铁环上，线圈 A 接直流电源，线圈 B 接电流表，他发现，当线圈 A 的电路接通或断开的瞬间，线圈 B 中产生瞬时电流。法拉第发现，铁环并不是必需的，拿走铁环，再做这个实验，上述现象仍然发生，只是线圈 B 中的电流弱些。为了透彻研究电磁感应现象，法拉第做了许多实验。1831 年 11 月 24 日，法拉第向皇家学会提交的一个报告中，把这种现象定名为“电磁感应现象”，并概括了可以产生感应电流的五种类型：变化的电流、变化的磁场、运动的恒定电流、运动的磁铁、在磁场中运动的导体。

（2）闭合电路的一部分直导体切割磁感应线产生感应电流。

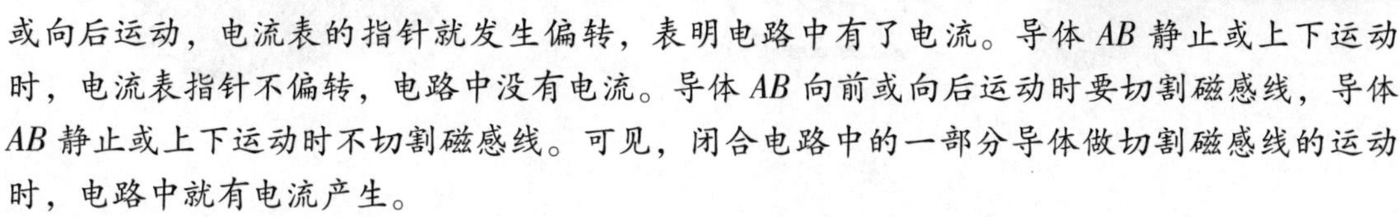

【做一做】如图 5－1－23 所示，如果让导体 AB 在磁场中向前或向后运动，电流表的指针就发生偏转，表明电路中有了电流。导体 AB 静止或上下运动时，电流表指针不偏转，电路中没有电流。导体 AB 向前或向后运动时要切割磁感线，导体 AB 静止或上下运动时不切割磁感线。可见，闭合电路中的一部分导体做切割磁感线的运动时，电路中就有电流产生。

【想一想】如果导体不动，让磁场运动，会不会在电路中产生电流呢？

【做一做】如图 5－1－24 所示，把磁铁插入线圈，或把磁铁从线圈中抽出时，电流表指针发生偏转，这说明闭合电路中产生了电流。如果磁铁插入线圈后静止不动，或磁铁和线圈以同一速度运动，即保持相对静止，电流表指针不偏转，闭合电路中没有电流。在这个实验中，磁铁相对于线圈运动时，线圈的导线切割磁感线。

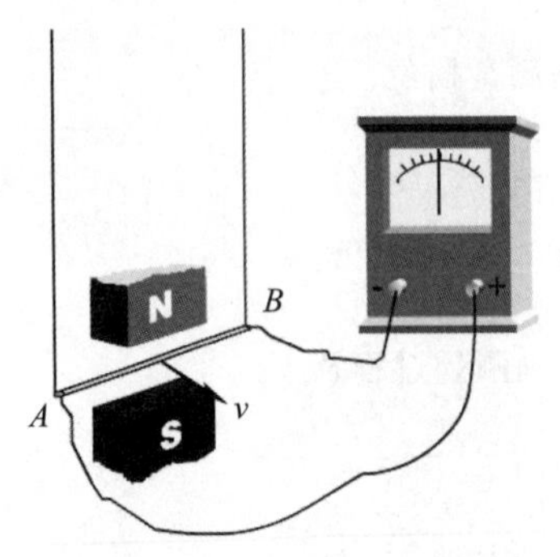

图 5－1－23　长直导体感应电流大小和方向

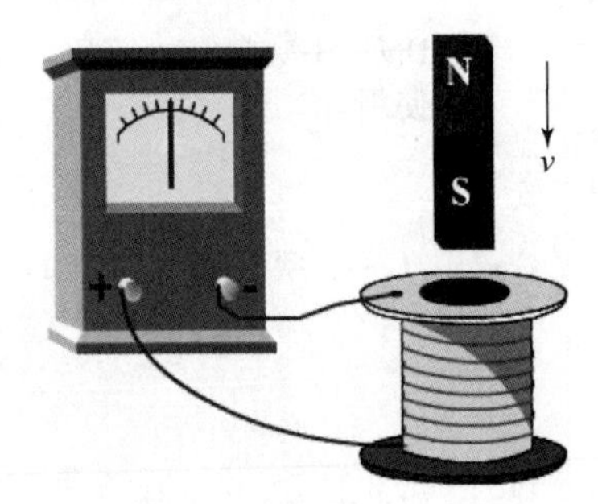

图 5－1－24　条形磁铁感应电流大小

不论是导体运动，还是磁场运动，只要闭合电路的一部分导体切割磁感线，电路中就有电流产生。

（3）【想一想】如果导体和磁场不发生相对运动，而让穿过闭合电路的磁场发生变化，会不会在电路中产生电流呢？

【做一做】如图 5－1－25 所示，把线圈 B 套在线圈 A 的外面，合上开关给线圈 A 通电时，电流表的指针发生偏转，说明线圈 B 中有了电流。当线圈 A 中的电流达到稳定时，线圈 B 中的电流消失。打开开关使线圈 A 断电时，线圈 B 中也有电流产生。如果用变阻器来改变电路中的电阻，使线圈 A 中的电流发生变化，线圈 B 中也有电流产生。在这个实验中，线圈 B 处在线圈 A 的磁场中，当 A 通电和断电，或者使 A 中的电流发生变化时，A 的磁场随着发生变化，穿过线圈 B 的磁通也随着发生变化。这个实验表明：在导体和磁场不发生相对运动的情况下，只要穿过闭合电路的磁通发生变化，闭合电路中就有电流产生。

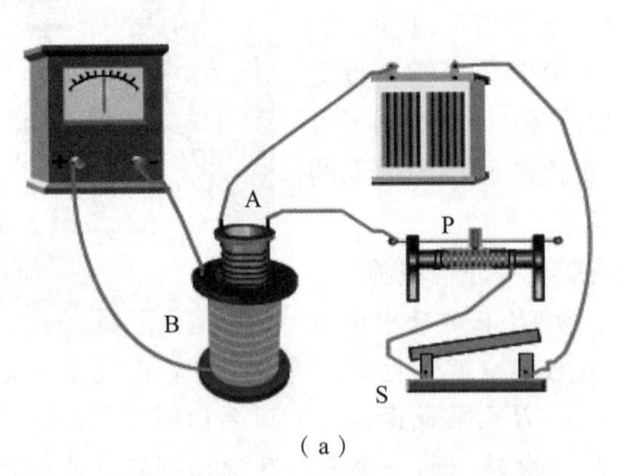

（a）　　（b）

图 5－1－25　电磁感应现象

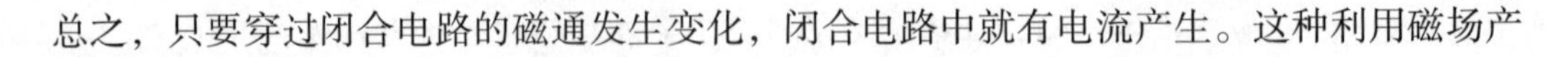

总之，只要穿过闭合电路的磁通发生变化，闭合电路中就有电流产生。这种利用磁场产

生电流的现象称为电磁感应现象，产生的电流称为感应电流。

学习笔记

学习拓展二　楞次定律判定

【想一想】由前面可知，只要穿过闭合电路的磁通发生变化，闭合电路中就有电流产生。那感应电流的方向如何确定呢？

一、右手定则

右手定则，即伸开右手，使大拇指与其余四指垂直，并且都与手掌在一个平面内，让磁感线垂直进入手心，大拇指指向导体运动方向，此时四指所指的方向就是感应电流的方向，如图 5－1－26 所示。当闭合电路中的一部分导线做切割磁感线运动时，感应电流的方向可用右手定则来判定。

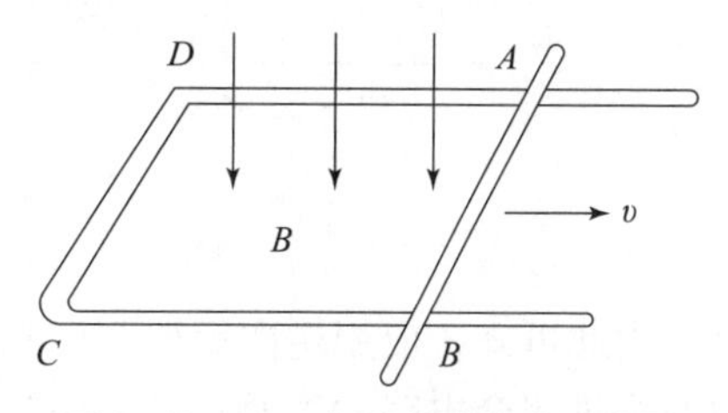

图 5－1－26　右手定则实验示意图

【练一练】用右手定则判定图 5－1－26 所示电路中 AB 的感应电流的方向。

二、楞次定律

【知识链接】楞次是俄国物理学家，1804 年诞生于学沙尼亚，他在中学时就酷爱物理学，1820 年以优异成绩考入家乡的杰普特大学，学习自然科学。在他读大三时就因为物理成绩突出被校方选中，以物理学家的身份参加了环球考察。1830 年他当选为科学院候补院士，后任彼得堡大学物理系主任，1862 年任彼得堡大学校长。

楞次在物理学上的主要成就在电磁学方面。1834 年，楞次在概括了大量实验事实的基础上，总结出一条判断感应电流方向的规律，称为楞次定律（Lenz Law）。

闭合导体回路中的感应电流，其流向总是企图使感应电流自己激发的穿过回路面积的磁通量，能够抵消或补偿引起感应电流的磁通量的增加或减少；或者说，感应电流的方向，总是要使感应电流的磁场阻碍引起感应电流的磁通的变化，这就是楞次定律。也就是说，当线圈原磁通增加时，感应电流就要产生与它方向相反的磁通去阻碍它的增加；当线圈中的磁通减少时，感应电流就要产生与它方向相同的磁通去阻碍它的减少。

［做一做］下面，我们通过如图 5－1－27 所示的例子具体讨论如何利用楞次定律来判定感应电流方向。

在图 5－1－27（a）中，原磁通向下，当把磁铁插入线圈时，线圈中磁通的变化趋势是增加的。根据楞次定律，感应电流所产生的磁通企图阻碍原磁通的增加。因此得出感应电流所产生的磁通与原方向相反，其方向向上。再根据安培定则判断出感应电流方向，即从接线图中可知，在线圈中电流由 b 端流向 a 端。图 5－1－27（b）自行分析。

当把磁铁拔出时，如图 5－1－27（c）所示，线圈中的磁通变化趋势是减少的。根据楞次定律，感应电流产生的磁通企图阻碍原磁通的减少，因此感应电流产生的磁通应与原磁通方向一致，其方向向下。再根据安培定则可知，感应电流的方向在线圈中由 a 端指向 b 端。图 5－1－27（d）自行分析。

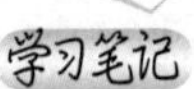

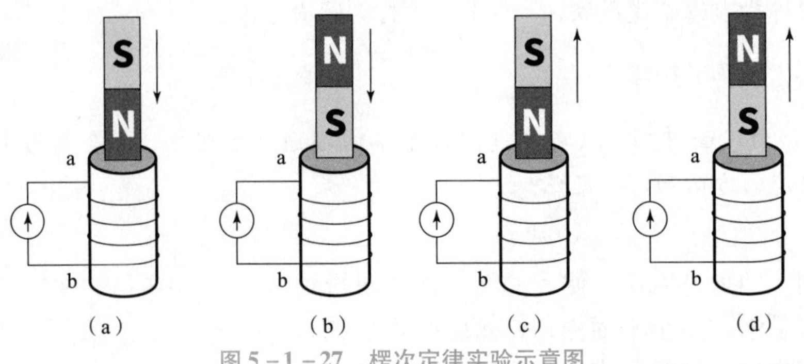

图 5-1-27 楞次定律实验示意图

由此可知，应用楞次定律判定感应电流方向的具体步骤是：首先要明确原来磁场的方向以及穿过闭合电路的磁通是增加还是减少。然后根据楞次定律确定感应电流的磁场方向，即穿过线圈的磁通增加时，感应电流的磁场方向跟原来磁场的方向相反，阻碍磁通的增加；穿过线圈的磁通减少时，感应电流的磁场方向跟原来磁场的方向相同，阻碍磁通的减少。最后利用安培定则来确定。

楞次定律与右手定则是一般与特殊的关系，一切电磁感应现象都符合楞次定律，而右手定则只适用于单纯由于部分导体切割磁力线所产生的电磁感应现象。

学习拓展三 铁磁性材料的导磁性能

一、铁磁材料的高导磁性

铁磁性物质主要有铁、钴、镍及其合金、铁氧体等。

铁磁物质在外磁场中呈现磁性的现象，称为铁磁物质的磁化。

铁磁性物质能够磁化是因为内部分子电流形成的一个个小磁畴在外磁场的作用下，顺外磁场方向转向，显示出磁性来，使其导磁性能更强，如图 5-1-28 所示。

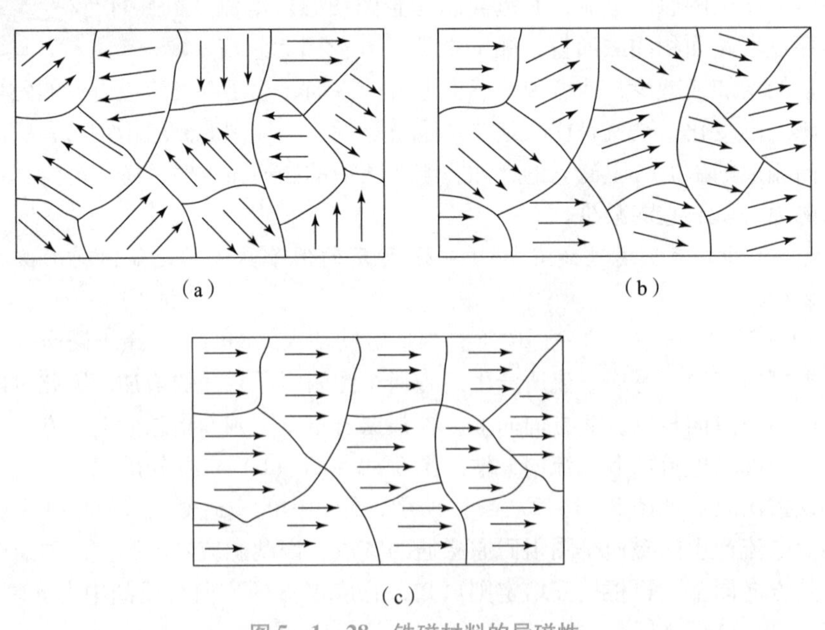

图 5-1-28 铁磁材料的导磁性

二、铁磁物质的磁饱和性

铁磁性物质由于磁化所产生的磁化磁场不会随着外磁场的增强而无限地增强。当外磁场增大到一定值，全部磁畴的磁场方向都转到与外磁场一致的方向时，即使再增强外磁场，磁化磁场也不再增强，这种现象称为磁饱和。

其磁化过程可以用磁感应强度 B 与磁场强度 H 的关系曲线来表示，这条曲线称为磁化曲线，如图 5－1－29 所示。

由磁化曲线可知：曲线上任意一点处 B 值与 H 值之比，就是该点的磁导率 μ，由此可以依次得到各点的值，进而得到 μ 随 H 变化的曲线，这说明当有铁磁性物质存在时，μ 与 H 不成正比，所以铁磁性物质的磁导率不是常数，随 H 而变，如图 5－1－30 所示。

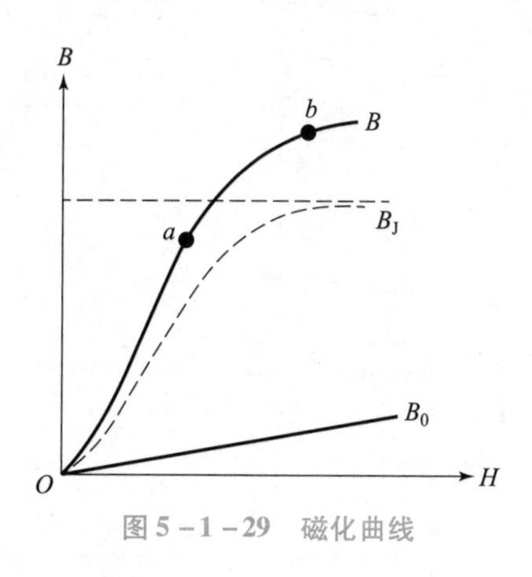

图 5－1－29　磁化曲线

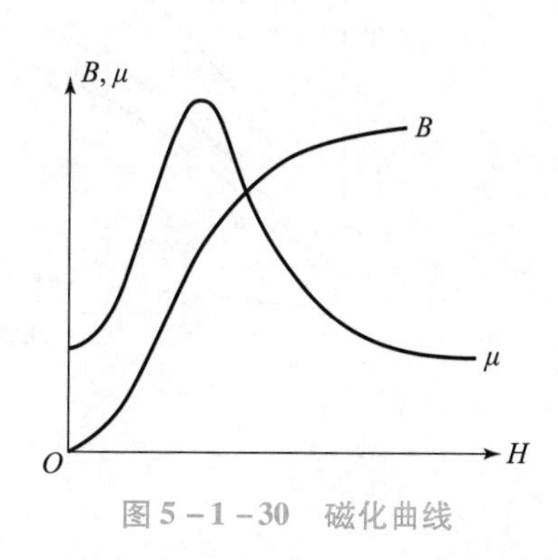

图 5－1－30　磁化曲线

三、铁磁材料的磁滞性

当铁芯线圈中通有交变电流（大小和方向都变化）时，铁芯就受到交变磁化。在电流变化一次时，磁感应强度 B 随磁场强度 H 而变化的关系如图 5－1－31 所示。

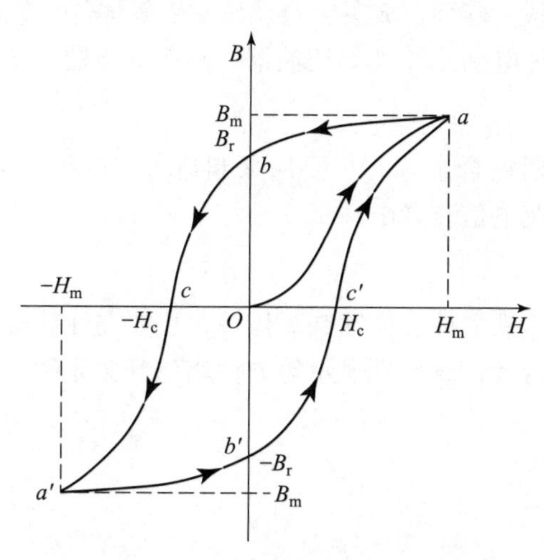

图 5－1－31　B 和 μ 与 H 的关系

B_r 称为剩余磁感应强度，简称剩磁；H_c 称为矫顽力。我们把 Oa 曲线称为磁化曲线，闭合曲线 $abca'b'c'a$ 称为磁滞回线。

学习笔记

铁磁性物质的材料不同，磁化曲线和磁滞回线也不同。图 5 - 1 - 32 中给出了几种铁磁性材料的磁化曲线。

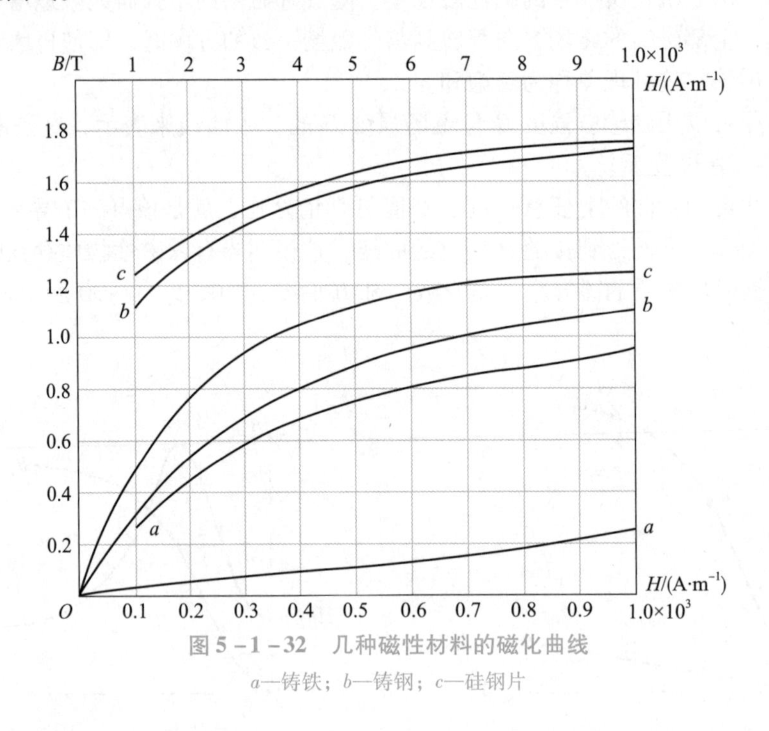

图 5 - 1 - 32　几种磁性材料的磁化曲线

a—铸铁；*b*—铸钢；*c*—硅钢片

四、铁磁物质的分类与用途

按铁磁性物质的磁滞回线的形状不同，可分为三大类：软磁材料、硬磁材料和矩磁材料。

（一）软磁材料

常用的软磁材料有铸铁、硅钢、坡莫合金及软磁铁氧体等。软磁铁氧体在电子技术中应用也很广泛，例如用作各种电感元件（如滤波器、高频变压器、录音录像磁头）的磁心。

（二）硬磁材料

常用的有碳钢及铁镍铝钴合金等，主要用来制造永久磁铁，被广泛用于磁电式测量仪表、扬声器、永磁发电机及电信装置中。

（三）矩磁材料

常用的矩磁材料有锰镁铁氧体、锂锰铁氧体等，主要在计算机的存储器磁心和远程自动控制、雷达导航、宇宙航行及信息处理显示等方面用作开关元件、记忆元件和逻辑元件。

学习笔记

任务 5.2 变压器的同名端判定

任务场景

场景一：变压器在电力系统中扮演着重要的角色。从发电站到终端用户，整个电力系统中都需要使用大量的变压器。在电力系统中，变压器主要用于将高压输电线路的电能转化为低压电能，提供给家庭、企业等终端用户使用。同时，变压器还可以将电力系统中的电流进行分配和传输，确保电力系统的可靠性。

场景二：变压器还被广泛应用于各种特殊场景。例如，在农村地区，由于电力线路覆盖的原因，变压器常常被直接安装在杆上，用于提供给当地的农民家庭用电。

任务导入

(1) 了解变压器的结构及工作原理；

(2) 了解变压器的电压比、电流比和阻抗变换；

(3) 测定变压器的阻抗变换规律。

知识探究

5.2.1 变压器的结构及工作原理

一、变压器的结构

变压器是一种常见的电气设备，在电力系统和电子线路中应用广泛，在电力系统中主要用于输电升压和配电降压，在电子线路中主要用于信号传递及阻抗匹配。

(一) 变压器的基本结构

变压器最基本的结构都是由铁芯和绕在铁芯上的线圈（又称绕组）组成的，图 5－2－1 所示为它的示意图及符号。

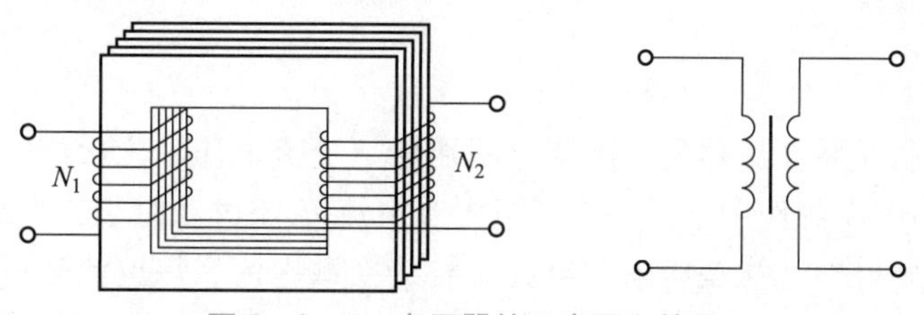

图 5－2－1 变压器的示意图和符号

铁芯是变压器的磁路部分，为了使铁芯具有较高的导磁性能，而且具有较小铁损（涡流损耗和磁滞损耗），铁芯一般采用涂有绝缘漆膜的硅钢片（厚度为 0.35 mm 或 0.5 mm）交错叠成。

绕组是变压器的电路部分，通常是用涂有绝缘漆膜或绝缘皮的铜线或铝线绕制而成。与

学习笔记

电源连接的绕组称为一次绕组（也称为原绕组、初级绕组），与负载连接的绕组称为二次绕组（也称副绕组、次级绕组）。绕组的形状有筒形和盘形两种，如图 5－2－2 所示。筒形绕组又称为同心式绕组，一、二次绕组套在一起；盘形绕组又称交叠式绕组，分层交叠在一起。根据实际需要，一个变压器可以只有一个绕组，如自耦变压器，也可以有多个二次绕组输出不同的电压。

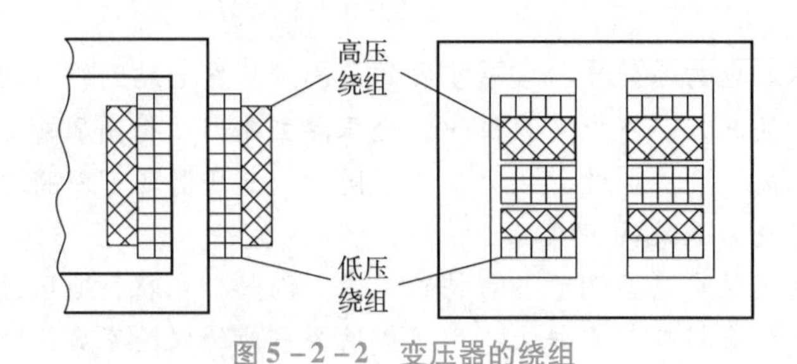

图 5－2－2　变压器的绕组

二、变压器的工作原理

图 5－2－3 所示为变压器原理图。为了便于分析，图 5－2－3 中将一次绕组和二次绕组分别画在两边。与电源连接的一侧称为一次侧，一次侧各量均用下标“1”表示，如 N_1、μ_1、i_1 等；与负载连接的一侧称为二次侧，二次侧各量均用下标“2”表示，如 N_2、μ_2、i_2 等。

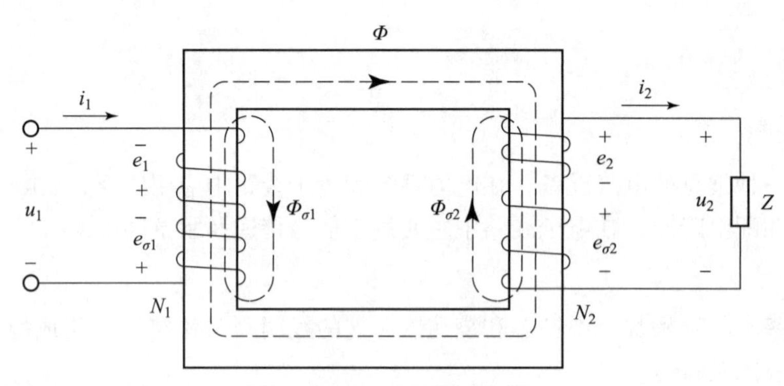

图 5－2－3　变压器的原理图

（一）变压器空载运行及电压变换

变压器控制运行是将变压器的一次绕组两端加上交流电压，二次绕组不接负载的情况。在外加正弦交流电压 u_1 的作用下，一次绕组内有电流 i_0 流过。由于二次绕组开路，二次绕组内没有电流，故将此时一次绕组内的电流 i_0 称为空载电流，该电流通过匝数为 N_1 的一次绕组产生磁动势 i_0N_1，并建立交变磁场。由于铁芯的磁导率比空气或油的磁导率大得多，因而绝大部分磁通经过铁芯而闭合，并与一次、二次绕组交链，这部分磁通称为主磁通，用 Φ 表示。主磁通穿过一次绕组和二次绕组，并在其中感应产生电动 e_1 和 e_2；另有一小部分漏磁通 Φ 不经过铁芯而通过空气或油闭合，它仅与一次绕组本身交链。漏磁通在变压器中感应的电动势仅起电压降的作用，不传递能量。

学习笔记

1. 电压变换

对于一次侧电路，根据基尔霍夫电压定律有

$$u_1 + e_1 + e_{\sigma1} = i_1R_1$$

由于一次绕组的电阻 R_1 和漏磁通 Φ 均较小，因此电阻上的电压降 i_1R_1 与漏磁感应电动势 e 和主磁电动势 e_1 相比可以忽略不计，所以有

$$u_1 \approx -e_1 = N_1\frac{\mathrm{d}\Phi}{\mathrm{d}t}(\Phi_\mathrm{m}\sin\omega t) = N_1\omega\Phi_\mathrm{m}\sin\left(\omega t + \frac{\pi}{2}\right)$$

$$u_1 \approx \frac{N_1\omega\Phi_\mathrm{m}}{\sqrt{2}} = 4.4fN_1\Phi_\mathrm{m}$$

对于二次侧电路，根据基尔霍夫电压定律有

$$e_1 + e_{\sigma2} = R_2i_2 + u_2$$

当变压器空载时，二次绕组的电流 $i_2=0$，此时二次侧的绕组电压记为 U_2，所以有

$$u_2 = e_2 = N_2\frac{\mathrm{d}\Phi}{\mathrm{d}t} = N_2\frac{\mathrm{d}}{\mathrm{d}t}(\Phi_\mathrm{m}\sin\omega t) = N_2\omega\Phi_\mathrm{m}\sin\left(\omega t + \frac{\pi}{2}\right)$$

$$U_2 = \frac{N_2\omega\Phi_\mathrm{m}}{\sqrt{2}} = 4.4fN_2\Phi_\mathrm{m}$$

$$\frac{U_1}{U_2} \approx \frac{4.44fN_1\Phi_\mathrm{m}}{4.44fN_1\Phi_\mathrm{m}} = \frac{N_1}{N_2} = K$$

所以，变压器的一、二次电压之比等于对应绕组的匝数之比。

2. 电流变换

变压器有载时产生主磁通 Φ 的一、二次侧合成磁通势（$N_1i_1+N_2i_2$）和空载时产生主磁通 Φ 的一次侧磁通势 N_1i_0 应近似相等，即

$$N_1i_1 + N_2i_2 \approx N_1i_0$$

由于变压器的铁芯选用高导磁性的硅钢片制成，所以变压器的空载励磁电流是很小的，与在载时的一次电流 i_1 相比可以忽略，所以有

$$N_1i_1 \approx -N_2i_2$$

$$I_1N_1 \approx I_2N_2$$

$$\frac{I_1}{I_2} \approx \frac{N_2}{N_1} = \frac{1}{K}$$

所以，变压器有载时一、二次电流之比等于它们对应绕组匝数比的倒数，也就变比的倒数。

3. 阻抗变换

如果我们把变压器和负载看成是一个整体，那么对于正弦交流电源而言，整体负载的阻抗用 $|Z'|$ 来表示，则有

$$|Z'| = \frac{U_1}{I_1} = \frac{\frac{N_1}{N_2}U_2}{\frac{N_2}{N_1}I_2} = \left(\frac{N_1}{N_2}\right)^2\frac{U_2}{I_2} = \left(\frac{N_1}{N_2}\right)^2|Z|$$

$$|Z'| = \left(\frac{N_1}{N_2}\right)^2|Z| = K^2|Z|$$

学习笔记

【例 5.2.1】正弦信号源的电压 $U_S = 10$ V，信号源的内阻为 $R_S = 400\ \Omega$，负载电阻 $R_L = 4\ \Omega$，为了使负载能够获得最大的功率，需要在信号源和负载之间接入一个变压器，如图 5-2-4 所示。试求：

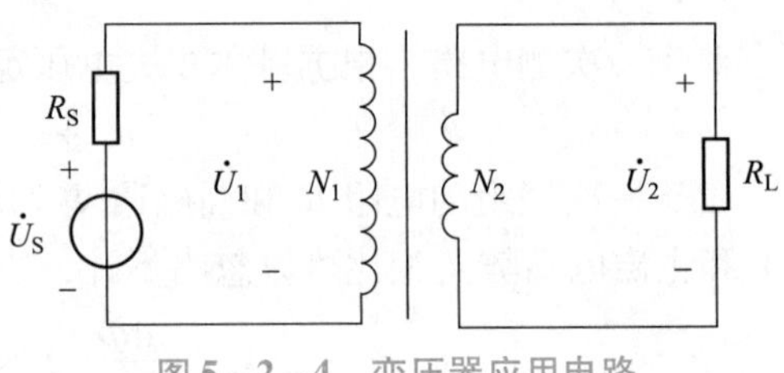

图 5-2-4　变压器应用电路

（1）变压器的变比 K；

（2）变压器一、二次电压、电流有效值和负载 R_L 的功率。

解：（1）根据最大功率输出定理，当负载的电阻等于信号源内阻时，负载能够获得最大的功率，则有

$$K^2 R_L = R_S$$

$$K = \sqrt{\frac{R_S}{R_L}} = \sqrt{\frac{400}{4}} = 10$$

（2）把变压器和负载看成是一个整体负载（等效负载），则等效负载的阻值相当于 400 Ω，所以 U_S 被这个等效负载和内阻 R_S 平分，即

$$U_1 = \frac{400}{400 + R_S} U_S = \frac{400}{400 + 400} \times 10 = 5\ (\text{V})$$

$$U_2 = \frac{1}{K} U_1 = \frac{1}{10} \times 5 = 0.5\ (\text{V})$$

$$I_2 = \frac{U_2}{R_L} = \frac{0.5}{4} = 0.125\ (\text{V})$$

$$I_1 = \frac{1}{K} I_2 = \frac{1}{10} \times 0.125 = 0.0125\ (\text{A})$$

$$P_{RL} = I_2^2 R_L = 0.125^2 \times 4 = 0.0625\ (\text{W})$$

二、变压器的运行特性及种类

（一）变压器的外特性

变压器的外特性曲线如图 5-2-5 所示。

当电源电压 U_1 和负载功率因数 $\cos\varphi$ 不变时，二次绕组的端电压 U_2 和电流 I_2 的变化关系可用外特性曲线 $U_2 = f(I_2)$ 来表示，如图 5-2-5 所示。

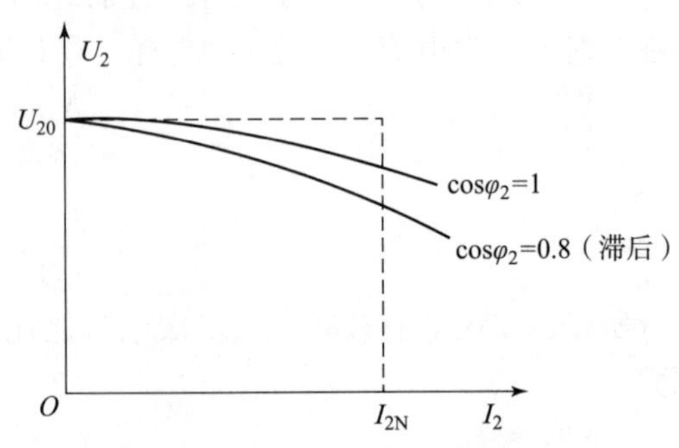

图 5-2-5　变压器的外特性曲线

通常希望电压 U_2 的变动越小越好。从空载到额定负载，二次绕组电压的变化程度用电压变化率 ΔU 来表示，即

$$\Delta U = \frac{U_{20} - U_2}{U_{20}} \times 100\%$$

在一般的变压器中，由于绕组的电阻和漏磁均较小，因此，电压变化率都不大，约为 5%。

（二）变压器的损耗与效率

变压器在运行时和交流线圈一样，功率损耗包括绕组的功率损耗，称为铜损；铁芯的功率损耗，称为铁损。

变压器的效率 η 定义为变压器的输出功率 P_1 和输入功率 P_2 的比值，即

$$\eta = \frac{P_2}{P_1} = \frac{P_2}{P_2 + \Delta P_{Cu} + \Delta P_{Fe}}$$

变压器的功率损耗很小，所以效率很高，通常在 95% 以上。在一般的电力变压器中，当负载为额定负载的 50% ~75% 时，效率达到最大值。

二、变压器的种类

（1）根据铁芯和绕组的组合结构不同，变压器分为心式和壳式两种，如图 5－2－6 所示。

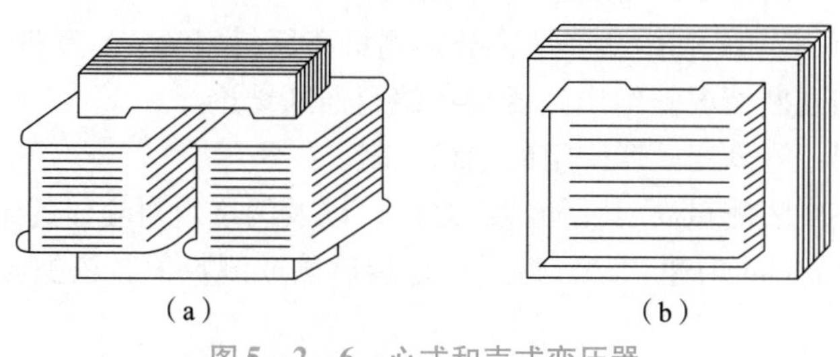

图 5－2－6　心式和壳式变压器

（a）心式；（b）壳式

（2）根据变压器供电电源的不同，变压器分为单相变压器和三相变压器两种，如图 5－2－7 所示。

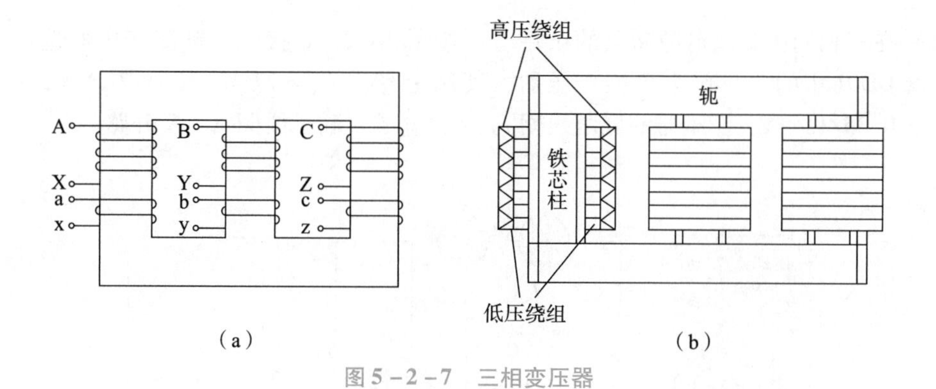

图 5－2－7　三相变压器

（a）示意图；（b）结构图

5.2.2　任务实施

工作过程一　判别变压器的极性

一、直流法判定

（1）操作步骤 1：测量变压器绕组直流电阻。

学习笔记

操作要求：用万用表的“R×1”挡，分别测量高压绕组 A－X 和低压绕组 a－x 之间的直流电阻；判定绕组通断情况，给出变压器各绕组通断结论。

（2）操作步骤2：测量变压器绕组的绝缘电阻。

操作要求：用兆欧表测量高、低压绕组之间，以及两绕组对壳体的绝缘电阻。测量时保持兆欧表手柄以 120 r/min 匀速转动，待指针稳定后读取测量值，依据测量值判定绕组绝缘情况。

（3）操作步骤3：判别同极性端。

操作要求：瞬间接通电源，观察毫伏表指针摆动的方向，依据现象给出同极性端结论。

二、交流法判定

（1）操作步骤1：测量变压器绕组交流电阻。

操作要求：用万用表的“R×1”挡，分别测量高压绕组 A－X 和低压绕组 a－x 之间的交流电阻；判定绕组通断情况，给出变压器各绕组通断结论。

（2）操作步骤2：测量变压器绕组的绝缘电阻。

操作要求：用兆欧表测量高、低压绕组之间，以及两绕组对壳体的绝缘电阻。测量时保持兆欧表手柄以 120 r/min 匀速转动，待指针稳定后读取测量值，依据测量值判定绕组绝缘情况。

（3）操作步骤3：判别同极性端。

操作要求：接通电源，读取两电压表的实际测量值并进行比较，依据比较结果给出同极性端结论。

工作过程二　判定三相变压器的同名端

（1）在三相调压交流电源断电的条件下，按图 5－2－8 接线。被测变压器选用三相组式变压器 DD01 中的一只作为单相变压器，其额定容量 $P_N = 77$ W，$U_1N/U_2N = 220/55$ V，$I_1N/I_2N = 0.35/1.4$ A。变压器的低压线圈 a、x 接电源，高压线圈 A、X 开路。

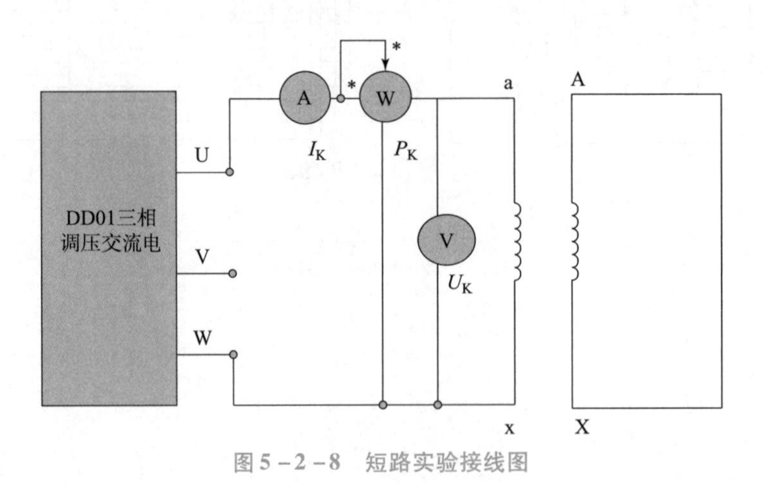

图 5－2－8　短路实验接线图

（2）选好所有电表量程。将控制屏左侧调压器旋钮向逆时针方向旋转到底，即将其调到输出电压为零的位置。

学习笔记

(3) 合上交流电源总开关，按下“开”按钮，便接通了三相交流电源。调节三相调压器旋钮，使变压器空载电压 $U_0=1.2U_N$，然后逐次降低电源电压，在 $1.2\sim0.2U_N$ 的范围内测取变压器的 U_0、I_0、P_0。

(4) 测取数据时，$U=U_N$ 点必须测，并在该点附近测的点较密，共测取数据 7~8 组，记录于表 5-2-1 中。

(5) 为了计算变压器的变比，在 U_N 以下测取原边电压的同时测出副边电压数据，记录于表 5-2-1 中。

表 5-2-1 数据记录

序号	实验数据				计算数据
	U_0/V	I_0/V	P_0/W	U_{AX}/V	$\cos\varphi_0$

(1) 按下控制屏上的“关”按钮，切断三相调压交流电源，按图 5-2-8 接线（注意每次改接线路，都要关断电源）。将变压器的高压线圈接电源，低压线圈直接短路。

(2) 选好所有电表量程，将交流调压器旋钮调到输出电压为零的位置。

(3) 接通交流电源，逐次缓慢增加输入电压，直到短路电流等于 $1.1I_N$ 为止，在 $(0.2\sim1.1)$ I_N 范围内测取变压器的 U_K、I_K、P_K。

(4) 测取数据时，$I_K=I_N$ 点必须测，测取 6 组记录于表 5-2-1 中。实验时记下周围环境温度（℃）。

任务评价

时间		学校		姓名		
指导教师			成绩			
任务	要求	分值	评分标准	自评	小组评	教师评
职业素质 (20)	不迟到早退	5 分	每迟到或早退一次扣 5 分			
	遵守实训场地纪律、操作规程，掌握技术要点	5 分	每违反实训场地纪律一次扣 2~5 分			
	团结合作，与他人良好的沟通能力，认真练习	5 分	每遗漏一个知识点或技能点扣 1 分			
	按照操作要求和动作要点认真完成练习	5 分	每遗漏一个要点或技能点扣 1 分			

续表

任务	要求	分值	评分标准	自评	小组评	教师评
任务实施过程考核（70）	测量变压器绕组的直流电阻	10 分	1. 记录变压器绕组直流电阻的测量值，4 分； 2. 判定变压器绕组通断情况，6 分			
	测量变压器绕组的绝缘电阻	20 分	1. 记录变压器绕组绝缘电阻的测量值，10 分； 2. 判定变压器绕组绝缘情况，10 分			
任务实施过程考核（70）	直流法判定同极性端	20 分	1. 测量时，电路界限是否正确，5 分； 2. 能否准确描述测量中出现的现象，5 分； 3. 能否给出正确的判定结论，10 分			
	交流法判定同极性端	20 分	1. 测量时，电路界限是否正确，5 分； 2. 能否准确描述测量中出现的现象，5 分； 3. 能否给出正确的判定结论，10 分			
任务总结（10）	1. 整理任务所有相关记录； 2. 编写任务总结	10 分	总结全面、认真、深刻、有启发性，不扣分			
指导教师评定意见						

学习拓展　认识电焊变压器

交流弧焊机由于结构简单、成本低、制造容易和维护方便而得到广泛应用。电焊变压器是交流弧焊机的主要组成部分，它实质上是一个特殊性能的降压变压器，如图 5－2－9 所示。

一、弧焊过程中的工艺要求

（1）二次侧空载电压应为 60～75 V，以保证容易起弧。同时为了安全，空载电压最高不超过 85 V。

（2）具有陡降的外特性，即当负载电流增大时，二次侧输出电压应急剧下降。通常额定运行时的输出电压 U_{2N} 为 30 V 左右（即电弧上电压）。

（3）短路电流 I_K 不能太大，以免损坏电焊机，同时也要求变压器有足够的电动稳定性和热稳定性。焊条开始接触工作短路时，产生一个短路电流，引起电弧，然后焊条再拉起产生一个适当长度的电弧间隙。所以，变压器要能经常承受这种短路电流的冲击。

图 5-2-9　交流弧焊机

(4) 为了适应不同的加工材料、工作大小和焊条，焊接电流应能在一定范围内调节。由于焊接加工是属于电加热性质，故负载功率因数基本上都一样，$\cos\varphi_2 \approx 1$，所以不必考虑，而改变漏抗可以达到调节输出电流的目的。

二、电焊变压器的结构特点和原理

(一) 磁分路动铁式弧焊机

磁分路动铁式电焊变压器是在铁芯的两柱中间又装了一个活动的铁芯柱，称为动铁芯，如图 5-2-10 所示。一次侧绕组绕在左边的铁芯柱上，而二次侧绕组分两部分，一部分在左边与一次侧同在一个铁芯柱上，另一部分在右边一个铁芯柱上。

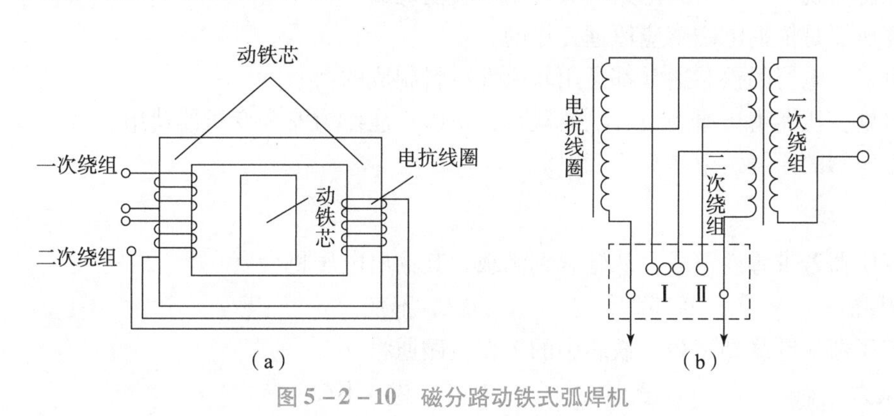

图 5-2-10　磁分路动铁式弧焊机

(a) 结构图；(b) 电路图

(1) 粗调作用：改变二次绕组的接法就达到改变匝数和改变漏抗的目的，从而达到改变起始空载电压和改变电压下降陡度的作用。

(2) 微调作用：微调中间的动铁芯位置，可以改变动铁芯中漏过的磁通量，从而改变漏抗，最终实现电流的微调。

思考与练习

一、填空题

1. 变压器运行中，绕组中电流的热效应所引起的损耗称为________损耗；交变磁场在铁芯中所引起的________损耗和________损耗合称为________损耗。________损耗又称为不变损耗，________损耗称为可变损耗。

2. 变压器空载电流的________分量很小，________分量很大，因此空载的变压器，其功率因数________，而且是________性的。

3. 电压互感器在运行中，副方绕组不允许________；而电流互感器在运行中，副方绕组不允许________。从安全的角度出发，二者在运行中，其________绕组都应可靠地接地。

4. 变压器是能改变________、________和________的静止的电气设备。

5. 三相变压器的额定电压，无论是原边还是副边的均指其________；而原边和副边的额定电流均指其________。

6. 变压器空载运行时，其________是很小的，所以空载损耗近似等于________损耗。

7. 电源电压不变，当副边电流增大时，变压器铁芯中的工作主磁通 Φ 将________。

二、判断题

1. 变压器的损耗越大，其效率就越低。（　　）
2. 变压器从空载到满载，铁芯中的工作主磁通和铁损耗基本不变。（　　）
3. 变压器无论带何性质的负载，当负载电流增大时，输出电压必降低。（　　）
4. 电流互感器运行中副边不允许开路，否则会感应出高电压而造成事故。（　　）
5. 互感器既可用于交流电路，又可用于直流电路。（　　）
6. 变压器是依据电磁感应原理工作的。（　　）
7. 电机、电器的铁芯通常都是用软磁性材料制成的。（　　）
8. 自耦变压器由于原副边有电的联系，所以不能作为安全变压器使用。（　　）
9. 变压器的原绕组就是高压绕组。（　　）

三、选择题

1. 变压器若带感性负载，从轻载到满载，其输出电压将会（　　）。

A. 升高　　B. 降低　　C. 不变

2. 变压器从空载到满载，铁芯中的工作主磁通将（　　）

A. 增大　　B. 减小　　C. 基本不变

3. 电压互感器实际上是降压变压器，其原、副边匝数及导线截面情况是（　　）

A. 原方匝数多，导线截面小　　B. 副方匝数多，导线截面小

4. 自耦变压器不能作为安全电源变压器的原因是（　　）。

A. 公共部分电流太小　　B. 原副边有电的联系

C. 原副边有磁的联系

5. 决定电流互感器原边电流大小的因素是（　　）

A. 副边电流　　B. 副边所接负载

C. 变流比　　D. 被测电路

6. 若电源电压高于额定电压，则变压器空载电流和铁耗比原来的数值将（　　）。

A. 减少　　　B. 增大　　　C. 不变

学习笔记

四、问答题

1. 磁性物质的磁性能有哪些？

2. 变压器的负载增加时，其原绕组中电流怎样变化？铁芯中主磁通怎样变化？输出电压是否一定要降低？

3. 若电源电压低于变压器的额定电压，输出功率应如何适当调整？若负载不变，会引起什么后果？

4. 变压器能不能变换直流电压？为什么？如果把变压器一次侧接到电压相同的直流电源上，二次侧绕组的电压多大？会产生什么后果？

五、计算题

1. 一台变压器有两个原边绕组，每组额定电压为 110 V，匝数为 440 匝，副边绕组匝数为 80 匝。试求：

（1）原边绕组串联时的变压比和原边加上额定电压时的副边输出电压。

（2）原边绕组并联时的变压比和原边加上额定电压时的副边输出电压。

2. 如果变压器原绕组的匝数增加一倍，而所加电压不变，试问励磁电流将有何变化？

3. 有一台电压为 220 V/110 V 的变压器，$N_1 = 2\ 000$，$N_2 = 1\ 000$。有人想省些铜线，将匝数减为 400 和 200，是否也可以？

4. 变压器的额定电压为 220 V/110 V，如果不慎将低压绕组接到 220 V 电源上，试问励磁电流有何变化？后果如何？

5. 单相变压器，原边线圈匝数 $N_1 = 1\ 000$ 匝，副边 $N_2 = 500$ 匝，现原边加电压 $U_1 = 220$ V，测得副边电流 $I_2 = 4$ A，忽略变压器内阻抗及损耗。求：

（1）原边等效阻抗 Z_1 为多少？

（2）负载消耗功率 P_2 为多少？（阻性）

6. 有一单相变压器，原边电压为 220 V，频率为 50 Hz，副边电压为 44 V，负载电阻为 10 Ω。试求：

（1）变压器的变压比；

（2）原副边电流 I_1、I_2；

（3）反射到原边的阻抗。

学习笔记

项目评价

评价项目	比例	评价指标	评分标准	分值	自评得分	小组评分
6S管理	20%	整理	选用合适的工具和元器件，清理不需要使用的工具及仪器仪表	3		
		整顿	合理布置任务需要的工具、仪表和元器件，物品依规定位置摆放，放置整齐	3		
		清扫	清扫工作场所，保持工作场所干净	3		
		清洁	任务完成过程中，保持工具、仪器清洁，摆放有序，工位及周边环境整齐、干净	3		
		素养	有团队协作意识，能分工协作共同完成工作任务	3		
		安全	规范着装，规范操作，杜绝安全事故，确保任务实施质量和安全	5		
项目实施情况	40%	三相异步电动机的安装	1. 准确掌握电动机基础知识； 2. 掌握电动机的原理和结构； 3. 熟悉各种电动机的分类和用途	5		
			熟悉电动机的安装与拆卸	5		
		电动机的绝缘电阻测量	1. 能顺利完成电动机的绝缘测试试验； 2. 能熟练判别电动机的好坏	5		
			1. 会测量电动机绕组电流的操作； 2. 正确识读参数铭牌	10		
		变压器的同名端判定	掌握变压器的结构和工作原理	5		
			利用直流法和交流法判定变压器的极性	5		
			利用三相交流电源测量变压器的同名端	5		
职业素养	20%	信息检索	能有效利用网络资源、教材等查找有效信息，将查到的信息应用于任务中	4		
		参与状态	承担任务及完成度	3		
			协作学习参与程度	3		
			线上线下提问交流积极，积极发表个人见解	4		
		工作过程	是否熟悉工作岗位，工作计划、操作技能是否符合规范	3		
		学习思维	能否发现问题、提出问题、解决问题	3		
混合式学习	10%	线上任务	根据智慧学习平台数据统计结果	5		
		线下作业	根据老师作业批改结果	5		

学习笔记

续表

评价项目	比例	评价指标	评分标准	分值	自评得分	小组评分
启发创新	10%	体会	是否掌握所学知识点，是否掌握相关技能	4		
		启发	是否从完成任务过程中得到的启发	3		
		创新	在学习和完成工作任务过程中是否有新方法、新问题并查到新知识	3		
评价结果			优：85分以上；良：84~70分；中：69~60分；不合格：低于60分			

参考文献

[1] 秦曾煌．电工学（上）电工技术［M］．北京：高等教育出版社，2009.
[2] 陈菊红．电工基础［M］．北京：机械工业出版社，2020.
[3] 钱静．电路分析项目化教程［M］．北京：北京理工大学出版社，2020.
[4] 王亚敏．电工基础［M］．北京：机械工业出版社，2019.
[5] 程周．电工基础［M］．北京：高等教育出版社，2012.
[6] 童建华．电路分析基础［M］．大连：大连理工大学出版社，2022.
[7] 开萍．电工基础与实训［M］．北京：高等教育出版社，2017.
[8] 蔡大华．电路分析基础［M］．北京：机械工业出版社，2022.
[9] 朱崇志．电工技术及技能训练［M］．北京：北京理工大学出版社，2012.
[10] 胡峥．电工技术基础与技能——理实一体化［M］．北京：高等教育出版社，2015.
[11] 朱平．电工技术实训［M］．北京：机械工业出版社，2022.
[12] 肖利平．电工技术项目化教程［M］．北京：北京理工大学出版社，2021.
[13] 仇超，庞宇峰．电工技术［M］．北京：机械工业出版社，2021.